# 配网不停电作业技术与管理

秦辞海　编著

上海交通大學出版社
SHANGHAI JIAO TONG UNIVERSITY PRESS

**内容提要**

本书从回顾国网上海市电力公司不停电作业的历史和传承为契入点，从流程管理、人员管理、作业现场管理、装备管理、数据统计监测等方面着手，详实地总结和描述了国网上海公司在配网不停电作业领域的具体做法和创新举措，并列举了10个不停电作业管理提升的典型作业项目供读者借鉴。本书不仅可作为培训班的教材，也是一本难得的交流资料。在读者对象上，现有相关教材或书籍多以电力公司设备部级施工企业运检岗位人员为主，未涉及电力公司发策、建设、营销、安保、设计等方面人员，然而不停电作业的实施以及供电可靠性的提升，需要电力公司各部门从各条线加强管理，本书就各部门在不停电作业提升方面的协同运作提供了指导性的理念和方法，可操作性强，具有较好的参考价值，可作为电力公司各相关部门的培训教材。

**图书在版编目(CIP)数据**

配网不停电作业技术与管理 / 秦辞海编著. -- 上海 ：上海交通大学出版社，2024. 8 -- ISBN 978-7-313-31404-8

Ⅰ. TM727

中国国家版本馆 CIP 数据核字第 2024VT2945 号

**配网不停电作业技术与管理**

PEIWANG BUTINGDIAN ZUOYE JISHU YU GUANLI

编　　著：秦辞海

出版发行：上海交通大学出版社　　地　　址：上海市番禺路 951 号

邮政编码：200030　　电　　话：021-64071208

印　　制：上海景条印刷有限公司　　经　　销：全国新华书店

开　　本：710 mm×1000 mm　1/16　　印　　张：15.75

字　　数：299 千字

版　　次：2024 年 8 月第 1 版　　印　　次：2024 年 8 月第 1 次印刷

书　　号：ISBN 978-7-313-31404-8

定　　价：94.00 元

# 本书编委会

**主　　编**　秦辞海

**副 主 编**　傅晓飞　丁雷青　纪坤华

**参编人员**　刘艳敏　高敬贝　李晓莉　彭　勇　王建军
梅云初　吴奕锴　徐　琳　苏　伟　钱　忠
许鹏程　徐　晔　王亚楠　张树欣　刘一涵
吴爱军　胡　达　聂鹏晨　陆茂鑫　江正恺
唐　轶　马俊杰　张可夫　张　杰　刘永奇
闫　坤　罗　斌　刘永奇　赵博文　樊子晖
张周伟　王亦秋　水　炜　施　慧　王衍达
姜黛琳　何忠良

**审　　核**　张锦秀　张正钧　何国兴

# 序

安全稳定、优质可靠的电能供应，对于电网企业极其重要，它是人民群众追求美好生活的基本需求，是与“人民群众谋幸福”息息相关的最直接的体现，也是电网企业建设发展的初衷和目标，而不停电作业是保证这一初衷和目标实现的最有效手段之一。

2019年，国网上海市电力公司全面贯彻落实国网总部领导提出的“比肩东京，创建世界一流城市电网”工作要求，深化推动长三角一体化发展，以理念更新为先导；以管理创新为主线；以技术革新为抓手；通过开展计划停电管控，推广不停电作业，落实设备运维保障措施，应用智能监控等手段，首次实现全年全口径供电可靠率突破99.99%的目标，取得了历史性的飞跃。

为了巩固国网上海市电力公司不停电作业建设成果，传承不停电作业管理运营经验，鼓励和发扬不停电作业先进举措，进一步推动配网不停电作业技术与管理体系建设，促进配网不停电作业从业人员职业能力再提升，国网上海市电力公司设备管理部、培训中心在国网上海市电力公司举办“上海世界一流高供电可靠性建设成果发布会”前夕，组织行业专家编写《配网不停电作业技术与管理》一书，以满足不停电作业培训的实际需求。

本书的出版是一项系统工程，涵盖不停电作业生产与管理的方方面面，对开展技术技能培训和评价工作起着重要的指导作用。全书以国网上海公司配网不停电作业具体管理举措和方法为依据，以实际操作技能为主线，按照不停电作业规程规定要求，汇集了操作、管理人员实际工作中具有代表性和典型性的理论知识与实操技能，深度、广度力求涵盖配网不停电作业从管理到现场实施全流程所要求的内容。

本书规范了配网不停电作业管理及作业流程培训、完善配网不停电作业能力评价方面的探索和尝试，凝聚了国网上海市电力公司不停电作业专家的经验和智慧，具有实用性、针对性、可操作性等特点，旨在开启技能培训规范配套教材的新篇章，实现教育培训资源的共建共享。

当前社会科学技术飞速发展，本教材虽然经过认真编写、校订和审核，仍然难免有疏漏和不足之处，需要不断地补充、修订和完善。欢迎使用本教材的读者提出宝贵意见和建议。

国网上海市电力公司培训中心
二〇二四年六月

# 前　言

当前，国网上海公司的世界一流城市配电网建设已初具规模，公司可靠性指标始终位于国内前列，在此基础上，电网的可靠性要进一步提升，公司上下必须紧紧围绕以不停电作业管理提升为核心开展工作，这对配网不停电作业管理水平提出了更高的要求。当前国网上海市电力公司范围内不停电作业工作的统计和考核主要集中在设备部、电科院等少数部门，公司其他部门或员工对不停电作业的重要性、价值、管理运作方式、提升做法等还欠缺系统的了解，这不利于公司不停电作业继续深入和可持续的提升。本教材的出版发行为全公司涉及可靠性和不停电作业管理及施工的全体人员提供系统性的培训资料，使公司工作氛围深入融入不停电作业检修体系的大环境中。

电网系统内现有的相关培训教材和课件大都以带电作业知识和技术为主，缺少不停电作业管理和理念的宣传贯彻；在培训内容上也多以带电作业具体作业项目操作讲解为主，缺少可靠的管理方法和典型案例的介绍；在培训对象上，多数以培训公司设备部及施工企业运检岗位人员为主，未涉及发策部、建设部、营销部、安保部、设计部门等人员的培训，然而不停电作业技术与管理的整体提升，需要公司各部门，从各条渠道加强管理以达到更高标准。本教材从国网上海市电力公司不停电作业的历史回顾和发展着手，从作业流程、人员、现场、装备、数据、创新等各方面开展论述，概括了国网上海公司目前不停电作业的方方面面，教材最后详列了上海公司在不停电作业研究和提升的部分经典案例，这是一代不停电作业人员的实践经验的总结，为读者提供了直观的现场作业布局，可有效地指导具体不停电作业的实施。

本教材配套开发的电子课件，能使公司各部门、各岗位人员明确自己在配网不停电作业管理中的职责与参加方式；直观地了解配网不停电作业方案编制原则;理解配网不停电作业数据统计规范和"能带不停"的检修理念。本教材力争解决目前不停电作业管理的薄弱问题,进一步规范不停电作业的一线生产及培训工作,为国网上海电力的供电可靠率的提高输送更多的10 kV配网不停电管理和作业人才,为公司配网不停电作业管理和可靠性的再提升提供坚实理论和实践基础。

本教材的开发由国网上海市电力公司设备管理部牵头部署,国网上海市电力公司培训中心具体实施,组织浦东、市区、青浦、松江、嘉定、金山等供电公司联合编写。

因作者水平和时间有限,教材中难免存在不足之处,敬请各使用单位和有关专家及时提出宝贵意见,以便在修订再版时加以更正,在此致以衷心的感谢!

# 目　　录

# 第 1 章　概　　论

## 1.1　历史回顾

本节简要回顾国网上海电力公司不停电作业的发展历程。不停电作业是指以实现用户不中断供电为目的，采用不停电作业、旁路作业等方式对电网设备进行检修的作业方式。

### 1.1.1　起步：1958—1964

1958 年 4 月，上海电业局线路管理所选派柴逸民、曹义林、徐湘云、陈涨生、陈章林五名高级线路工及技术员夏家泰组建“不停电作业研讨小组”。该小组去鞍山参加了“全国第一期不停电检修电力线路培训班”学习，开启了上海不停电作业的工作。

1958 年 12 月，上海电业局所属沪中、沪南、沪北、浦东等供电所从线路专业选派 32 名优秀员工，参加在隆昌路技工学校举办的配电线路不停电作业培训班，开展了以地电位不停电作业方式更换 10 kV 直线瓷瓶、木横担和处理 10 kV 缺陷等较为简单的带电工作。

尽管开展的项目较少，但居民在用电体验上已经有了质的飞跃。相较于现在的安全绝缘措施，当时的工作可谓艺高人胆大，凭借扎实过硬的线路工作基础，前辈们小心谨慎地探索，在安全情况下开展各类可行的不停电作业项目。

从此，拉开了上海电力配电不停电作业的序幕。一批又一批带电人兢兢业业、呕心沥血地贡献于不停电作业事业，谱写了上海电力带电检修的辉煌成果。

### 1.1.2　积累：1964—1978

1964 年 11 月，水利电力部在天津召开全国不停电作业现场技术交流会。会后，为贯彻落实水电部提出的为了减少用户的停电，会议要求推广、普及、发展不停电作业技术，扩大专业队伍。

1965 年 3 月，上海电业局所属沪东、沪南、沪北、沪西、浦东、上海县（现闵行区）、宝山供电所相继成立了不停电作业班。随后其他各郊区供电所通过培训也成立了不停电作业班或不停电作业小组。不停电作业班一般为10～13人；不停电作业小组一般为4～5人。

1960年代中期，上海市配电不停电作业发展得非常快，新项目也比较多。新工具和新项目的大量涌现，培养了一大批不停电作业专业技术人员和工人，从而使上海的不停电作业技术水平、装备水平向国际水平迈进。

1965年，沪南供电所李志生师傅研制成功了我国第一辆15 m单折臂、交通汽车底盘的不停电作业绝缘斗臂车，此车的成功开发，标志着上海的不停电作业进入了一个新的阶段。

1965年初夏，浦东供电所探索在高压条件下人体等电位作业理论技术和实际作业的研究，首先进行了10 kV等电位模拟试验，由张正钧师傅在绝缘硬梯上进行10 kV等电位升压模拟试验，并在实际线路上采用绝缘挑出三脚板进行人体泄漏电流测试，分别测得三相导线流过人体的泄漏电流最大不超过0.4 mA，小于1 mA人体的感知水平。这项科学试验证明，等电位作业是一项技术复杂、操作难度高、要求谨慎的作业方式。

1966年，浦东供电所开发了移动箱变拖车，虽然当时的移动箱变拖车比较落后和简单，但能带电解决变压器的故障和更换作业。

1968年后，由于“文化大革命”的影响，上海的不停电作业受到了冲击，许多不停电作业班被迫解散，不停电作业的发展陷入了低谷。但还是有不少领导、技术人员和工人顶住了压力，在非常困难的情况下坚持继续发展配电线路的不停电作业，为不停电作业今后的恢复和发展奠定了基础。

**表1-1　上海供电局自主研制的不停电作业绝缘高架车**

| 单　位 | 呼称高/m | 形　　式 | 制作年份 | 主要研制人 |
|---|---|---|---|---|
| 沪南 | 15 | 液压单折臂 | 1965 | 李志生等 |
| 沪南 | 18 | 液压单折臂、单伸缩 | 1968 | 李志生等 |
| 浦东 | 24 | 液压双折臂、双伸缩 | 1974—1976 | 张继忠、张正钧等 |
| 沪北 | 24 | 液压双折臂、双伸缩 | 1974—1976 | 王天宝、夏文兴等 |
| 单　位 | 呼称高/m | 形　　式 | 制作年份 | 主要研制人 |
| 上海 | 24 | 液压双折臂、双伸缩 | 1974—1976 | 于海峯等 |
| 沪西 | 21 | 液压三折臂、单伸缩 | 1976 | 陆天民、俞汝川等 |
| 沪东 | 26 | 液压双折臂、双伸缩 | 1978 | 张寿宝等 |

1965—1978 年，上海带电技术人员积极研发绝缘高架车，为不停电作业的蓬勃发展做出了辉煌的贡献。上海供电局研发的 24 m 双折臂双伸缩不停电作业绝缘斗臂车，在 1976 年荣获上海市科技大会奖。

图 1-1 所示的影像资料，是 60 年代中期上海供电局 13 个供电所的带电班开展配电线路不停电作业的辉煌缩影。

(a) (b) (c) (d)

**图 1-1 60 年代中期不停电作业**

(a) 35 kV 地电位电缆引线搭接；(b) 10 kV 雨天更换直线绝缘子；(c) 35 kV 等电位配合更换木横担；(d) 10 kV 采用绝缘三脚板直线开分断

图 1-2 所示的影像资料，是当年采用绝缘斗臂车开展不停电作业的精彩画面。

(a) (b) (c) (d)

**图 1-2　当年采用绝缘斗臂车开展不停电作业**

(a) 上海第一辆 15 米绝缘斗臂车；(b) 上海第三代 24 米双伸缩双折臂绝缘斗臂车；(c) 两辆 24 米绝缘斗臂车；(d) 绝缘斗臂车更换 10 kV 杆刀

### 1.1.3　发展：1978—1990

1977 年 9 月，华东试验所情报室召开讨论会，会上江苏、安徽、江西、福建、浙江、山东六省电力试验所情报部门和上海供电局代表商讨成立了“华东地区六省一市不停电作业技术情报网”。

1979 年，浦东供电所带电班班长张正钧师傅与变电检修班曹永熙等一同研制了变电不停电作业用的相关专用工具，解决了变电站故障设备进行带电抢修工作的难题。

1976—1986 年，各供电所的带电班人员积极研制不停电作业设备绝缘工作器具，使不停电作业从作业者穿戴绝缘服进行带电操作转变为对带电体做绝缘遮蔽进行带电操作。

1984 年 5—6 月在上海供电局等单位积极支持下，华东电网在浙江金华举办第一期不停电作业骨干研究班，参加学员有近百人，授课时间长达 190 小时，王之珮、孙鑫茂等同志作为教员为学员授课，受到好评。同时，在上海供电局等单位支持下，华东电管局颁发了《华东电网不停电作业安全规程》；华东不停电作业技术情报网编印了《不停电作业事故汇编》《不停电作业实用工作手册》《不停电作业培训教材》等。上海供电局自始至终积极参加情报网活动，为华东地区不停电作业的交流提高发展做出了主要贡献。

### 1.1.4 创新：1990—2000

随着国家企业经济实力的增强，上海电力公司大量购买了国内外先进的不停电作业绝缘斗臂车和绝缘工具，这为不停电作业的腾飞提供了坚强的支撑。

1990—1994 年，采用自制绝缘遮蔽罩等进行 10 kV 带电调换闭合熔丝、杆刀等设备。

1992—1993 年，为了提高不停电作业工具安全水平，与水利电力部宝鸡车辆制造厂多次商议重建液压不停电作业车。张继忠、张正钧、周国富、倪辉忠等 4 人先后 4 次赶赴制造厂进行不停电作业车的技术分析和验收工作。

1995 年 5 月，在上海电力公司领导支持下，为适应大规模开展不停电作业需要，并提高作业安全技术水平，从日本、美国引进了 10 辆先进的绝缘斗臂车。与此同时，由国内企业爱知生产的 SH - 138 绝缘斗臂车也验收合格，从此，这些国内外设备同时推广应用于上海配电网的不停电作业中。

1996 年 1 月，研发人员根据 SH - 138 绝缘斗臂车的特点，研制开发了 10 kV 导线叠加式绝缘罩。1996 年 10 月，带电班针对跌落式熔丝特点，改进了带电调换 10 kV 熔丝操作规程。1997 年 5 月，带电班研制双并线夹进行带电搭头。1999 年 10 月，研发人员研制开发了 10 kV 绝缘子串绝缘罩。1999 年 11 月，研发人员开发了“35 KV 电缆头引线带电搭头”作业等项目。2000 年 9 月，研发人员开发了 10 kV 带电立杆项目和 10 kV 带电直线杆开分段杆项目。

1997 年，南汇供电分公司和奉贤供电分公司重新组建了不停电作业班，其他郊区供电分公司的不停电作业班也相继重新组建。上海带电人张继忠、王之珮、张正钧、吴国兴、周国富等及许许多多技术人员努力设计新工具、研究新工艺、开发新型大型作业项目，为不停电作业积累技术和实践经验，开创了上海不停电作业的新时代。

### 1.1.5 成熟：2000—2011

2002 年前后，上海电力公司向日本购买了先进的旁路作业专用工具，并在国内首次开展了配电线路旁路作业，利用旁路作业法为客户提供不停电的供电服务。

从此“旁路作业法”在上海得到了迅猛发展。当时的市区、市东和市南三个供电公司全部配备了旁路作业专用工具。

2001年12月，上海电力不停电作业培训中心和上海电力不停电作业技术开发有限公司成立。作为上海市电力公司下属的专业公司，以市场化的运作模式和机制开展不停电作业服务与咨询，编制不停电作业标准、作业指导书及技术文件、开发实施不停电作业项目、研制不停电作业工具等，并编写了不停电作业培训教材。

2002年7月，公司开发了双侧有电调换10 kV开口杆刀作业项目。2003年3月，开发了10 kV带电开分段作业项目。同年10月团中央在上海成功举办全国“创新创效配网带电作业技能竞赛”，上海带电人秦辞海、金文彪、陈飞杰、沈中伟等荣获团体第一、个人第五名。

2003年开始，上海电力公司集中力量，联合了科研院所和生产厂家进行旁路开关、旁路柔性电缆、电缆快速接头、三通、中间接头、牵引绳、滑轮等全套旁路工具国产化的研制工作。通过三年的努力，2005年底，上海电力公司研制了具有全部知识产权的国产旁路工器具，国产旁路工器具达到了国外的技术水平，而价格只有国外产品的30%，具有很高的性价比，降低了设备采购费用，有利于不停电作业项目的全面推广。

为了突破不停电作业发展过程中所遭遇的工程量等瓶颈，2006年5月启动了“不停电作业工作与生产计划的流程优化”“提升不停电作业综合能力”“综合不停电作业研究”和“不停电作业建设体系研究”等精益生产项目。

图1-3所示的影像资料，展示了开展综合不停电作业法进行线路改造调换电杆、绝缘导线等设备的精彩画面。

**图1-3　开展综合不停电作业法现场图**

### 1.1.6 突破：2012 至今

2013 年，上海电力公司上下凝心聚力，配网不停电作业实现专业化管理，各项任务全面完成，同业对标指标进入国网 A 段。公司配网不停电作业 20 716 次，同比增长 13%，平均每单位每周开展 34 次。第一、二类作业项目 18 827 次，第三、四类 200 次，电缆不停电作业 1 692 次，现有不停电作业以一、二类项目为主，占比达到 90%以上。2014 年配网不停电作业减少停电 73 万时户数，多供电量 5 947 万度(kW·h)。为强化认识，深化应用，上海电力公司提出配网提升方案，全公司范围内坚持贯彻“用户不停电、少停电”工作理念，以降低配网停运率、提升供电可靠性为目标，强化专业横向协调，不停电计划统一管理，推进内部协作，开展示范引领，配网检修及工程不停电作业全面展开，优化专业人员配置，配齐工具装备车辆，统筹开展项目研发，加大督查指导，持续提升作业能力和专业化水平，确保上述各项走在国网前列。

2014 年以来，上海电力公司深抓不停电作业培训，成立不停电作业实训基地(华新基地)，并且举办多次不停电作业技术竞赛。公司全部掌握国网规定的 4 类 33 项不停电作业项目，主导编写国网《配电线路不停电作业管理规范》，参与编写涉及十多个国家的共同行业标准，积极实施不停电计划统一管控，通过开设不停电作业示范区、积极拓展复杂作业项目、推动不停电作业全面开展，目前，上海城市内环内基本实现了不停电作业资源全配置、用户业扩接入全带电。

2017 年，上海电力公司提出《推进一流城市配电网建设中不停电作业的工作意见》。依据方案要求，2017 年，A+区域业扩接火不停电作业率为 100%，到 2018 年上海全域不停电作业化率为 80%，2019 年上海市全域不停电作业化率为 90%，在 2020 年实现配电线路完全不停电检修。

2018 年以来，上海电力公司从全民员工作业方式变更为“全民+集体(外包)”作业形式，更有效地利用了人力资源，提升了公司的不停电作业管理水平。通过与东京对标，上海电力公司的不停电作业管理和技术水平都有了很大提高，正在朝着建设具有中国特色的国际领先的能源互联网企业不断迈进。

2019 年 10 月，中电联在浙江湖州举办全国配网不停电作业技能竞赛，上海带电人唐轶、汪笃红、周家骏、胡惠峰、张炜荣获团体第三，个人第二、四名。

2020 年 11 月，上海世界一流高供电可靠性建设成果发布，上海中心城区供电可靠性达到 99.999%，标志着上海世界一流城市配电网建设和以不停电作业为主体的配网检修形式达到了前所未有的高度。

## 1.2 上海电力不停电作业现状

### 1.2.1 组织架构与职责

目前，国网上海市电力公司下辖 11 家供电公司和 3 家集体企业从事配网不停电作业。其中，供电公司运维检修部均配置实体化不停电作业室，负责对所有施工项目（业扩、技改、大修、基建、代工、检修等）按“能带不停”原则进行设计指导、初设编制、方案审核、流程管控和配网不停电作业日常管理等工作，共有专业管理人员 53 名。作业室下设不停电作业班组，主要负责日常不停电作业施工抢修、现场督查和许可等工作。集体企业不停电作业力量主要负责对施工计划进行落实管控，现场管理和作业人员培训等工作（见图 1－4）。

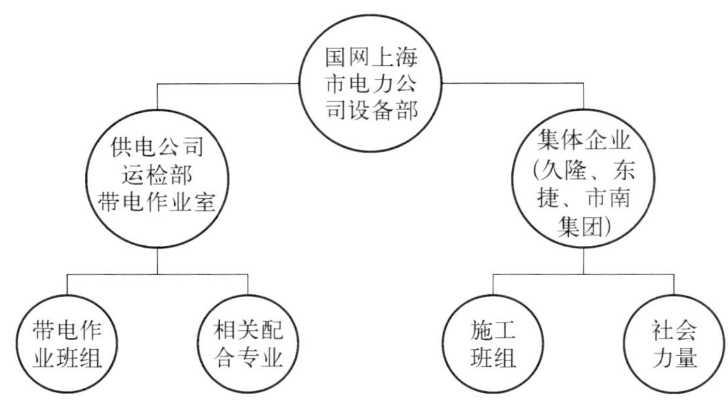


**图 1－4 上海电力公司不停电作业组织架构图**

### 1.2.2 供电区域（线路）与网架

目前，上海电力公司供电区域包含上海市所有主要行政区域。高度互联、简洁统一和差异化配置的电网结构是配电网安全可靠运行的重要保障。当前上海市市区范围内以架空线和电缆网络组成 10 kV 中压配电网网架结构为主，架空线分成若干区段并在各区段之间装设杆上闸刀供联络和切换（见图 1－5），故障发生后通过切换即可将故障区段隔离在最小的范围内。10 kV 架空线路一般使用放射型线路如单电源放射型接线以及网络型（开式）接线。

现阶段上海电力公司辖区内共有 10 kV 配电线路共 17 084 条，均满足 $N-1$ 环网结构要求，线路总长度达 75 102.04 km，其中电缆线路总长度 37 272.5 km，架空混合线路长度为 37 829.6 km。设备方面：当前上海 10 kV 架空线路共有变压器 68 591 台，柱上负荷开关 12 856 台，柱上断路器 11 136 台。

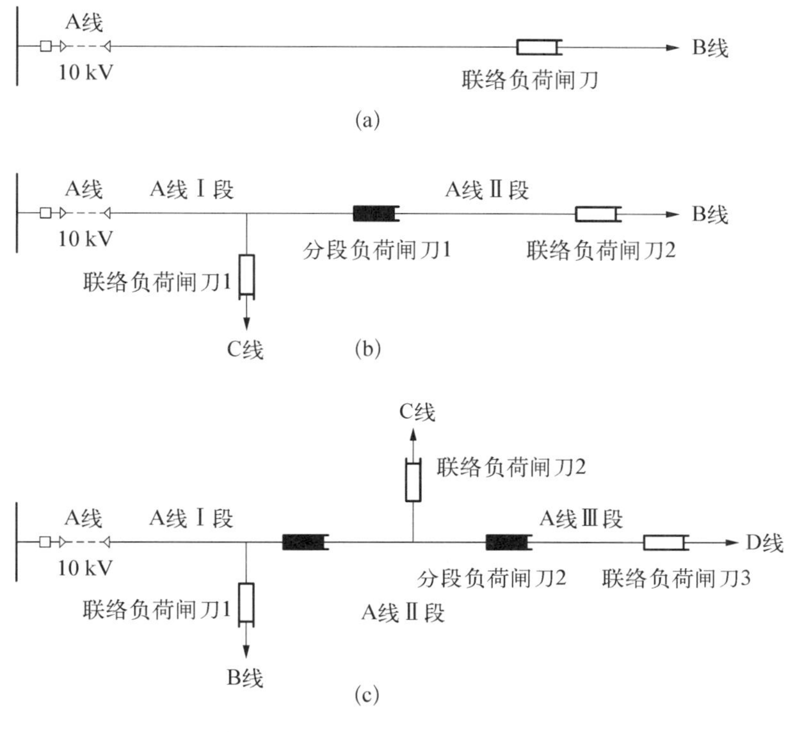


**图 1-5 多分段多联络结构示意图**

(a) 一分段一联络；(b) 二分段二联络；(c) 三分段三联络

### 1.2.3 作业人员与装置配置

在作业人员配置方面，目前上海市各供电公司和集体企业共有不停电作业班组 35 个，作业人数 324 人。在 2020 年达到全域全覆盖不停电作业能力，提升供电可靠性，结合当时公司全面可延续的配网不停电作业力量，在 2020 年后陆续增配 49 个不停电作业小组，196 名作业人员的规模开展不停电作业活动。

车辆装备方面，如表 1-2 中所列，当前上海投运至不停电作业领域中(包含供电公司、集体企业、外协企业)的特种作业车辆共计 155 辆，其中绝缘斗臂车 120 辆，移动箱变车 5 辆，发电车 26 辆，旁路作业车 4 辆。2020 年后，上海市电力公司陆续配置不停电作业特种车辆 294 辆，包含不停电作业机器人 21 台，小型化绝缘斗臂车 63 台，蜘蛛履带车、小型化移动发电车、小型化移动箱变车、小型化移动环网柜车、小型化旁路作业车、小型化旁路开关车等各种车辆 35 辆。

表 1－2　特种车辆配置表

| 单　　位 | 绝缘斗臂车数量 | 各班组绝缘斗臂车配置数量 | | | 移动箱变车 | 发电车 | 旁路作业车 |
|---|---|---|---|---|---|---|---|
| | | 带电班 | 操作班 | 其他 | | | |
| 国网上海市电力公司 | 87 | 44 | 37 | 6 | 4 | 26 | 4 |
| 市南集团 | 18 | 18 | | | | | |
| 东捷集团 | 7 | 7 | | | | | |
| 久隆集团 | 5 | 5 | | | 1 | | |
| 外协企业（启东、恰尔斯、电通） | 3 | 3 | | | | | |
| 合计 | 120 | 77 | 37 | 6 | 5 | 26 | 4 |

此外，公司共有不停电作业工器具库房 31 座，绝缘工器具数量 4 000 余件，登高作业人员 733 人，登高工器具 1 556 件，具体分布情况如表 1－3 所示。

表 1－3　工器具配置表

| 单　　位 | 绝缘工器具库房 | 绝缘工器具数量 | 登高作业人数 | 登高工器具数 | 其他（安全帽、吊钩、安全绳等） | 备　注 |
|---|---|---|---|---|---|---|
| 国网上海市电力公司 | 22 | 2 860 | 285 | 570 | | |
| 市南集团 | 4 | 520 | 92 | 184 | | 其中金山、松江库房和供电公司合用 |
| 东捷集团 | 3 | 390 | 73 | 146 | | |
| 久隆集团 | 2 | 260 | 48 | 96 | | 其中 1 个库房还在筹建 |
| 外协企业（启东、恰尔斯、电通） | | 60 | 90 | 180 | | 绝缘工器具仅有手套和绝缘布 |
| 其他外协企业 | | | 195 | 380 | | |
| 合计 | 31 | 4 090 | 733 | 1 556 | | |

注：工器具数量按标准化库房基本配置计算（绝缘手套 20、绝缘操作杆 20、绝缘布 20、绝缘靴 10、绝缘套管 20、各类绝缘挡板、绝缘罩 20、其他绝缘工具 20），登高工具通过电询登高作业人数按从业人员人均 2 件（脚扣、安全带），统计与实际略有误差。

### 1.2.4 作业项目与可靠性贡献

1）作业项目

配网不停电作业指以实现对用户不中断供电为目的，采用不停电作业、旁路作业等方式对配网设备进行检修的作业方式。按照国网标准，当前上海市电力公司已开展的不停电作业项目共计 4 大类 30 余项，几乎涵盖了配电线路所需的全部不停电作业项目，详见表 1－4。

**表 1－4　不停电作业项目类型**

| 分　类 | 作　业　项　目 | 作业方式 |
| --- | --- | --- |
| 第一类 | ① 普通消缺及装拆附件（包括：修剪树枝、清除异物、扶正绝缘子、拆除退役设备；加装或拆除接触设备套管、故障指示器、驱鸟器等）<br>② 带电更换避雷器<br>③ 带电断引流线（包括：熔断器上引线、分支线路引线、耐张杆引流线）<br>④ 带电接引流线（包括：熔断器上引线、分支线路引线、耐张杆引流线） | 绝缘杆作业法 |
| 第二类 | ① 普通消缺及装拆附件（包括：清除异物、扶正绝缘子、修补导线及调节导线弧垂、处理绝缘导线异响、拆除退役设备、更换拉线、拆除非承力拉线；加装接地环；加装或拆除接触设备套管、故障指示器、驱鸟器等）<br>② 带电辅助加装或拆除绝缘遮蔽<br>③ 带电更换避雷器<br>④ 带电断引流线（包括：熔断器上引线、分支线路引线、耐张杆引流线）<br>⑤ 带电断引流线（包括：熔断器上引线、分支线路引线、耐张杆引流线）<br>⑥ 带电接引流线（包括：熔断器上引线、分支线路引线、耐张杆引流线）<br>⑦ 带电更换熔断器<br>⑧ 带电更换直线杆绝缘子<br>⑨ 带电更换直线杆绝缘子及横担<br>⑩ 带电更换耐张杆绝缘子串<br>⑪ 带电更换柱上开关或隔离开关 | 绝缘手套作业法 |
| 第三类 | ① 带电更换直线杆绝缘子<br>② 带电更换直线杆绝缘子及横担<br>③ 带电更换熔断器 | 绝缘手套作业法 |

（续表）

| 分类 | 作业项目 | 作业方式 |
| --- | --- | --- |
| 第三类 | ① 带电更换耐张绝缘子串及横担<br>② 带电组立或撤除直线电杆<br>③ 带电更换直线电杆<br>④ 带电直线杆改终端杆<br>⑤ 带负荷更换熔断器<br>⑥ 带负荷更换导线非承力线夹<br>⑦ 带负荷更换柱上开关或隔离开关<br>⑧ 带负荷直线杆改耐张杆<br>⑨ 带电断空载电缆线路与架空线路连接引线<br>⑩ 带电接空载电缆线路与架空线路连接引线 | 绝缘杆作业法 |
| 第四类 | ① 带负荷直线杆改耐张杆并加装柱上开关或隔离开关<br>② 不停电更换柱上变压器<br>③ 旁路作业检修架空线路<br>④ 旁路作业检修电缆线路<br>⑤ 旁路作业检修环网箱<br>⑥ 从环网箱(架空线路)等设备临时取电给环网箱、移动箱变供电 | 综合不停电作业法 |

安全生产是供电企业永恒的主题，目前上海电力公司不停电作业项目以使用绝缘手套作业法为主要工作方式。作业安全主要基于作业人员对带电体、接地体的绝缘遮蔽措施以及对带电体安全距离的保持，较为依赖作业人员自身工作位置的合理选择。此时，个人经验和感觉成为保障安全的主体，不利于不停电作业的长远发展需求。

目前，上海电力公司借鉴国外的先进作业方式和经验，并结合城区实际情况，研发绝缘短杆桥接法等作业项目，在确保安全的同时降低作业风险，更利于配网不停电作业的广泛实施与开展。

2）可靠性贡献

供电可靠对于电网企业来说极其重要。安全稳定、优质可靠的电能供应，是人民群众追求美好生活的基本需求，与“人民群众谋幸福”息息相关，更是电网企业建设发展的初衷和目标。

开展配网不停电作业是在供电可靠性提升需求愈加紧迫，且配网网架结构、自动化技术还处于长期逐步完善过程中，实现供电可靠性显著提升的有效途径。供电可靠性提升路径分析如图 1－6 所示。

尽管配网优化升级和自动化技术水平提高也是保障供电可靠性的有效途径，但涉及的工程量大、资金成本高、技术不尽成熟等问题导致所需周期较长。相比之下，开展配网不停电作业可以实现在对用户不停电的基础上，完成配电线路检修、改造中的各种工作，能够在短时间内迅速建立临时供电路径，提高设备和电网的稳定性，降低预安排停电时间和故障停电时间，实现向用户连续供电。鉴于此，全方位开展配网不停电作业已成为发达国家或地区提升供电可靠性的必要手段，如图 1－7 所示。

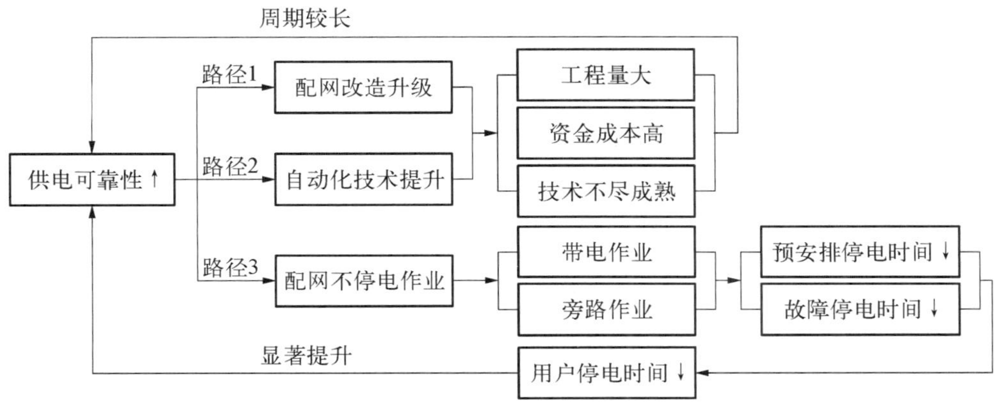


**图 1－6　供电可靠性提升路径分析图**

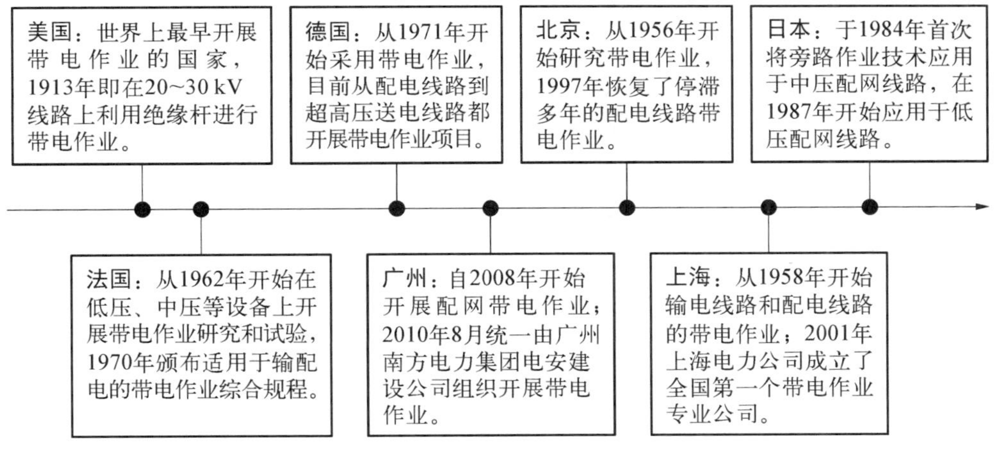


**图 1－7　世界发达国家或地区配网不停电作业发展史**

2019 年，上海电力公司为了全面贯彻国网总部关于开展城市供电可靠性提升工程的工作要求，强化管理、刚性执行，建立供电可靠性管理“四控”模式，实现作业方式的全面转变：一是建立停电预算管理模式，按照全年指标，制定停电时户预算，分解下达各基层单位；二是加强计划停电管理，提前介入计划检修及工程项目设计和计划阶段，提前考虑不停电施工方案，落实作业费用，制定时户限额，超限项目报备；三是加强停电现场管理，合理安排停役时间，执行“预到场、预汇报”制度，沥除无效停电水分；四是推广不停电作业，按照“从大化小、由繁化简”“先转、后带”原则，应用综合不停电作业法，采取带电开分段、带电立杆、发电车供电的技术手段，减少停电影响，实现“停设备、不停用户”。具体分析如下：

（1）不停电作业情况。如图 1－8 至图 1－11 所示，2019 年，上海公司所辖 10 kV配网共开展不停电作业 9 305 次，相比 2018 年的 7 243 次，同比增长 28.40%。累计减少停电时户数 72.7 万时户，多供电量 3 167.07 万 kW·h，相比 2018 年的 2 485.82 万 kW·h，同比增长 27.50%。

按作业类别分类：9 305 次不停电作业中，第一类作业项目 1 122 次，占 12.06%；第二类作业项目 6 694 次，占 71.94%；第三类作业项目 1 379 次，占 14.82%；第四类作业项目 110 次，占 1.18%。

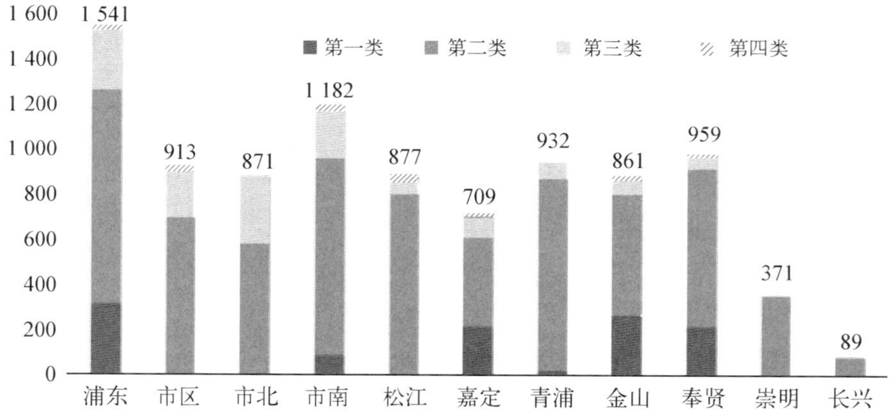


**图 1－8　2019 年各单位不停电作业开展次数比较图(单位：次)**

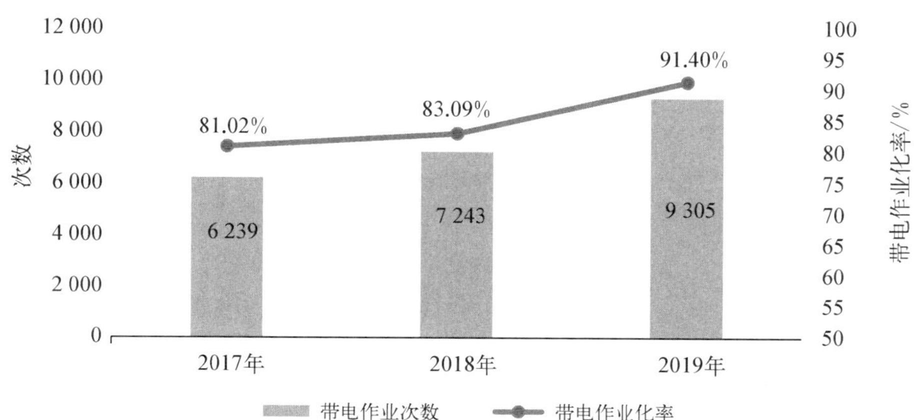


**图 1－9　2017—2019 年上海公司不停电作业次数、不停电作业化率提升情况**

(2) 不停电作业情况。如图1-8所示，2019年，上海电力公司共计开展10 kV配网工程17 015项(包括业扩、技改、基建、检修等)，其中不停电作业次数8 802项(不含清除鸟巢和加装故指)，占51.73%；全负荷转移6 319项，占37.14%；实际停电1 895项，占11.14%。

10 kV不停电作业比例88.86%，同比增长5.5%。不停电作业8 802项中，第三、四类复杂项目开展1 489次，相较2018年670次，同比增长122.24%(见图1-11)。

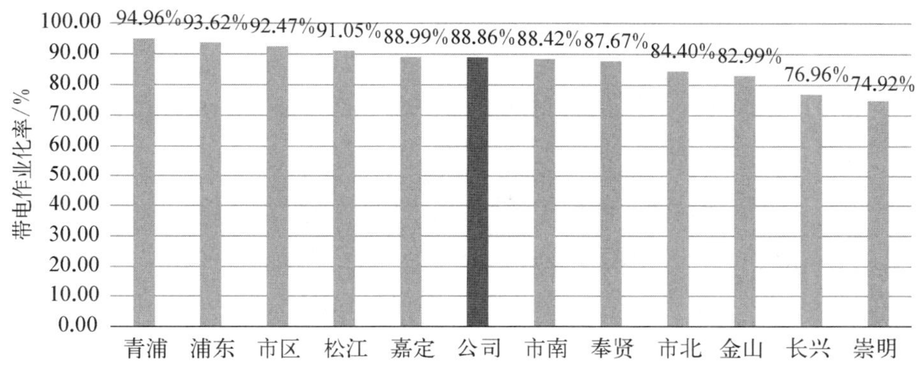


**图1-10　2019年上海市各电力单位不停电作业指标统计图**

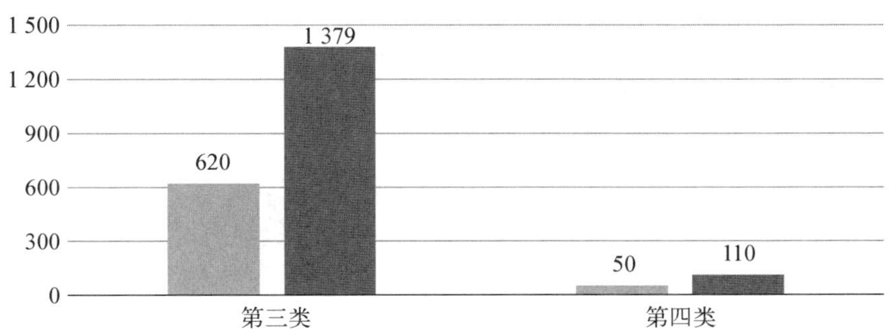


**图1-11　2018—2019年上海电力公司复杂作业开展次数对比图(单位：次)**

业扩2 029次，占21.81%；消缺1 310次，占14.08%；抢修1 092次，占11.74%；其余包括技改829次，销户622次，代工1 219次，消除鸟窝作业120次，基建1 109次，检修作业592次，加装故指383次。

(3) 供电可靠性对比。如图1-12所示，2019年，上海公司全口径供电可靠率99.991 1%，较2018年同比的99.966 6%上升0.024 5%；用户平均停电时间每户0.779小时，较2018年同比的每户2.926 1小时减少73%；用户平均停电次数每户0.255 2次，较2018年同比的每户0.487 7次减少47.7%。

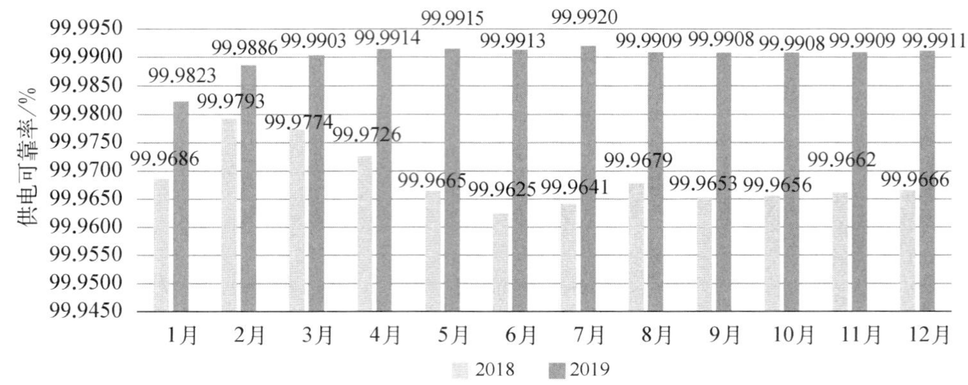


**图 1-12　2018—2019 年上海电力公司全口径供电可靠率各月累计值对比图**

对比图 1-12 的数据分析发现，大幅减少停电次数，增加不停电作业数量对供电可靠性的提升有较为明显的作用。对于配网不停电作业开展较为成熟的供电单位，对供电可靠率的提升作用愈发明显。为此，上海电力公司将继续充分发挥自身技术优势，以优化不停电作业指标为导向，积极推进配网不停电作业，在现有网架条件下不断提高供电可靠率。

## 1.3　不停电作业风险与效益

### 1.3.1　潜在风险和管控方式

不停电作业过程中主要风险点包括人身风险、电网风险和设备风险，本节以 10 kV 线路带电断架空线路与电缆线路连接引线作业项目为例，介绍风险点。

1）人身风险

(1) 气象条件。本项目应在良好的天气下进行，如遇雷、雨、雪、雾天气条件不得进行该项工作，风力大于 5 级时，不宜进行该项工作。

(2) 不停电作业过程中若遇天气突然变化，有可能危及人身或设备安全时，应立即停止工作，尽快恢复设备正常状况，或增设临时安全措施。

(3) 空气相对湿度大于 80%的天气应停止施工。

(4) 作业环境。作业现场和绝缘斗臂车两侧，应根据道路情况使用红白带、警告标志或路障，防止非专业作业人员进入工作区域。如在车辆繁忙地段还应与交通管理部门取得联系，以取得主管部门的配合。

(5) 夜间进行本项目时应有足够的照明。

(6) 作业条件。应检查、确认需要拆除的电缆线路，引线应为空载电缆，电容电流应小于消弧开关额定的开断能力，防止带负荷拆引线。作业人员应穿戴个人绝缘防护用衣具，戴护目眼镜，严格按照作业步骤作业，保持规定的安全距离。

(7) 绝缘手套仅作为辅助绝缘防护用具，不能作为主绝缘防护用具使用。

2) 电网风险

不发生单相接地或相间短路故障引起线路开关接地或跳闸。

3) 设备风险

(1) 作业用绝缘工具都应经过摇测，绝缘电阻应不低于700 MΩ(电极间距2 cm)。

(2) 不停电作业用消弧器断、合应良好。

(3) 工作时绝缘斗臂车的绝缘有效长度应保持1 m。

(4) 在不停电作业时，应保持对地不小于0.4 m，对邻相导线不小于0.6 m的安全距离。如不能确保该安全距离时，应采用绝缘挡板、挡管、挡布及其他绝缘遮蔽措施。

(5) 不停电作业在拆除电缆引线时，若与边相导线安全距离不够，应对边相导线加绝缘套管或绝缘罩、绝缘布。

(6) 绝缘遮蔽组合要保持不小于15 cm的重叠。

(7) 当空载电缆长度超过允许值，拆除电缆时产生的电容电流超过不停电作业用消弧开关的关合能力，就会损伤消弧开关，应尽量避免。

(8) 作业线路下层有低压线路合杆时，应对相关低压线路加装绝缘套管或绝缘布遮蔽。

具体操作步骤中的关键风险点及管控方式如表1-5所示。

**表1-5　关键风险点及管控方式**

| 风　险　点 | 管　控　方　式 |
|---|---|
| 10 kV线路断架空线路与电缆线路连接引线作业现场管理不规范，安全措施不齐全，监护不到位，造成事故隐患 | ① 10 kV线路断架空线路与电缆线路连接引线作业现场应有专人负责，作业人员应听从工作负责人(兼监护人)指挥<br>② 工作负责人在作业前应向全体作业人员认真宣读不停电作业工作要求，进行“二交一查”和危险点告知，落实技术措施、安全措施等方面的安全风险管控要求，确认每一个工作人员都已知晓，履行确认手续<br>③ 该项目应停用线路重合闸，严禁约时停用或恢复重合闸 |
| 电缆空载电流大小不明的情况下，用直接断开的作业方法或工具选择错误，导致不能有效灭弧，电弧灼伤作业人员 | ① 作业前，应对需要断开电缆引线的电缆线路规格、长度进行估算，电容电缆≥0.1 A时要采取消弧措施，估算的电容电流应小于消弧开关的额定电流<br>② 选择符合消弧能力要求和合格的消弧开关 |

（续表）

| 风 险 点 | 管 控 方 式 |
| --- | --- |
| 电缆线路处于带负载状态或空载电流大于 5 A 的情况下断引线，不停电作业用消弧开关的分断能力不足，导致开关爆炸，剧烈拉弧引发事故 | ① 到现场作业后，应检查电缆终端侧开关已断开，电缆线路侧无接地线<br>② 选择符合消弧能力要求和合格的消弧开关<br>③ 断引线前，应用电流检测仪检测电容电流小于消弧开关额定电流 |
| 安全距离不足，作业人员未按规定进行绝缘遮蔽和绝缘隔离或遮蔽不规范，造成触电伤害 | ① 安全距离不足，对带电体设置绝缘遮蔽时，按照从近到远、由下到上、先大后小的原则进行绝缘遮蔽<br>② 使用绝缘毯时应用绝缘夹夹紧，防止脱落。遮蔽用具之间的重叠部分不得小于 15 cm<br>③ 作业人员应穿戴个人绝缘防护用具，防护用具和绝缘遮蔽措施只起辅助绝缘，不作主绝缘使用 |
| 未按照消弧开关安装顺序进行，消弧开关安装导线相位与引流线安装的电缆终端相位错误，造成相间短路，发生人身事故 | ① 安装前，检查消弧开关处于断开位置，将消弧开关固定在导线上<br>② 将绝缘引流线先接消弧开关下端，再与同相位电缆引线连接，绝缘引流线不应长时间与接地部位接触 |
| 断架空线路与电缆终端连接的引线前，应确认消弧开关在合上位置，通流应良好 | ① 引流线连接可靠后，用绝缘操作杆合上消弧开关<br>② 用电流检测仪检测，并确认消弧开关及绝缘引流线通流良好<br>③ 断开电缆引线，并牢固固定在同相位导线上 |
| 电缆引线断开后，拆除引流线前，未先断开消弧开关，带负荷（电容电流）拆引流线，造成电弧灼伤作业人员 | ① 拆除电缆引线，并将拆开的引线固定好<br>② 用绝缘操作杆断开消弧开关，并确认消弧开关在断开位置<br>③ 分别拆除弧开关绝缘引流线和消弧开关 |
| 断开电缆线路连接的引线，步骤错误或凌乱，并且未进行绝缘遮蔽，造成单相接地或相间短路 | ① 拆除电缆引线固定后，应进行绝缘遮蔽<br>② 断开电缆线路连接的引线，可按由近到远，也可先两侧、后中间的方法进行<br>③ 作业时，严禁人体同时接触两个不同的电位 |

### 1.3.2 经济与社会效益

不停电作业作为提升供电可靠性的主要手段之一，其大规模推广对城市发展和电网运行具有重大意义。

第一，降低停电时间，保障持续供电。带电检修无须停电作业，因而能够有效降低预安排停电时间，实现多供少停，供电企业可增加售电收入，用户能够减少停电损失，企业效益和社会效益明显。以上海市不停电作业开展情况为例，2019 年全市全年共开展不停电作业 9 305 次，累计减少停电时户数 72.7 万时户，多供电量 3 167.07 万 kW·h，按照用户停电损失 20～60 元/kW·h 计算，可减少用户停电损失为6.3亿～18.9亿元。同时，按平均销售电价0.6元/kW·h计算，则供电企业增加售电收入近1900万元。此外，不停电作业对提升服务效能和质量，树立良好的供电企业形象有较大帮助。供电企业经常要面对新增用户在业扩包装时希望尽快接入电网供电、市政建设涉及迁移电杆迫切希望早日进行施工等情况。按照传统的作业方法必须是有计划的停电作业，为此要整合各类计划停电，做到“月度控制，一停多用”，这势必会造成实施时间的拖长，同时增加了停电时间。而实施不停电作业，快速地满足各类设计电网的作业需求，将大幅提高服务效能和质量，更好地履行供好电、服好务的宗旨，树立供电企业的良好形象。

第二，节省检修时间，减轻劳动强度。进行不停电作业可避免因停电造成的大量倒闸操作，减少检修时间，减轻检修人员的作业强度与工作压力。同时，不停电作业不需等待停电计划，独立实现对故障线路或设备进行及时检修，及时消除线路或设备缺陷及隐患，缩短了电力设施带病运行的时间。

第三，提升检修计划性，保证检修质量。不停电作业时间相对于以往的停电作业时间更为宽松，避免了停电检修与用户用电之间的矛盾，因而有益于充分做好检修准备，制订系统性的检修计划，保障检修质量。

第四，提高员工素质，保证作业安全。与传统的停电作业相比，不停电作业对人员技能水平、心理素质、作业装备及工器具配备要求更高，为进一步提升作业安全性和有效性提供了保障，降低了安全事故的发生概率。

## 1.4 国际发达国家的不停电作业管理模式与技术

当前，美国部分城区、东京、巴黎等国际先进城市供电可靠性的快速提升主要得益于不停电作业的全面普及，把不停电作业作为电网检修的主要手段。

美国一些发达城市已全面取消停电计划，且配备大量的熟练技术人员和机械化程度高的装备(人车比达到近1∶1)，大多通过采用不停电作业、机械化作业减少配网设备停运等方式来作为提升供电可靠性的重要举措。美国电力公司因作业空间较大、环境简单，较难推崇绝缘手套作业法。据统计，绝缘手套作业法大约占全美不停电作业的70%，绝缘杆作业法大约占30%。美国电力公司重视电力作业人员培训、可靠性管理及安全教育等。

东京电网(以下简称“东电”)在配电线路不停电作业方面主要采用绝缘杆法和综合不停电作业，不停电作业项目覆盖了中压、低压架空和电缆线路。东电大量运用旁路柔性电缆、旁路变压器车、移动电源车等作业设备，在中低压线路上普遍开展旁路作业、临时供电等不停电作业项目。日本电力公司设立了专门的不停电作业培训机构，其培训的流程及考核非常严格，按照技能水平的高低，将作业人员的资格证书划分为3个等级。东京电力供电可靠率快速提升阶段是20世纪80年代，5年内从98 min快速下降为8 min，其中从不到“4个9”(对应停电时间53 min)快速提升至接近“5个9”(对应5 min)，主要得益于不停电作业的大力普及。配网不停电作业全面普及是东京电力保证极高可靠性的关键因素。

巴黎电网不停电作业主要采用绝缘手套作业，其多在中压架空线路和低压线路上开展工作，尚未开展电缆旁路作业。巴黎电网重视专业人员培养和队伍建设，建立了完备的一线员工培训上岗机制，普通员工的入职培训年限一般为2～4年，工作负责人一般在入职后还需要3～6年的培训考核；经过全面系统的培训，确保不停电作业人员在作业技能、安全意识、工作习惯等方面都具备足够清晰的认识，同时满足作业要求。

# 第 2 章　流 程 管 理

## 2.1　设计原则

### 2.1.1　符合线路典型设计标准原则

基建、代工、技改、大修、业扩等工程在图纸设计过程中应根据《国家电网公司城市配电网技术导则》《上海电网若干技术原则的规定(第四版)》《上海配电网技术导则(试行)》和《上海 10 kV 架空线路典型装置设计》等要求进行设计。

### 2.1.2　适应开展不停电作业需要原则

在满足以上各类设计标准要求的基础上,在线路装置的设计过程中,还应充分考虑今后开展不停电作业的便利,如尽可能避免同杆架设线路,若 35 kV 线路与 10 kV 线路同杆架设应保持 2 m 以上距离;若 10 kV 双回线路同杆架设尽量选择垂直排列方式,两基电杆档距不应小于 5 m,10 kV 导线相间距离不应小于 0.6 m 等。

### 2.1.3　图纸设计优先考虑带电原则

项目部门及设计单位在图纸设计过程中,应优先考虑不停电作业方式,围绕"用户不停电或短时停电"原则展开设计,如通过简单不停电作业的配合,尽量避免 10 kV 架空线路停电;利用复杂不停电作业(旁路作业、直线杆改分段杆),将负荷进行转移或切断,减少停电范围等。

### 2.1.4　业扩不停电接火不收费原则

按照《国网上海市电力公司关于印发业扩报装带电接火工作指导意见的通知》[上电司设备(2019)769 号]内容要求,由于客户申请新装(包括临时用电)、增容或变更用电而引起的,由客户出资建设电压等级为 10 kV 及以下的供电配套工程,全面取消向电力用户收取业扩报装带电接火费,相关费用列入生产成本。

### 2.1.5 安全快速高效配网抢修原则

配网抢修应严格执行安全工作规程，有针对性地落实组织措施、技术措施和安全措施，确保抢修工作中的人身安全和设备安全。在保证安全的前提下，应遵循“让灯先亮起来”的服务宗旨，有关部门、单位及相关人员应积极主动、密切配合，不得推诿或故意拖延，全力做好配电网抢修工作，努力缩短修复时间。配网抢修应优先考虑不停电作业，尽量减少施工过程中的停电范围。

## 2.2 各阶段流程管理

本节主要介绍各工程阶段不停电作业的流程管理，包括基建、代工类工程阶段，技改、大修及消缺类工程阶段，业扩工程阶段，抢修工程阶段。

### 2.2.1 基建、代工类工程

1）勘察设计阶段

基建、代工工程勘察设计阶段工作流程如图 2-1 所示。

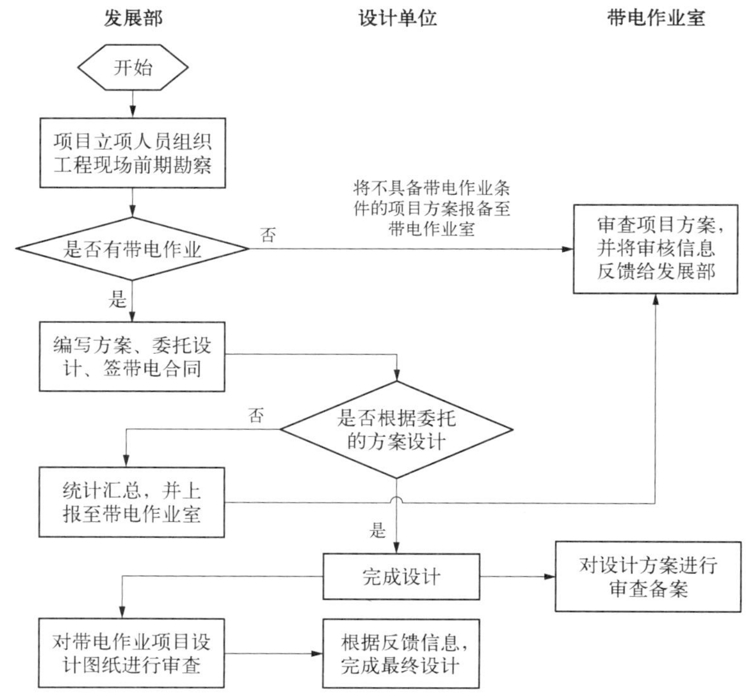


图 2-1　基建、代工工程勘察设计阶段工作流程图

勘察设计阶段所涉及的部门及主要职责如下：

**发展部**负责项目立项人员组织工程现场前期勘查，初步判断工程是否可以采用不停电作业方式，并委托设计单位进行设计、签订带电合同。对所有的设计图纸进行汇总，并上报至不停电作业室。

**设计单位**按照项目立项人员的委托方案进行设计，对于可以不停电作业的工程，在设计图纸中应明确建议采用不停电作业方式，对于不具备不停电作业条件的项目，交由不停电作业室审核。

**不停电作业室**应对所有项目方案进行审查，并将审核信息反馈至发展部。

2）计划编制阶段

基建、代工工程计划编制阶段工作流程如图 2－2 所示。

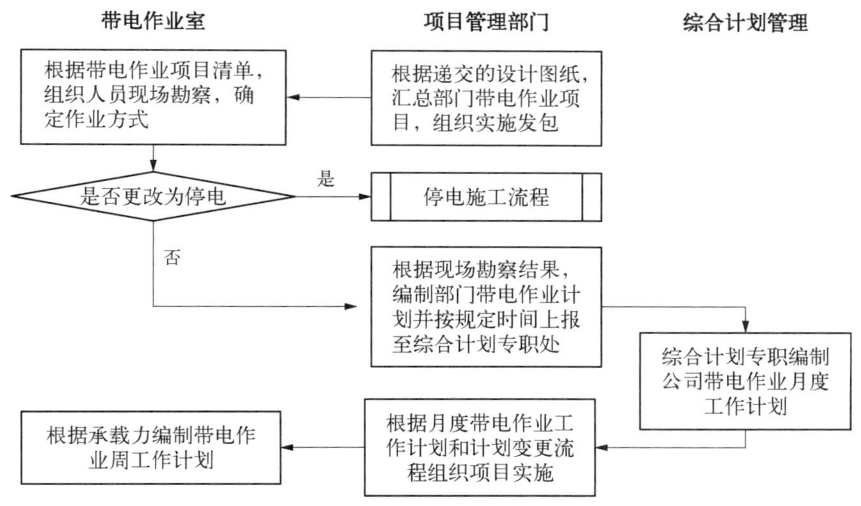


**图 2－2 基建、代工工程计划编制阶段工作流程图**

计划编制阶段所涉及的部门及主要职责如下：

**项目管理部门**根据递交的设计图纸，汇总不停电作业项目，并组织实施发包。经不停电作业室确认后，编制不停电作业计划并上报综合计划专职处。

**不停电作业室**根据不停电作业项目清单，组织人员现场勘查，确定是否可以进行不停电作业以及采取的不停电作业施工方式，对于无法安排带电施工的，统计出原因并反馈至项目管理部门，安排停电施工；对于可以带电施工的工程，反馈至项目管理部门。不停电作业室还应统筹不停电作业资源，根据承载力情况编制不停电作业周计划。

**综合计划管理部门**根据反馈的信息编制公司月度综合生产计划。

3）计划执行阶段

计划执行阶段的流程如图 2－3 所示。

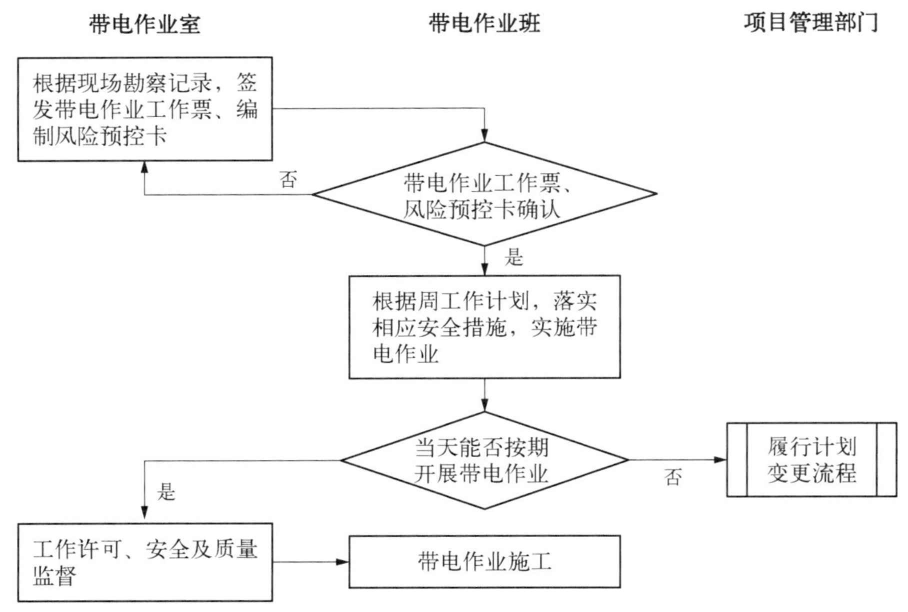


图 2-3　基建、代工工程计划执行阶段流程图

计划执行阶段所涉及的部门及主要职责如下：

**不停电作业室**根据现场勘查记录，签发不停电作业工作票、编制风险预控卡，并做好安全质量监督工作。

**不停电作业班**根据周工作计划，实施不停电作业。

**项目管理部门**对无法开展的不停电作业项目(如下雨取消)履行计划变更流程。

4) 施工验收阶段

施工验收阶段的工作流程如图 2-4 所示。

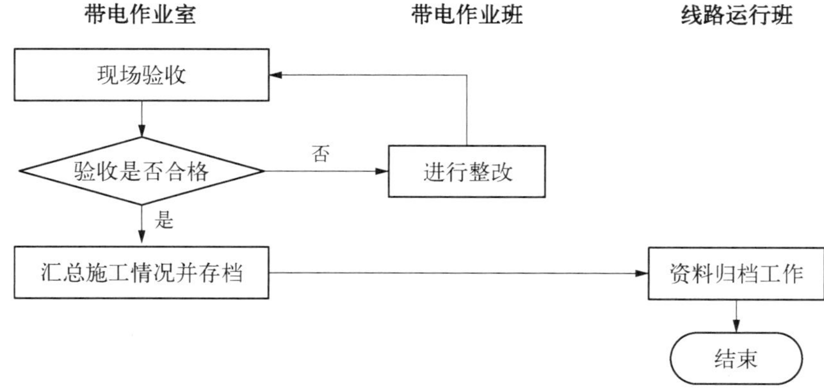


图 2-4　基建、代工工程施工验收阶段工作流程图

施工验收阶段所涉及的部门及主要职责如下：

**不停电作业室**负责不停电作业现场验收，并监督不停电作业班进行整改，最终做好施工情况汇总统计存档。

**线路运行班**负责线路资料归档工作。

### 2.2.2 技改、大修及消缺类工程

1）勘察设计阶段

技改、大修工程勘察设计阶段的工作流程如图 2－5 所示。

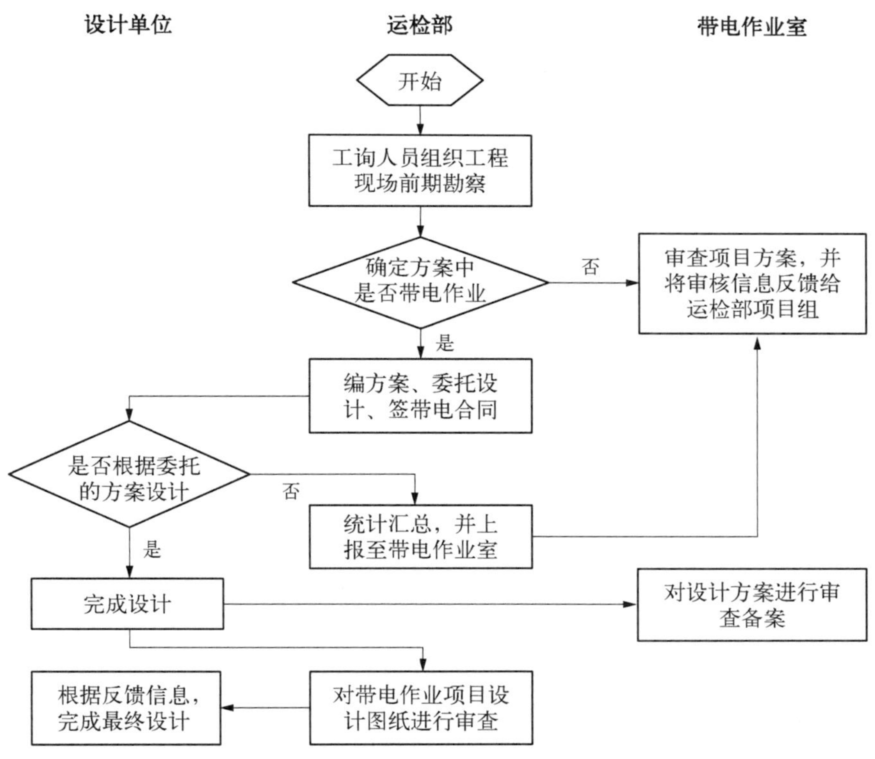


图 2－5 技改、大修工程勘察设计阶段工作流程图

勘察设计阶段所涉及的部门及主要职责如下：

**运检部**组织工程现场前期勘查，优先考虑配合不停电作业施工。对于可以不停电作业的工程，编制不停电作业方案，并委托设计和签订带电作业合同。对于不具备不停电作业条件的项目，交由不停电作业室审核。

**设计单位**按照项目立项人员的委托方案进行设计，并交给立项部门进行图纸审查。

**不停电作业室**需要对所有方案进行审查，并将相关信息反馈至运检部立项部门。

2）计划编制阶段

技改、大修工程计划编制阶段工作流程如图 2－6 所示。

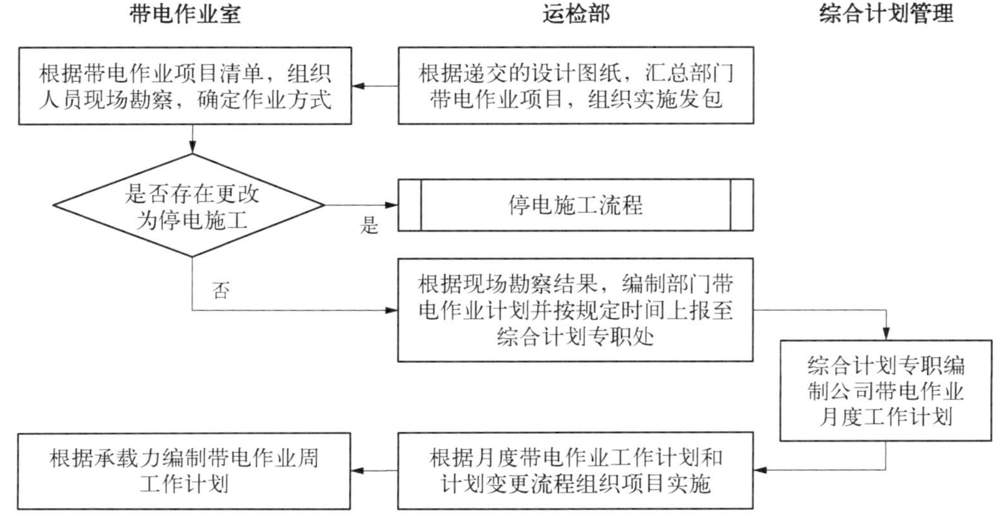


**图 2－6　技改、大修工程计划编制阶段工作流程图**

计划编制阶段所涉及的部门及主要职责如下：

**运检部**根据设计图纸，汇总不停电作业项目，并组织实施发包。

**不停电作业室**根据不停电作业项目清单，组织人员现场勘查，确定是否可以进行不停电作业，对于无法安排带电施工的，明确原因并安排停电施工；对于可以带电施工的工程，由运检部上报综合生产计划管理部门。不停电作业室还应统筹不停电作业资源，根据承载力情况编制不停电作业周计划。

**综合计划管理部门**编制公司月度综合生产计划。

3）计划执行阶段

技改、大修工程计划执行阶段工作流程如图 2－7 所示。

计划执行阶段所涉及的部门及主要职责如下：

**不停电作业室**根据现场勘察记录，签发不停电作业工作票、编制风险预控卡，并做好安全质量监督工作。

**不停电作业班**根据周工作计划，实施不停电作业。

**综合计划管理部门**对无法开展的不停电作业项目（如下雨取消）履行计划变更流程。

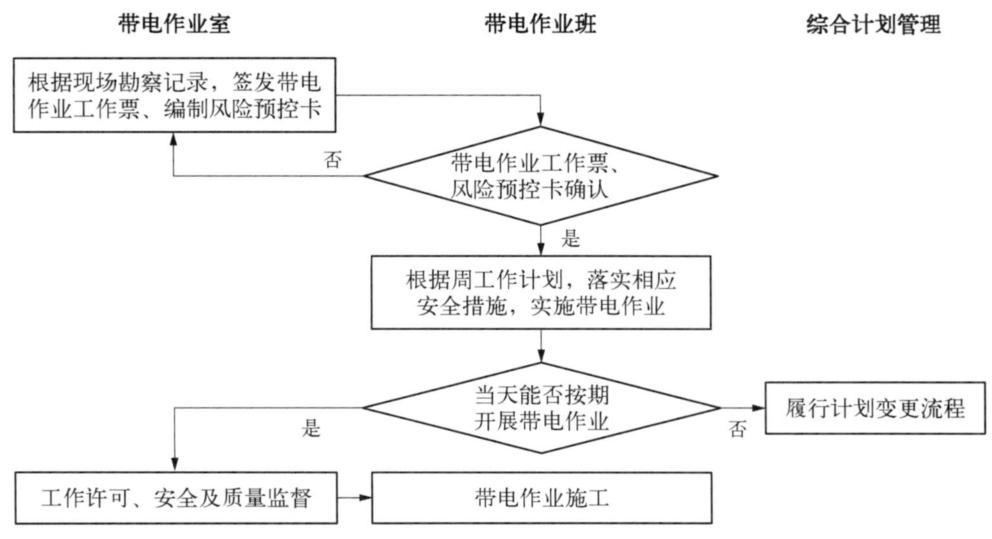


图 2－7 技改、大修工程计划执行阶段工作流程图

4）施工验收阶段

技改、大修工程施工验收阶段工作流程如图 2－8 所示。

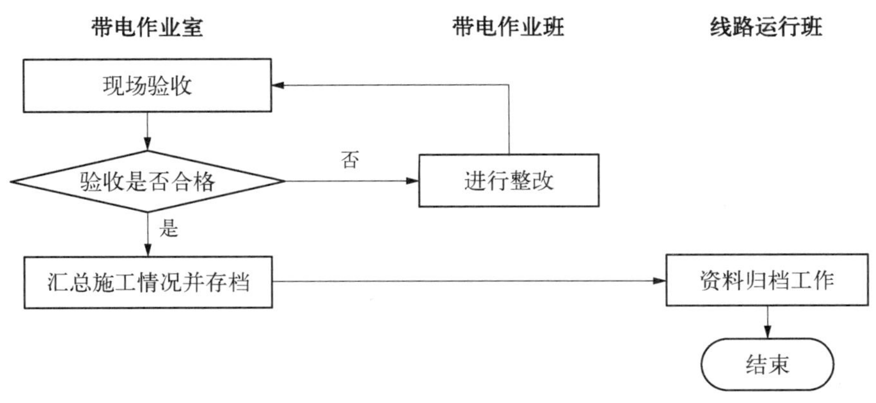


图 2－8 技改、大修工程施工验收阶段工作流程图

施工验收阶段所涉及的部门及主要职责如下：

**不停电作业室**负责不停电作业现场验收，并监督不停电作业班进行整改，最终做好施工情况汇总、统计、存档。

**线路运行班**负责线路资料归档工作。

### 2.2.3 业扩工程

1）勘察设计阶段

业扩工程勘察设计阶段工作流程如图 2-9 所示。

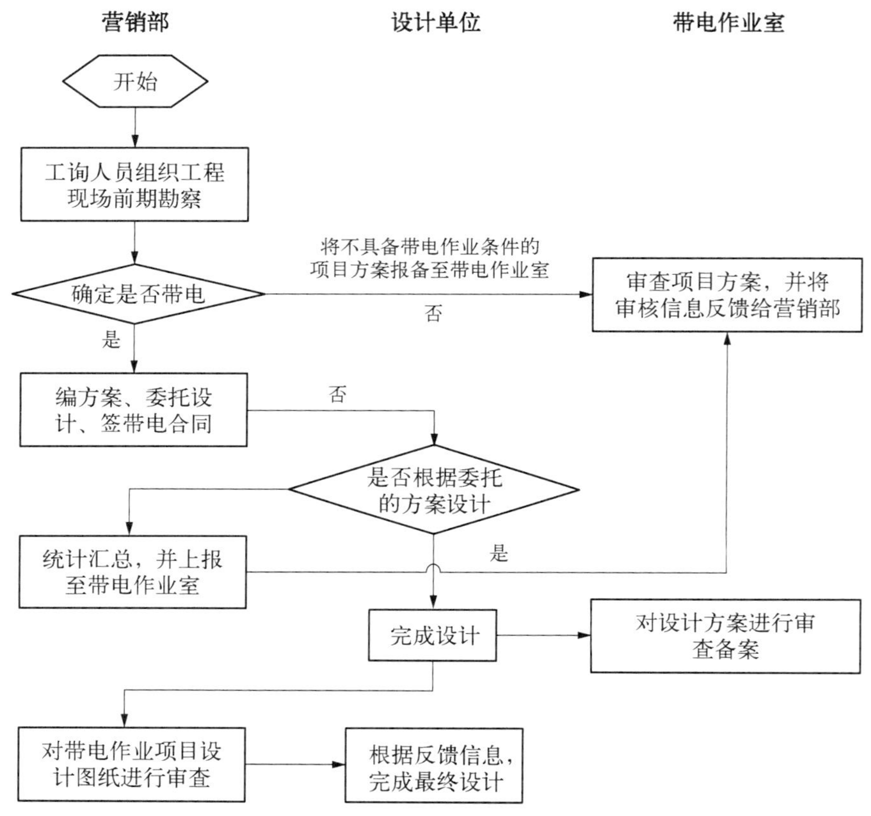


**图 2-9　业扩工程勘察设计阶段工作流程图**

勘察设计阶段所涉及的部门及主要职责如下：

**营销部**组织工程现场前期勘察，优先考虑不停电作业。对于可以不停电作业的工程，编制不停电作业方案，并委托设计、签订带电作业的合同。对于不具备不停电作业条件的项目，交由不停电作业室审核。对设计图纸进行汇总，并上报至不停电作业室。

**设计单位**按照项目立项人员的委托方案进行设计，并交给立项部门进行图纸审查。

**不停电作业室**需要对所有方案进行审查。

2）计划编制阶段

业扩工程计划编制阶段工作流程如图 2－10 所示。

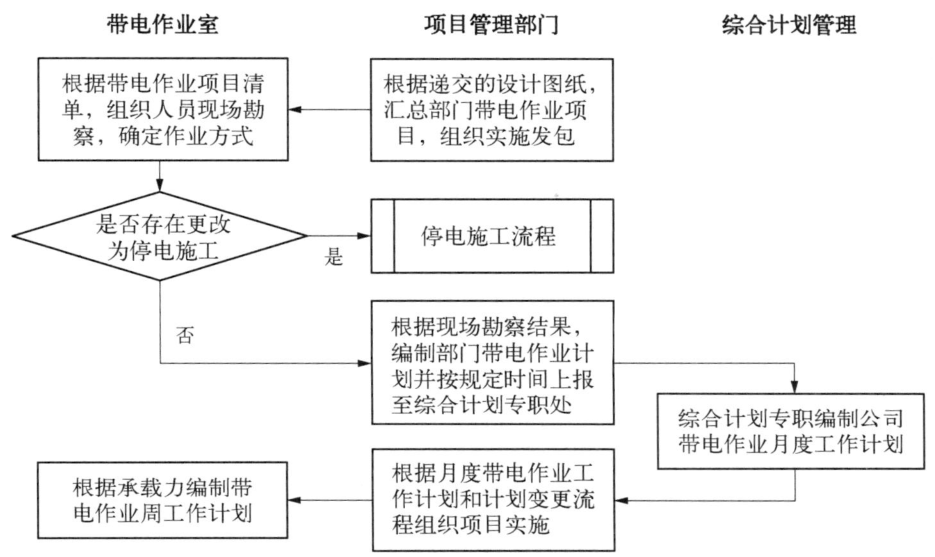


**图 2－10　业扩工程计划编制阶段工作流程图**

计划编制阶段所涉及的部门及主要职责如下：

**项目管理部门**根据设计图纸，汇总不停电作业项目，并组织实施发包。

**不停电作业室**根据不停电作业项目清单，组织人员现场勘察，确定是否可以不停电作业，对于无法安排带电施工的，明确原因并反馈至项目管理部门，安排停电施工；对于可以带电施工的工程，反馈至项目管理部门，由项目管理部门上报综合计划管理部门。不停电作业室还应统筹不停电作业资源，根据承载力情况编制不停电作业周计划。

**综合计划管理部门**负责编制公司月度综合生产计划。

3）计划执行阶段

业扩工程计划执行阶段工作流程如图 2－11 所示。

计划执行阶段所涉及的部门及主要职责如下：

**不停电作业室**根据现场勘察记录，签发不停电作业工作票、编制风险预控卡，并做好安全质量监督工作。

**不停电作业班**根据周工作计划，实施不停电作业。

**综合计划管理部门**对无法开展的不停电作业项目（如因下雨取消作业等）履行计划变更流程。

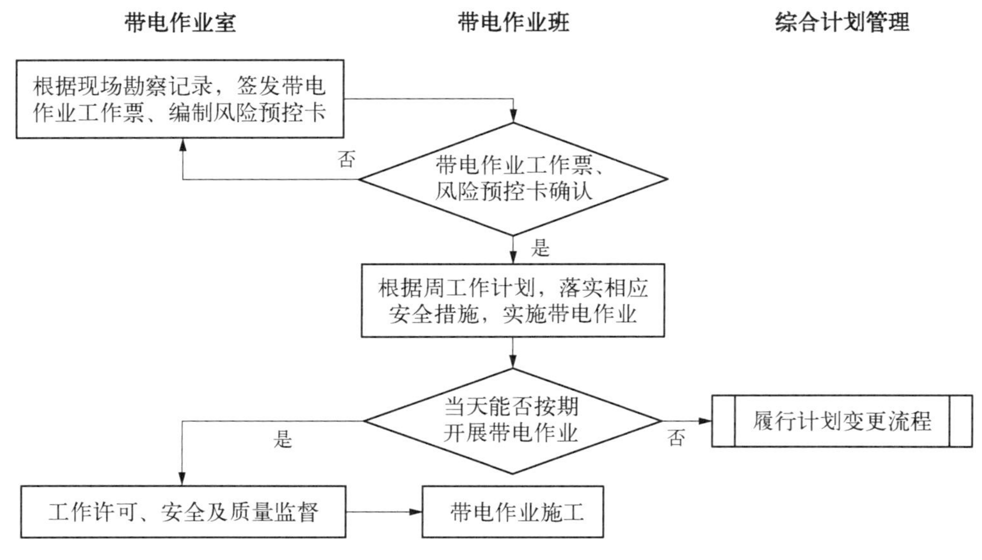


图 2－11　业扩工程计划执行阶段工作流程图

4）施工验收阶段

业扩工程施工验收阶段工作流程如图 2－12 所示。

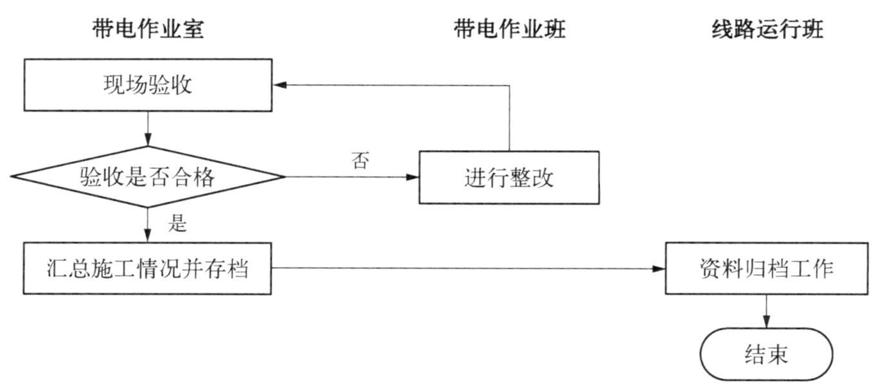


图 2－12　业扩工程施工验收阶段工作流程图

施工验收阶段所涉及的部门及主要职责如下：

**不停电作业室**负责不停电作业现场验收，并监督不停电作业班进行整改，最终做好施工情况汇总、统计、存档。

**线路运行班**负责线路资料归档工作。

### 2.2.4　抢修工程

1）现场勘察阶段

抢修工程现场勘察阶段工作流程如图 2－13 所示。

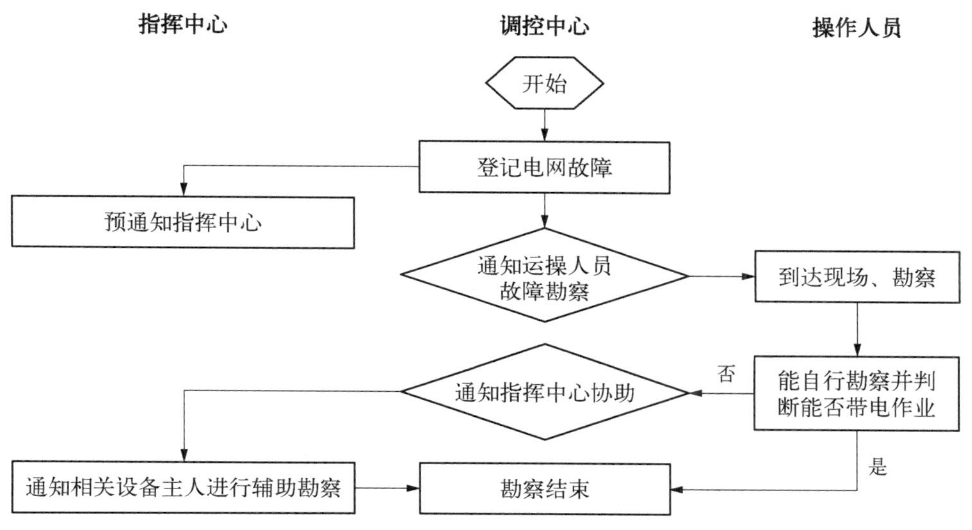


**图 2－13　抢修工程现场勘察阶段工作流程图**

现场勘察阶段所涉及部门及主要职责如下：

**调控中心**登记电网故障后，预通知指挥中心，并安排运维操作人员到现场进行勘察。

**操作人员**到达现场后，需判断现场情况是否能够满足不停电作业条件。

**指挥中心**负责通知安排设备主人到现场进行协助勘察。

2）抢修执行阶段

抢修工程抢修执行阶段工作流程如图 2－14 所示。

抢修执行阶段所涉及部门及主要职责如下：

**操作人员**现场能自行解决抢修工程的，在获得调控中心许可后，采用不停电作业方式进行现场处理。

**调控中心**负责进行故障隔离、负荷转移并设置安全措施，尤其是对于无法带电施工的抢修工程。

**指挥中心**对停电抢修的影响范围进行分析，安排抢修班组到达现场，获得调控中心许可后，进行停电抢修。

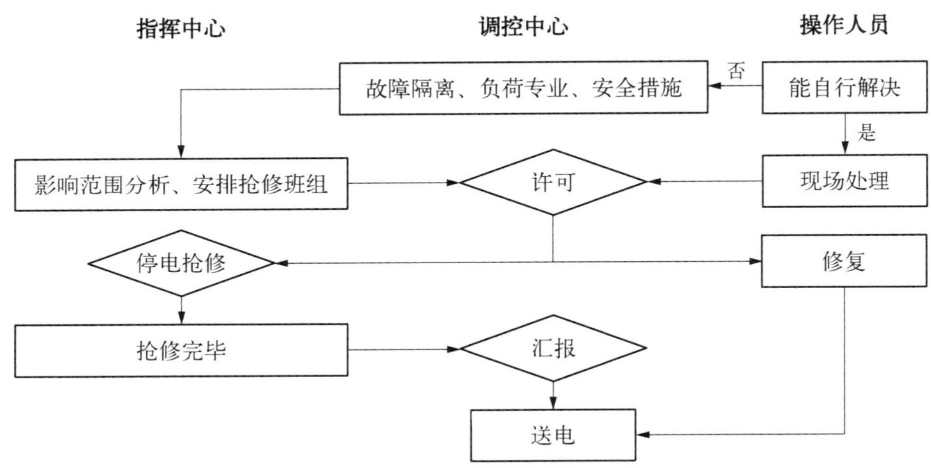


**图 2-14　抢修工程抢修执行阶段工作流程图**

3）抢修归档阶段

抢修工程抢修归档阶段工作流程如图 2-15 所示。

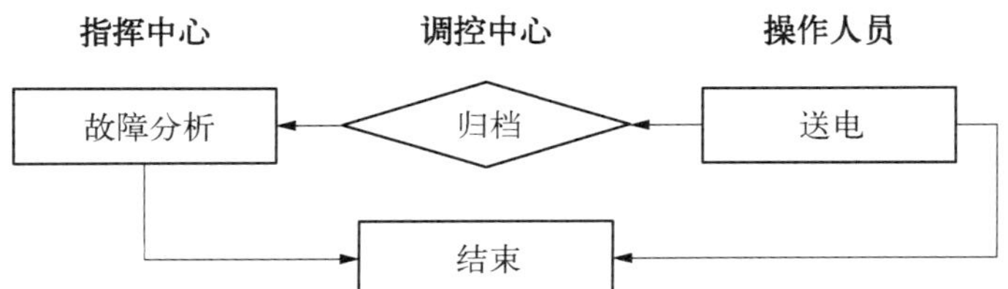


**图 2-15　抢修工程抢修归档阶段工作流程图**

抢修归档阶段所涉及的部门及主要职责如下：

**调控中心**在抢修恢复送电后，进行资料归档。

**指挥中心**对抢修进行故障分析。

# 第3章 人 员 管 理

## 3.1 管理制度与规定

上海电力公司坚持把不停电技术作为电网运检核心技术，将其作为配电网主流检修方式和保障配电网建设与发展的重要技术手段；积极推行配网全员、全业务不停电运检模式，实行区域内检修、消缺、抢修和业扩接网等配网运检业务全部不停电化；积极筹划突破现有专业界线，远期实现配电网运行、操作、检修等专业复合，满足配网作业管理由停电作业向完全不停电作业转变。

## 3.2 人员管理

目前，上海电力公司强调落实主体管理责任，进一步增强专业管理力量；强化现有技术管理体系，在供电公司运检部强化配网不停电作业管理职能，符合国网“大检修”配置不停电作业室要求(年作业次数达到500次可成立不停电作业室，目前除金山、崇明、宝山外均达到要求)的，完成实体化配置；暂不满足大检修配置要求的，强化管理职责和力量配置；强化不停电作业室的作业管控职责，由其负责计划管控、业务指导、技术研发、开展不停电作业项目等相关工作，并直接管理相关不停电作业班组，承担不停电作业安全、质量管控责任。

在不停电作业人员资质及培训管理方面，上海电力公司严格按照相关文件执行，具体要求内容详见3.3节“培训取证”部分。

## 3.3 不停电作业人员资质要求及岗位职责

电力公司系统不停电作业施工相关人员应明确岗位职责，并按照《国家电网公司安全工作规程》等公司规章取得上岗资质。

### 3.3.1 不停电作业人员资质要求

1）基本要求

（1）专业工程师。

学历与职称：

专业工程师必须具有大学本科及以上学历，具有工程师及以上专业职务任职资格。

工作资质：

需要具有1年及以上现场工程师经历；5年及以上本企业工作经历。

业务知识：

专业工程师必须熟悉国家和电力行业相关政策、法律、法规；掌握电力生产、电力企业管理业务有关的专业技术理论知识；熟悉配电设备运行检修相关业务流程；熟悉电力技术监督标准，熟练地掌握与电力设备运行水平、电网稳定性密切相关的重要参数、性能、指标，并能熟练地进行监督、检查、调整、评价，以及掌握与配电线路不停电作业等相关的基本知识。

工作能力：

专业工程师还必须具有较高的政治思想素质和一定的专业理论水平，坚持原则、秉公办事、保守秘密，有较强的语言表达能力及写作能力；能够编写本专业工作计划、总结、报告，能准确传达上级文件精神。

（2）工作票签发人。

学历与职称：

工作票签发人应具有中专及以上学历，具有线路中级工、工作负责人及以上专业职务任职资格。

工作资质：

工作票签发人应有5年及以上本企业工作经历。

不停电作业人员根据《配电不停电作业管理标准》管理标准，应具备配电专业初级及以上技能水平的人员中择优录用，并持配电不停电作业资质证书，并经本单位总工程师或分管领导批准后，才能从事相应的不停电作业工作。

绝缘斗臂车等特种车辆驾驶操作人员按《10 kV配网不停电作业规范》（Q/GDW 10520—2016）中定义的8.1～8.4的有关规定执行，并需经专门培训考试合格后持证上岗。

业务知识：

从事该项作业的人员需熟悉国家和电力行业相关政策、法律、法规；掌握与电力生产、电力企业管理业务有关的专业技术理论知识；熟悉配电设备运行检修相关业务流程；熟悉电力技术监督标准；掌握配电线路不停电作业等基本知识。

工作能力：

从事该项作业的人员需具有较高的政治思想素质和一定的专业理论水平，坚持原则、秉公办事、保守秘密；有较强的语言表达能力及写作能力；能够编写本专业工作计划、总结、报告，能准确传达上级文件精神；掌握现代化办公设备和计算机技术。

(3) 带电班工作负责人。

学历与职称：

带电班负责人必须具有中专及以上学历，具备线路中级工、工作负责人及以上专业职务任职资格的人员。

工作资质：

带电班负责人必须具有5年及以上本企业工作经历。

一级组员根据《配电不停电作业管理》(Q/SHQP 2023—2019)管理标准，应具备配电专业初级及以上技能水平的人员中择优录用，并持配电不停电作业资质证书，并经本单位总工程师或分管领导批准后，才能从事相应的不停电作业工作。

绝缘斗臂车等特种车辆驾驶操作人员按《10 kV配网不停电作业规范》(Q/GDW 10520—2016)中定义的8.1～8.4的有关规定执行，并需经专门培训考试合格后持证上岗。

业务知识：

熟悉国家和电力行业相关政策、法律、法规；掌握电力生产、电力企业管理业务有关的专业技术理论知识；熟悉配电设备运行检修相关业务流程；掌握配电线路不停电作业等基本知识；掌握触电急救法和紧急救护法。

工作能力：

从事该项工作的人员需具有较高的政治思想素质和一定的专业理论水平，坚持原则、秉公办事、保守秘密；有良好的语言表达能力及写作能力；能够编写本专业工作计划、总结、报告；掌握现代化办公设备和计算机技术。

(4) 带电班工作班成员。

从事该项工作的人员需具有本科及以上学历，线路初级工及以上专业职务任职资格。

工作经历：

三级组员根据《配电不停电作业管理》(Q/SHQP 2023—2019)管理标准，应具备配电专业初级及以上技能水平的人员中择优录用，持有配电不停电作业资质证书，并经本单位总工程师或分管领导批准后，才能从事相应的不停电作业工作。

绝缘斗臂车等特种车辆驾驶操作人员按《10 kV配网不停电作业规范》(Q/GDW 10520—2016)中定义的8.1～8.4的有关规定执行，并需经专门培训考试合格后持证上岗。

业务知识：

熟悉国家和电力行业相关政策、法律、法规；掌握电力生产、电力企业管理业务有关的专业技术理论知识；熟悉配电设备运行检修相关业务流程；掌握配电线路不停电作业等基本知识；掌握触电急救法和紧急救护法。

工作能力：

从事该项工作的人员需具有较高的政治思想素质和一定的专业理论水平，坚持原则、秉公办事、保守秘密；有良好的语言表达能力及写作能力；能够编写本专业工作计划、总结、报告；掌握现代化办公设备和计算机技术。

2）培训取证

（1）不停电作业人员应从具备配电专业初级及以上技能水平的人员中择优录用，并持证上岗。

（2）不停电作业人员资质申请、复核和专项作业培训按照分级分类方式由国网公司级和省公司级配网不停电作业实训基地分别负责。国网公司级基地负责一至四类项目的培训及考核发证；省公司级基地负责一、二类项目的培训及考核发证。不停电作业实训基地资质认证和复核执行国网公司《不停电作业实训基地资质认证办法》相关规定。

（3）绝缘斗臂车等特种车辆操作人员及电缆、配网设备操作人员需经培训、考试合格后，持证上岗。

（4）工作票许可人、地面辅助电工等不直接登杆或上斗作业的人员需经省公司级基地进行不停电作业专项理论培训、考试合格后，持证上岗。

（5）国家电网公司不停电作业实训基地应积极拓展与不停电作业发展相适应的培训项目，加强师资力量，加大培训设备设施的投入，满足不停电作业培训工作的需要。

（6）尚未开展第三、四类配网不停电作业项目的单位应在连续从事第一、第二类作业项目满 2 年的人员中择优选择作业人员，经国网公司级实训基地专项培训并考核合格后，方可开展更高级别的作业。

（7）各基层单位应针对不停电作业特点，定期组织不停电作业人员进行规程、专业知识的培训和考试，考试不合格者不得上岗。经补考仍不合格者应重新进行规程和专业知识培训。

（8）基层单位应按有关规定和要求，认真开展岗位培训工作，每月应不少于 8 个学时。

（9）不停电作业人员脱离本工作岗位 3 个月以上者，应重新学习《国家电网公司电力安全工作规程（配电部分）》和不停电作业有关规定，经过考试并合格后，方能恢复工作；脱离本工作岗位 1 年以上者，收回其不停电作业资质证书，需返回不停电作业岗位者,应重新接受培训考核获取资质证书。

(10) 工作负责人和工作票签发人按《国家电网公司电力安全工作规程(配电部分)》所规定的条件和程序审批,获得资质后方可承担此项工作。

(11) 配网不停电作业人员不宜与输、变电专业不停电作业人员、停电检修作业人员混岗。人员队伍应保持相对稳定,人员变动应征求本单位主管部门的意见。

### 3.3.2 不停电作业人员岗位职责

1) 专业工程师

配电不停电作业计划管理工作应根据建设部计划专职安排的周施工计划表执行。

配电不停电作业方案管理工作应根据配电线路设备运行状况或其他需求,对于能进行不停电作业的工作不再安排停电并及时安排不停电作业工作。

本岗位人员负责配电不停电作业具体实施管理工作,按照下列要求执行:

(1) 不停电作业现场勘查工作。本岗位人员负责组织不停电作业工作票签发人和工作负责人进行现场勘查,确认作业条件。按照《10 kV 架空配电线路不停电作业指导书》(Q/GDW 09-001-2012-4060~Q/GDW 09-060-2012-40601)技术标准执行。

(2) 为不停电作业实施开展工作。本岗位人员负责组织不停电作业班确定开展不停电作业项目并实施。如果存在不停电作业无法开展的问题,应对现场勘察人员进行询问,并将情况报运检部主任审核并经同意批准后,由运检部其他专业工程师组织开展停电作业方式或其他作业方式进行替代;若可以开展不停电作业,应由工作票签发人(带电班组长、副组长)制定不停电作业工作措施(不停电作业项目作业书和危险点分析等)。按照《10 kV 架空配电线路不停电作业指导书》(Q/GDW 09-001-2012-4060~Q/GDW 09-060-2012-40601)技术标准执行。

(3) 不停电作业多班组协同作业项目的工作。本岗位人员负责汇报公司运检部,由运检部主任设项目总协调人。

(4) 为不停电作业处理紧急缺陷或事故抢修展开工作。本岗位人员负责审核批准并根据能开展的配网不停电作业项目来安排实施。若超出本单位开展的不停电作业范围,同类项目范围应由本岗位人员根据现场实际情况制定并落实可靠的安全措施,经本单位分管领导(总工程师)批准后方可进行。

(5) 不停电作业装备配置工作。本岗位人员负责为带电班安排和配齐相应的工器具、车辆等装备。

2) 工作票签发人

本岗位人员主要负责管理带电班的不停电作业、缺陷处理和抢修工作,按照下列要求执行：

（1）组织开展班组承载力分析，合理安排作业力量，工作负责人必须胜任工作任务，作业人员技能符合工作需要，管理人员到岗到位，并选派适合于抢修任务的施工人员参加抢修。

（2）组织安排不停电作业工作票签发人（不停电作业班组长、副组长）或工作负责人（不停电作业班一级、二级组员）对将实施的项目在作业开展前一天进行现场踏勘，判断可否进行不停电作业以及根据《10 kV架空配电线路不停电作业指导书》（Q/GDW 09-001-2012-4060～Q/GDW 09-060-2012-40601）技术标准确认该次不停电作业项目类型。如果存在不停电作业无法开展的问题，应立即汇报运检部专业工程师（不停电作业）并进行原因说明；若可以开展不停电作业，应由工作票签发人制定不停电作业工作措施（不停电作业项目作业书和危险点分析等）；如有设备变更、负荷增减、网络更改等情况还需运行管理班组（线运班组成员）审核《10 kV线路设备变更单》，交与运检部进行资料变更。

（3）不停电作业工作票和危险点预控卡开票和回填管理工作，本岗位人员负责监督和审核不停电作业工作票的开票和回填记录。

3）带电班工作负责人

本岗位人员主要是以工作负责人的身份进行不停电作业施工、缺陷处理和抢修带班工作。按照下列要求执行：

（1）本岗位人员负责不停电作业工作票、危险点预控卡的开票和回填记录。工作负责人根据工程预竣工图和竣工电气图核对线路名称、施工地点、停电及有电部位、作业项目和工作票所列安全措施等进行核对，确认票面所列安全措施的正确性、完备性以及是否满足实际工作条件，必要时予以补充修改，确认无误后送至调控中心审核，审核后的《线路不停电作业票》作为调控中心许可工作的依据。工作终结后，负责本次不停电作业的工作负责人应在2个工作日内及时回填不停电作业工作票，将记录详细登记在案。

（2）根据通过审核的工作票，全面负责本次工作的现场安全、施工质量，严格督促班组作业人员正确地执行线路不停电作业安全规程、作业指导书。若工作负责人对不停电作业工作票上的内容存在疑问，应立即联系工作票签发人，询问清楚后，方可开展施工。

（3）认真履行工作许可手续，通过电话现场向调度汇报，并申请开始工作。值班调控中心人员审核业主设备停役申请和核对不停电作业工作票安全措施，全部工作经许可人许可后，组织人员开展作业。

（4）对工作全面负责，在检修工作中要对作业人员明确分工，保证工作质量。

（5）识别现场作业危险源，组织落实防范措施，确认工作地点，围红白带，为车辆设置路障，接好绝缘斗臂车接地线。

(6) 工作前召集工作人员交代工作任务，告知危险点，交代安全措施和技术措施，并确认每一个工作班成员都已知晓；若在不停电作业过程中遇设备突然停电，作业人员应将其视为设备仍然带电，工作负责人应尽快与调度进行联系，调度未与工作负责人取得联系前不得强行送电。

(7) 确认每一个工作班成员都已知晓作业流程，检查工作班成员精神状态是否良好，变动是否合适，并进行抽查、问答，对站班会内容应进行录音。

(8) 带头遵守现场各项安全规定，不违章指挥，不强令冒险作业，对工作成员认真监护，及时制止违反安规的行为。

(9) 工作完毕，督促班组成员进行现场清理。

(10) 检查现场有无遗留材料和工器具，确认工作杆塔、导线、绝缘子及其他辅助设备上没有遗留的工具，所有工作人员已撤离施工杆塔。

(11) 工作结束后履行工作票终结手续，及时向调度及工作票签发人汇报。

4) 带电班工作班成员

本岗位人员主要负责不停电作业、缺陷处理以及抢修的实施工作，按照下列要求执行：

(1) 工作前确定工作范围及作业方式，明确线路名称、杆号及工作任务。

(2) 作业人员应熟悉现场安全作业要求，具备必要的电气知识和配网不停电作业技能，能正确使用作业工器具，了解设备有关技术标准要求，持有效配网不停电作业合格证上岗。作业人员无变动，所有人员精神状态良好，明确作业标准，并对工作票上的工作内容、时间、地点、安全措施等进行复述。

(3) 领用绝缘工具、安全用具及辅助器具，核对工器具的使用电压等级和试验周期；作业人员根据分工情况整理材料，对安全工具、绝缘工具进行检查、摇测，对绝缘工具进行外观检查和绝缘电阻检测。绝缘工具表面绝缘电阻不得低于 700 MΩ。对跨接销弧开关进行试拉，试合，试验销弧开关的拉合机构是否灵活，保险栓是否牢固。查看绝缘臂、绝缘斗是否良好，做好作业前的准备工作。

(4) 工作地点车辆设置路障围红白带，绝缘斗臂车接地线已接好。

(5) 作业中不得擅自变更施工步骤，服从工作负责人的指挥。若发现不安全的情况，应立即停止工作并向工作负责人汇报。对无安全措施、未经安全交底、无工作票和违章指挥，有权拒绝作业并申诉理由。

(6) 具体作业项目和作业现场流程按照《10 kV 架空配电线路不停电作业指导书》(Q/GDW 09 - 001 - 2012 - 4060～Q/GDW 09 - 060 - 2012 - 40601)技术标准和《配电不停电作业管理》(Q/SHQP 2023—2019)管理标准第 8.4 条执行。

(7) 工作结束后及时清理现场；检查现场有无遗留材料和工器具，接地线已拆除；确认工作杆塔、导线、绝缘子及其他辅助设备上没有遗留的工具，所有工作人员已撤离施工杆塔。

5）带电班班组资料管理人员（班组内设专员）

本岗位由班组长指定班组内专人担任，主要负责不停电作业数据统计和班组日常资料管理维护工作，按照下列要求执行：

（1）不停电作业数据统计应按《10 kV 配网不停电作业规范》（Q/GDW 10520—2016）中定义 7.1 和 7.2 的有关规定执行，每次作业完成后，在当日统计不停电作业每日的次数、作业时间、减少停电时户数、多供电量、带电化率等数据，其中计算公式参照《10 kV 配网不停电作业规范》中定义 7.3 附录 C 的有关规定。

（2）不停电作业资料技术管理应根据《10 kV 配网不停电作业规范》中定义 11 中 11.1.1～11.1.10 的内容将不停电作业资格证书、线路不停电作业工作票、事故应急抢修单、出入库管理记录、绝缘工具试验记录和带电班仓库工器具管理清单一一清点，更新过期资料；完成梳理后存放于文件夹内，并在文件夹侧面标注资料名称，最终全部存放至资料柜。

（3）形成的报告和记录及留存时间如下：

线路不停电作业工作票，带电班，电子、纸质文件（1 年）；

事故应急抢修单，带电班，电子、纸质文件（1 年）；

出入库管理记录，带电班，纸质文件（1 年）；

绝缘工具试验记录，带电班，电子、纸质文件（1 年）；

带电班仓库工器具管理清单，带电班，电子、纸质文件（1 年）；

配电不停电作业资质证书，带电班，纸质文件（4 年）。

# 第 4 章　作业现场管理

## 4.1　不停电作业施工原则

不停电作业施工原则主要包括“安全第一”原则和“能带不停”原则。

### 4.1.1　“安全第一”原则

不停电作业施工应遵守电力公司系统“安全第一，预防为主，综合治理”的总体方针，严格执行《国家电网公司安全工作规程》、各类不停电作业项目的作业指导书及公司系统不停电作业相关的安全管控规定，主要从组织保障、技术能力、人身防护、风险管控等角度落实施工安全管控措施，确保不停电作业中电网、设备和人身的安全。

组织保障方面：不停电作业施工应符合本质安全管理要求，有完整全面的作业前预防、作业中管控、作业后总结的闭环管控机制及对应的专业技术人员。不停电作业施工应严格执行《国家电网公司安全工作规程》中保障安全的组织措施，需特别注意不停电作业应在良好天气下进行，涉及特种装备的作业应符合相关的管理规定。

技术能力方面：不停电作业施工应严格执行《国家电网公司安全工作规程》中保障安全的技术措施，不停电作业施工应遵循各类不停电作业项目的作业指导书。对于比较复杂、难度较大的不停电作业新项目和研制的新工具必须进行科学试验，确认安全可靠，编出操作工艺方案和安全措施，并经主管生产领导批准后方可进行和使用。参加不停电作业的人员应接受专门培训，并通过考试合格取得作业资格，经单位批准后方能参加相应的作业。不停电作业工作票签发人和工作负责人、专责监护人应由具有不停电作业资格、不停电作业实践经验的人员担任。

人身防护方面：执行不停电作业的人员应严格按照《国家电网公司安全工作规程》中的要求穿戴合格的绝缘防护用具，使用的安全带、安全帽及各类绝缘工器具均应符合《配网不停电作业工器具、装置和设备试验管理规范》及《国家电网公司安全工作规程》中的技术要求。

风险管控方面：不停电作业风险管控应遵循“全面评估、分级管控”的工作原则，在不停电作业方案三级审核制度上开展。每项作业方案需经班组—部门—公司三级审核，了解现场情况，完善现场作业细节，选取最优作业方案。对每一项作业参照《国家电网有限公司作业安全风险预警管控工作规范典型生产作业风险定级库》分级定性，且定期制订作业计划并实施刚性管理。作业计划安排应统筹考虑管理和作业承载能力，避免同时段高风险作业叠加。

### 4.1.2 “能带不停”原则

不停电作业施工与电力公司可靠性管理工作高度结合，尤其在可靠性管控进程的前端和过程中扮演了重要角色，它是保障公司系统高可靠性的关键手段。电力公司系统各单位应按照“先转供，后带电，再保电”的次序，综合考虑作业时的施工现场环境，积极运用负荷转移、不停电作业和应急发电等技术手段，全力缩小因施工造成的停电范围，减少停电用户数，贯彻执行“能带不停”原则。

《配网不停电作业方案审核单》(下文简称《审核单》)是贯彻“能带不停”原则的有效手段，它作为工程项目科研评审、工程竣工、验收结算的必需材料，是审查各类配网工程项目设计方案的重要手段，是落实停电计划源头管控，在项目设计阶段充分发挥施工停电管控和不停电作业考核的重要一环，具体审核流程如图 4－1 所示。

具体来说，电力公司系统各单位立项部门确立施工项目时，提出初步施工方案和预估停电影响(打包项目需在施工方案中说明)，经不停电作业专业人员审核勘查后，确认不停电作业施工方案及停电影响，设计单位据此开展不停电作业设计和概预算，在施工图纸上标注不停电作业实施位置及具体作业内容，最后由不停电作业室进行图纸、概算审核并归档《审核单》。工程项目审查中应设有不停电作业审查环节，邀请不停电作业审查专家，重点检查所有配网工程项目设计方案中不停电作业部分和预估停电影响情况，由此建立预安排停电管控的“第一道防线”。

《审核单》施行分级审核原则，所有流转环节均需签字确认，落实主体责任，未经审核的项目不得列入生产计划。《审核单》应根据公司系统的具体要求，以停电时户数为参照，按累进制分别由不停电作业负责人、运检部负责人、生产副总或总经理审核确认，停电时户数超过省公司限定阈值的工程，应向国网上海市电力公司设备部审核报备。

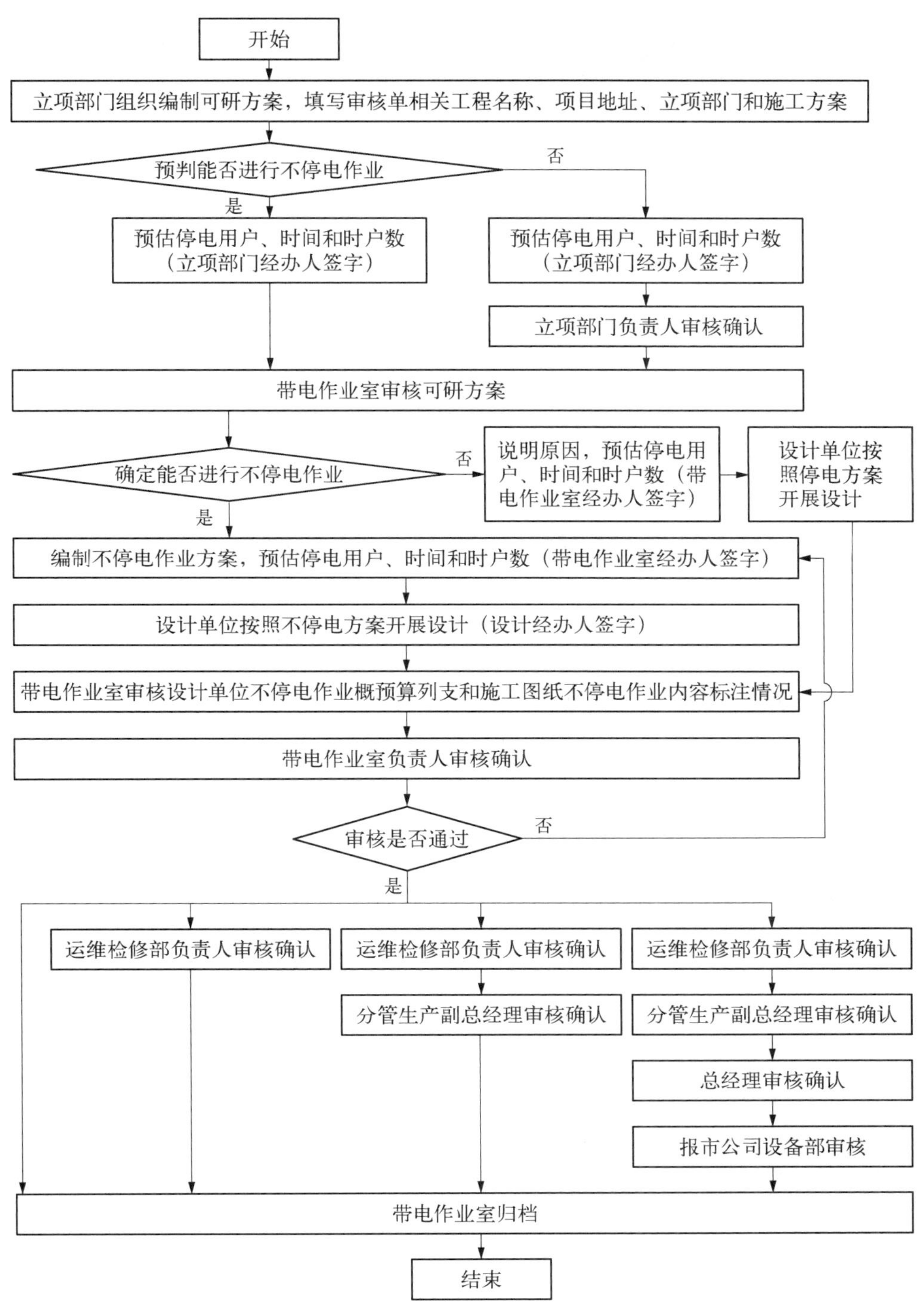
开始
立项部门组织编制可研方案，填写审核单相关工程名称、项目地址、立项部门和施工方案
预判能否进行不停电作业
否
是
预估停电用户、时间和时户数（立项部门经办人签字）
预估停电用户、时间和时户数（立项部门经办人签字）
立项部门负责人审核确认
带电作业室审核可研方案
确定能否进行不停电作业
否
说明原因，预估停电用户、时间和时户数（带电作业室经办人签字）
设计单位按照停电方案开展设计
是
编制不停电作业方案，预估停电用户、时间和时户数（带电作业室经办人签字）
设计单位按照不停电方案开展设计（设计经办人签字）
带电作业室审核设计单位不停电作业概预算列支和施工图纸不停电作业内容标注情况
带电作业室负责人审核确认
审核是否通过
否
是
运维检修部负责人审核确认
运维检修部负责人审核确认
运维检修部负责人审核确认
分管生产副总经理审核确认
分管生产副总经理审核确认
总经理审核确认
报市公司设备部审核
带电作业室归档
结束

**图 4－1　审核流程图**

## 4.2 现场管控及风险防范

不停电作业是一项技能要求高、投入高、风险较高、劳动强度大、技术性较强、操作安全水平要求较高的特殊工种和特殊作业方式,是在高空和强电场条件下进行的一种不停电的检修作业。对不停电作业的主要风险进行危害辨识与评估是保证不停电作业安全的前提,而根据主要风险制定重点管控措施是保证不停电作业安全的关键。

### 4.2.1 作业人员类别及责任

1) 工作票签发人

工作票签发人主要对不停电作业任务进行统筹,负责审核工作票上的内容以及人员安排是否完善等,是为安全施工所设置的一道审核“关卡”。

工作票签发人应是熟悉人员技术水平、设备情况、《国家电网公司电力安全工作规程(配电部分)(试行)》规定,并具有相关工作经验的生产领导人、技术人员或经本单位批准的专业人员。工作票签发人员名单应公布。

工作票签发人应履行下列安全责任:

(1) 确认工作必要性和安全性。

(2) 确认工作票上所列安全措施正确完备。

(3) 确认所派工作负责人和工作班成员适当、充足。

2) 工作负责人

工作负责人是作业现场安全的第一责任人,负责组织工作的前期准备以及现场工作的实际开展,并对现场工作的安全以及工作任务的高质量完成负有重要责任。

工作负责人(监护人)应是具有相关工作经验、熟悉设备情况和《国家电网公司电力安全工作规程(配电部分)》、经工区(车间,下同)批准的专业人员。工作负责人应熟悉工作班成员的工作能力。

工作负责人应履行下列安全责任:

(1) 正确组织工作。

(2) 检查工作票所列安全措施是否正确完备,是否符合现场实际条件,必要时予以补充完善。

(3) 工作前,对工作班成员进行工作任务、安全措施交底和危险点告知,并确认每个工作班成员都已签名。

(4) 组织执行工作票所列由其负责的安全措施。

(5) 监督工作班成员遵守本规程、正确使用劳动防护用品和安全工器具以及执行现场安全措施。

（6）关注工作班成员身体状况和精神状态是否出现异常迹象，人员变动是否合适。

3）工作许可人

工作许可人主要为工作班作业环境的现场安全性进行把关，负责作业现场安全措施的布置及检查，以及工作的开工和结束时的手续办理。

工作许可人应是经工区批准的有一定工作经验的运维人员或检修操作人员（进行该工作任务操作及做安全措施的人员）；用户变/配电站的工作许可人应是持有效证书的高压电气工作人员。

工作许可人应履行下列安全责任：

（1）审票时，确认工作票所列安全措施是否正确完备，对工作票所列内容有疑问时，应向工作票签发人询问清楚，必要时予以补充。

（2）保证由其负责的停、送电和许可工作的命令正确。

（3）确认由其负责的安全措施正确实施。

4）专责监护人

专责监护人是为补充工作现场安全监护力量不足，由工作票签发人或工作负责人专门指定的人员承担，其本质为工作班成员，只对确定被监护的人员和监护范围进行监护，且不得参加具体工作。

专责监护人应是具有相关工作经验、熟悉设备情况和《国家电网公司电力安全工作规程（配电部分）（试行）》的专业人员。

专责监护人应履行下列安全责任：

（1）明确被监护人员和监护范围。

（2）工作前，对被监护人员交代监护范围内的安全措施、告知危险点和安全注意事项。

（3）监督被监护人员遵守本规程和执行现场安全措施，及时纠正被监护人员的不安全行为。

专责监护人临时离开现场时，应通知被监护人员停止工作或离开工作现场，待专责监护人回来后方可恢复工作。若专责监护人长时间离开工作现场，应由工作负责人变更专责监护人，履行变更手续，并告知全体被监护人员。

5）工作班成员

工作班成员是现场不停电作业工作开展的主要执行者，其主要职责是根据作业负责人的指挥进行工作。

工作班人员应履行下列安全责任：

（1）熟悉工作内容、工作流程，掌握安全措施，明确工作中的危险点，并在工作票上履行交底签名确认手续。

（2）服从工作负责人（监护人）、专责监护人的指挥，严格遵守本规程和劳动纪律，在指定的作业范围内工作，对自己在工作中的行为负责，互相关心工作安全。

（3）正确使用施工机具、安全工器具和劳动防护用品。

6）到岗到位人员职责

到岗到位人员的职责是负责监督、指导检修作业现场安全管控工作，其通过强化检修全过程关键环节、关键时段、关键人员作业行为管控，从组织措施、技术措施、风险控制措施、现场作业标准化等方面进行监督检查，着重检查关键人员安全履责情况和作业现场安全精施执行情况，发现违章行为立即制止，对相关人员进行培训教育，并及时研究存在的问题，提出改进意见，确保生产现场组织安全、有序、平稳。

### 4.2.2 作业前准备

1）工器具与仪器仪表要求

工器具与仪器仪表的主要要求如下：

（1）绝缘绳索、绝缘拉杆应按工作需要配置，使用前户满足 2 500 V 绝缘电阻表进行分段绝缘检测，电阻值应不低于 700 MΩ，机械及电气强度应满足《国家电网公司电力安全工作规程（配电部分）（试行）》要求，周期预防性、检查性试验合格。

（2）绝缘遮蔽工具应根据工作需要选择，选择的绝缘毯、绝缘挡板、绝缘导线接头护套等，机械及电气强度应满足《国家电网公司电力安全工作规程（配电部分）（试行）》要求，周期预防性、检查性试验合格。

（3）绝缘斗臂车或绝缘平台应根据工作实际选择，如使用绝缘工作平台，其机械及电气强度应满足《国家电网公司电力安全工作规程（配电部分）（试行）》要求，周期预防性检查性试验合格。

（4）安全防护用具如绝缘袖套、绝缘衣、绝缘手套等应根据工作需求选取，其机械及电气强度应满足《国家电网公司电力安全工作规程（配电部分）（试行）》要求，周期预防性、检查性试验合格。

（5）各种仪器、仪表根据工作表需要选择，如钳形电流表、万用表、2 500 V 绝缘电阻表、10 kV 验电器、低压验电器、接地电阻表、核相仪或电阻表等使用应满足周期性校验合格。

（6）吊车、发电车根据工作需要选择，应满足其周期预防性、检查性校验合格。

2）现场勘察制度

（1）现场勘察制度内容。

① 现场勘察由工作票签发人或工作负责人组织，设备运维管理单位和检修（施工）单位相关人员参加。

② 现场勘察应填写现场勘察记录，绘制现场安全措施草图。禁止补填现场勘

察记录。

③ 现场勘察应结合该工程的施工图和《不停电作业审核单》开展。

④ 现场勘察应查看检修(施工)作业需要停电的范围、保留的带电部位、装设接地线的位置、邻近线路、交叉跨越、多电源、自备电源、地下管线设施和作业现场的条件、环境及其他影响作业的危险点。

⑤ 现场勘察后,现场勘察记录应送交工作票签发人、工作负责人及相关各方,作为填写、签发工作票等的依据。

⑥ 勘察时应特别关注提供电源的变压器(或箱式变压器)型号、变压器(或箱式变压器)所处的位置或发电车摆放位置,以及需要搭火、挑火位置,更换箱式变压器或变压器时能否满足安全距离等。

⑦ 在执行工作票时,现场勘察记录与工作票一并交由工作负责人收持,并在接受各级监督检查时出示。现场勘察记录与工作票合并存档,保存期一年。

(2) 现场勘察组织。

① 现场勘察应在填写工作票前完成。现场勘察由工作票签发人或工作负责人组织,配电运维班组、作业班组及相关人员参加。现场助察一般由工作负责人、设备运维管理单位和作业单位相关人员参加。

② 现场助察时间与开工时间相隔不宜太长,开工前,工作负责人或工作票签发人应重新核对现场勘察情况,发现与原勘察情况有变化时,应及时修正,并完善相应的安全措施。

(3) 现场勘察内容。

勘查重点从需要停电的范围、保留的带电部位、作业现场的条件/环境、需要落实的“反措”及发现与原勘察情况有变化的设备遗留缺陷等几个方面出发。

① 需要停电的范围:作业中直接触及的电气设备,作业中机具、人员及材料可能触及或接近导致安全距离不能满足《国家电网公司电力安全工作规程(配电部分)(试行)》规定距离的电气设备。

② 保留的带电部位:邻近、交叉、跨越等不需停电的线路及设备,以及双电源、自备电源、分布式电源等可能反送电的设备。

③ 作业现场的条件:具有装设接地线的位置,人员进出的通道,设备、机械的搬运通道及摆放地点,隧道、工井等的有限空间,地下管线设施需要的走向路线等。

④ 作业现场的环境:施工线路跨越铁路、电力线路、公路、河流等环境;作业对周边构筑物、易燃易爆设施、通信设施、交通设施产生的影响;作业可能对城区、人口密集区、交通道口、通行道路上人员产生的人身伤害风险等。

⑤ 作业现场危险源:排查、记录作业现场、作业过程中存在的危险点,如触电、邻近带电(感应电)、高空坠落、基坑坍塌、山体滑坡、机械伤害、有毒有害气体影响、

溺水和交通伤害等。

⑥ 不停电作业如有下列情况之一者，应停用重合闸或直流线路再启动功能，并不准强送电，禁止约时停用或恢复重合闸及直流线路再启动功能：

A. 中性点有效接地的系统中有可能引起单相接地的作业。

B. 中性点非有效接地的系统中有可能引起相间短路的作业。

C. 工作票签发人或工作负责人认为需要停用重合闸或直流线路再启动功能的作业。

3）制定施工方案

（1）施工方案制定原则。

① 制定施工方案首先必须从现场实际出发，方案要切实符合现场的实际情况，有实现的高度可能性；高客要切实可能；制定的方案在资源、技术上提出的要求与现有的条件或在一段时间内能争取到的条件相吻合，否则不可能实现。因此，只有在切实可行的范围内尽量求其先进和快速。

② 确保工程质量和施工安全。在制定方案时应充分考虑工程质量和施工安全，并提出保证工程质量和施工安全的技术、组织措施，使方案完全符合技术规范、操作规程和安全规程的要求。

（2）施工方案制定内容。

施工方案包括的内容很多：施工方法的确定，施工机具和设备的选择；施工顺序的安排、科学的施工组织、合理的施工进度、现场的平面布置及各种技术、安全措施。施工方案前两项内容属于施工技术问题，后四项属于科学组织施工和管理问题。

① 施工方法的确定。施工方法是施工方案的核心内容，具有决定作用。施工方法一经确定，机具设备的选择就只能以满足它的要求为基本依据，施工组织也是在此基础上进行。

② 施工机械的选择：正确拟订施工方案和选择施工机械是合理组织施工的关键，这两者相互联系紧密。施工方法在技术上必须满足保证施工质量，提高劳动生产率，加快施工进度及充分利用机械的要求进而做到技术上先进，而正确地选择施工机械能使施工方法更为合理、先进。因此，施工机械选择的好与坏很大程度上决定了施工方案的优劣。

③ 施工组织：施工组织是研究施工项目施工过程中各种资源合理组织的科学。施工项目是通过施工活动完成的，进行这种活动需要有各种各样的材料、施工机械、机具和具有一定劳动技能的劳动者，并且要把这些资源按照施工技术规律与组织规律以及设计文件的要求，在空间上按照一定的位置，在时间上按照先后顺序，在数量上按照不同的比例，将它们合理地组织起来，让施工人员在统一指挥下

行动，由不同的施工人员运用不同的机具以及不同的方式对不同的材料进行加工。

4）风险评估

（1）作业组织风险。

① 作业主要风险。任务安排不合理、人员安排不合适、组织协调不力、方案措施不全面、安全教育不充分等。

② 预防措施与要求。

A. 任务安排要严格执行落实月、周工作计划，系统思考人、材、物的合理调配，综合分析时间与进度、质量、安全的关系，合理布置日工作任务，保证工作顺利完成。

B. 人员安排要开展班组承载力分析，合理安排作业力量。工作负责人胜任工作任务，作业人员技能符合工作需要，管理人员到岗到位。

C. 组织协调检修（施工）手续办理，落实动态风险预警措施，做好外协单位或需要其他配合单位的联系工作。

D. 资源调配应满足现场工作需要，提供必要的设备材料、备品备件、车辆、机械、作业机具以及安全工器具等。

E. 开展现场勘察，填写现场勘察单，明确需要停电的范围、保留的带电部位、作业现场的条件、环境及其他作业风险。

F. 科学严谨地制定方案。根据现场勘察情况组织制定施工“三措”、作业指导书，有针对性和可操作性。

G. 组织方案交底。对组织工作负责人等关键人、作业人员（含外协人员）、相关管理人员进行交底，使其明确工作任务、作业范围、安全措施、技术措施、组织措施、作业风险及管控措施等。

（2）现场施工风险。

① 现场作业风险。

主要风险有：电气误操作、触电、高空坠落、机械伤害等，详见表 4－1 所示。

**表 4－1　现场作业风险**

| 序号 | 评估类别 | 危　险　因　素 |
| --- | --- | --- |
| 一、 | 触电伤害 | |
| 1 | 误入、误碰带电设备 | ① 设备检修时，工作人员与带电部位的安全距离小于规定值，造成人员触电<br>② 悬挂标示牌和装设遮（围）栏不规范，造成人员触电，如标示牌缺少、数量不足或朝向不正确等<br>③ 高压设备的隔离措施不规范，造成误入带电设备触电，如遮栏不稳固、高度不足、未加锁等 |

（续表）

| 序号 | 评估类别 | 危险因素 |
|---|---|---|
| | | ④ 对难以做到与电源完全断开的检修设备未采取有效隔离措施，造成人员触电<br>⑤ 工作票上安全措施不正确完备，造成人员触电，如应拉断路器、隔离开关等未拉开，有来电可能的地点漏挂接地线等<br>⑥ 检修设备停电，未能把各方面的电源完全断开，造成人员触电，如检修设备没有明显断开点，有反送电可能的设备与检修设备之间未断开等<br>⑦ 高压设备名称、编号标志设置不规误入、误登带电设备触电，如设备标牌脱落、字迹不清、更换名称标牌不及时等<br>⑧ 现场安全交底内容不清楚，造成人员触电，工作负责人布置工作任务时未向工作班成员总地电，如工名称及编号，工作班成员登杆前未核对双重称号和标志，导致误等带电杆塔触电<br>⑨ 忽视对外协工作人员、临时工的安全交底，造成人员触电，如使用少量的外协工作人员、临时工时未进行安全交底<br>⑩ 检修人员擅自工作或不在规定的工作范围内工作，误入、误登带电间隔造成人员触电，如无工作票，未经许可工作擅自扩大工作范围，在安全遮(围)栏外工作等<br>⑪ 杆塔上传递材料时的安全距离不符合要求，造成人员触电，如同杆架设多回路单回停电、平行、临近、交叉带电杆塔上工作传递工器具材料 |
| 2 | 误碰带电设备 | ① 现场使用吊车、斗臂车时，对吊车、斗臂车司机现场危险点告知及检查不规范，造成人员触电，如：未告知现场工作范围及带电部位，致使吊臂对带电导体放电等<br>② 试验人员操作时未规范使用绝缘垫，造成人员触电，如绝缘垫耐压不合格、太小，试验人员操作时一只脚站在绝缘垫上，另一只脚站在地面上等<br>③ 绝缘工器具不合格或使用不规范，造成人员触电，如绝缘工器具受潮、破损、超周期使用，绝缘杆未完全拉开等 |
| 3 | 电动工器具类触电 | ① 电动工器具的使用不规范，造成人员触电，如手握导线部分或与带电设备安全距离不够等<br>② 电动工器具绝缘不合格，造成人员触电，如外金缘破损、超周期使用等<br>③ 电动工器具金属外壳无保护，造成人员触电，如外壳未接地或用缠绕方式接地 |
| 4 | 其他类触电 | ① 进行设备验收工作时，人与带电部位距离小于安全距离，造成人身触电<br>② 绝缘斗臂车工作位置选择不当，绝缘部位与带电距离不够，导致相间短路<br>③ 不停电作业人员不熟悉带电操作程序，导致触电 |

（续表）

| 序号 | 评估类别 | 危险因素 |
|---|---|---|
| 二、 | 高空坠落 | |
| 1 | 登杆、登塔作业 | ① 高处作业时防止高处坠落的安全控制措施不充分、高处作业时失去监护或监护不到位，造成人员高处坠落<br>② 个人安全防护用品使用不当造成人员高处坠落，如使用不合格的安全帽或安全帽佩戴不正确、高处作业使用不合格的安全带或使用方法不正确，在登杆、登塔中不能起到防护作用的 |
| 2 | 斗臂车（含曲臂式升降平台）上工作 | ① 斗臂车本身不符合要求，造成工作斗下落，造成人员高处坠落，如结构变形、裂缝或锈蚀；零部件磨损或变形；气（电）动、液压保险、制动装置失灵；螺栓和其他紧固件松动；焊接部位开裂纹、脱焊；铰接点的销轴装置脱落等<br>② 斗臂车不稳固造成倾覆，造成人员高处坠落，如地面松软、支撑不稳定<br>③ 工作方法不正确，造成人员高处坠落，如发动机熄火，下部人员误操作，且绝缘斗中工作人员未系安全带，导致绝缘斗中人员被其他物件碰剐等 |
| 三、 | 物体打击 | |
| 1 | 高处作业现场 | 高空落物伤人，如不正确佩戴安全帽、围栏设置和传递工具材料方法不正确等 |
| 2 | 工作平台及脚手架 | 垮塌或落物伤人，如工作平台、脚手架四周没有设置围网，杆脚搭设在不稳固的鹅卵石上等 |
| 3 | 作业操作 | 操作时，安全工器具掉落伤人，如绝缘罩、绝缘板或地线杆等掉落 |
| 4 | 机械伤害 | 使用绝缘导线剥皮刀剥导线时伤人，造成人员伤害 |
| 5 | 起重机械 | 吊车起重作业措施不当失控伤人，造成人员伤害，如翻车、千斤断裂或系挂点脱落、起吊回转范围内有人等 |
| 四、 | 特殊环境作业 | |
| 1 | 夜晚、恶劣天气作业 | ① 夜晚高处作业，工作场所照明不足，导致事故<br>② 恶劣气候条件下，在杆塔上作业或开展不停电作业未采取有效的保障措施，导致事故，如雨、雾、冰雪、大风、雷电、高温、高寒等天气 |
| 2 | 人员行为导致误操作 | ① 操作及事故处理时注意力不集中、精力分散或过度紧张，造成误操作<br>② 无工作票或工作票错误，造成误操作，如无工作票、工作票漏项、错项等<br>③ 验电器选择或使用不当，造成误操作，如验电器电压等级与实际不符、验电器损坏、验电位置错误等<br>④ 装设接地线未按程序进行，带电挂接地，造成误操作，如未验电、验电后未立即装设接地线等 |

（续表）

| 序号 | 评估类别 | 危险因素 |
|---|---|---|
| 五、 | 其他危险因素 | |
| 1 | 作业人员安全意识降低 | ① 开展重复作业时，作业人员安全意识下降引起的风险<br>② 新员工基础知识、安全技能、专业技术掌握不够，缺乏现场工作经验，安全意识不强，人员作业风险高 |
| 2 | 现场勘察不到位 | 勘察工作存在盲区，导致作业风险未得到有效辨识、分析，未有效制定针对性的管控措施，现场风险无法得到有效管控 |
| 3 | 电网设备因素 | 在电网特殊运行方式下，急需不停电作业消除重大紧急缺陷时，在不停电作业需要退出重合闸时会导致作业风险增大 |
| 4 | 交通运输 | 不停电作业通常处理急、难、险、重任务，外出交通安全风险较大 |

② 现场施工风险预防措施与要求。

现场勘察之后，根据风险评估分析结果，填写危险点分析与控制措施单。具体措施内容如下。

A. 作业人员作业前经过交底并掌握方案。

B. 作业前开展现场勘察，填写现场勘察单，明确工作内容、工作条件和注意事项。

C. 严格执行操作票制度，并实行专人监护，接地线编号与操作票、工作票一致。

D. 工作许可人应根据工作票的要求在工作地点或带电设备四周设置遮栏（围栏），将停电设备与带电设备隔开，并悬挂安全警示标示牌。

E. 严格执行工作票制度，正确使用工作票、动火工作票、二次安全措施票和事故应急抢修单。

F. 组织召开开工会，交代工作内容、人员分工、带电部位和现场安全措施，告知危险点及防控措施。

G. 安全工器具、作业机具、施工机械应检测合格，特种作业人员及特种设备操作人员持证上岗。

H. 对多专业配合工作要明确总工作协调人，负责多班组专业工作协调，复杂作业、交叉作业、危险地段有触电危险等风险较大的工作要设立专责监护人员。

I. 操作接地是指改变电气设备状态的接地，由操作人员负责实施，严禁检修工作擅自移动或拆除。工作接地是指在操作接地实施后，在停电范围内的工作地点，对可能来电（含感应电）的设备端进行保护性接地，并由检修人员负责实施，并登记在工作票上。

J. 严格执行安全规程，严格现场安全监督，不走错间隔，不误登杆塔，不擅自扩大工作范围。

K. 根据具体工作任务和风险度高低，相关生产现场领导干部和管理人员到岗到位。

5）承载力分析

基于安全承载力分析的作业现场安全管理就是在作业现场安全管理过程中，对领导层、班组、作业人员、作业项目、设备、环境进行全方位的指标细化。以工作内容需要为标准，进行作业承载能力分析评估，准确把握实际生产承载能力。

（1）承载力分析组织。

① 各供电公司、集体企业应利用月度计划平衡会、周安全生产例会统筹开展承载力分析工作，由部门主管领导或所属部室主要负责人组织。

② 各部室、专业室主要负责人应利用周安全生产例会、周计划平衡会组织周检修作业承载力分析。

③ 各生产班组应利用周安全日活动或班前会，开展检修作业承载力分析工作，由工作票签发人或工作负责人组织，保证作业安排在承载力范围内。

（2）承载力分析方法。

① 承载力量化标准。班组安全承载力量化标准分为轻载、适度、重载、满载四个签级，参与现场工作人员及综合工时数小于等于50%；适度量化指标为参与现场工作人员及综合工时数为50%～70%；重载量化指标为参与现场工作人员及综合工时数为75%～90%；满载量化指标为参与现场工作人员及综合工时数为90%～100%。

② 作业人员安全承载力组成。

作业人员安全承载力量化标准包括状态和能力两部分。

作业人员状态包括：身体状况，精神状态等。身体状况方面：每年组织一次全身体检，对患有疾病，在一定程度上影响工作的工作人员，由班组负责人决定其能否参加工作。精神状态方面：通过进行工作前“三问”“四清楚”，初步判断工作人员的精神状态，其中任何一项达不到要求，即否决之。

作业人员能力包括：技能水平、安全处置能力等。作业人员技能水平量化标准：一是根据岗位的不同，赋予作业人员岗位得分；二是根据作业人员在本专业领域获得技能等级或专业技术资格的不同，给予赋值，按所获得最高等级评定得分；三是在本专业领域近三年内获得技能竞赛个人或者团体奖励者，按最高等级加分，不累计。作业人员安全处置能力量化标准：年度安规考试及各类安规调考、抽考不及格者，作为否决条件，将禁止考试不及格者参加现场工作，经培训、重新考试及格后方可参加现场工作，根据是否发生过违章现场及严重程度进行赋值。

③ 量化作业项目承载能力。量化的作业项目包括停电检修、技改、不停电作业等各种类型的现场作业。针对作业项目安全承载力量化标准各方面的现场评定措施如下。

安全风险上：核查作业人员水平能否满足风险管控“三坚持”原则；

设备风险隐患排查上：充分掌控设备存在的隐患数量，为确定现场作业工作量打好基础。

④ 检查安全防护用品能否满足安全要求。检查作业班（作业人员）安全防护用品的配置数量是否充足、是否在有效期内、能否符合工作需要等，以确定满足条件的可参加现场工作的匹配人员数量。

（3）承载力分析内容。

① 基层单位部室、专业部室承载力分析内容包括，可同时派出的班组数量；派出班组的作业能力是否满足作业要求；多专业、多班组、多现场间工作协调是否满足作业需求；派出（租用）施工机械梳理、性能是否满足作业要求。

② 作业班组承载力分析内容包括，可同时派出的工作组和工作负责人数量；每个作业班组同时开工的作业现场数量，不得超过工作负责人数量；作业任务难易水平、工作量大小；安全防护用品、安全工器具、施工机具、车辆等是否满足作业需求；作业环境因素（地形地貌、天气等）对工作进度、人员配备及工作状态造成的影响等。

③ 作业人员承载力分析内容涉及作业人员身体状况、精神状态以及有无妨碍工作的特殊病症；作业人员技能水平、安全能力。技能水平可根据其岗位角色、是否担任工作负责人、本专业工作年限等综合评定。

④ 作业人员安全能力应结合《国家电网公司电力安全工作规程（配电部分）（试行）》的考试成绩、人员违章情况等综合评定。下级单位应积极推进承载力量化分析工作，提升作业计划和工作安排的科学化、规范化管理水平。

综上所述，依据安全承载力分析的结果，合理安排人员与设备，在保障现场作业安全的前提下高效地完成各项工作。

（4）填用不停电作业工作票。

除紧急抢修外，所有计划内不停电作业，均应填写不停电作业工作票，事故紧急抢修可填用不停电作业事故应急抢修单。

① 填写与使用。

A. 作业票由作业负责人填写，由安全人员和技术人员审核。一张工作票中，工作负责人、签发人不得为同一个人。

B. 工作票采用手工方式填写时，应用黑色或蓝色的钢笔或水笔填写和签发。工作票上的时间、工作地点、主要内容、主要风险等关键字不得涂改。

C. 用计算机生成或打印的工作票应使用统一的票面格式，由工作票签发人审核，手工或电子签发后方可执行。

D. 工作票签发后，工作负责人应按照工作票要求，提前做好作业前的准备工作。

E. 一个工作负责人同一时间只能使用一张工作票。

F. 一张工作票可用于不同地点、同一类型、依次进行的施工作业。

G. 若作业人员较多，可指定专职监护人，并单独进行安全交底。

H. 已签发或批准的工作票应由工作负责人收执，签发人宜留存备份。

I. 工作票有破损不能继续使用时，应补填新的作业票，并重新履行签发手续。

② 变更。

A. 施工周期超过一个月或一项施工作业工序已完成、重新开始同一类型其他地点的作业，应重新审查安全措施和交底。

B. 需要变更工作成员时，应经工作负责人同意，在对新的工作人员进行安全交底并履行确认签字手续后，方可进行工作。

C. 工作负责人若因故暂时离开工作现场时，应指定能胜任的人员临时代替，离开前应将工作交代清楚，并告知作业班成员。原工作负责人返回工作现场时，也应履行同样的交接手续。

D. 工作负责人允许变更一次，并经签发人同意；变更后，原、现工作负责人应对工作任务和安全措施进行交接，并告知全部作业人员。

E. 变更工作负责人或增加作业任务，若工作票签发人无法当面办理，应通过电话联系，并在工作票备注栏内注明需要变更的工作负责人姓名和时间。

F. 作业现场风险等级等条件发生变化，应完善措施，重新办理作业票。

(5) 班前会。

每个工作日开始工作前应由班组长组织召开全体班组人员会议。班前会是班组长在工作前布置当天生产任务，尽可能做到时间短、内容集中、交代的措施针对性强。

班前会的内容包括交代当天的工作任务，做出分工，指定现场工作负责人和安全专职监护人；告知作业环境的情况；讲解使用的机械设备和工器具的性能和操作程序和技术要求；进行危险点告知，提示作业过程可能发生的安全事故，明确在哪些部位应采取哪些防护措施。班前会内容应符合实际工作情况，结合班组人员装备情况、工作任务，开展安全风险评估，布置风险预控措施，组织交代工作任务、作业风险和安全措施。安全措施交底会的内容主要有作业任务、作业地点、作业范围、人员分工等，技术要求和操作流程，邻近的带电设备和采取的安全措施，含许可人设置的安全措施及由工作班管理的安全措施，作业风险与控制措施、其他注意事项以及安全质量要求等。检查作业人员个人安全工器具、个人劳动防护用品和人员精神状况，并组织学习经审核通过后的“一书两案三措”，做好记录或录音。

### 4.2.3 施工过程安全管控

施工过程应严格执行工作许可、安全交底和监护制度，并依照作业指导书落实各环节的具体工作。

1）工作许可

(1) 许可工作要求。

① 工作许可人应在完成工作票所列由其负责的停电和装设接地线等安全措施后，方可发出许可工作的命令。

② 值班调度人员在向工作负责人发出许可工作的命令前，应记录工作班组名称、工作负责人姓名、工作地点和工作任务。

③ 现场办理工作许可手续前，工作许可人应与工作负责人核对线路名称、设备双重名称，检查核对现场安全措施，指明保留带电部位。

④ 在用户设备上工作，许可工作前，工作负责人应检查确认用户设备的运行状态、安全措施符合作业的安全要求。作业前检查多电源和有自备电源的用户是否已采取机械或电气联锁等防反送电的强制性技术措施。

⑤ 需要停用重合闸或直流线路再启动功能的作业和带电断、接引线应由值班调控人员履行许可手续。

⑥ 许可开始工作的命令，应通过当面许可和电话许可通知工作负责人。

A. 当面许可是指工作许可人和工作负责人应在工作票上记录许可时间，并分别签名，并和工作负责人分别记录许可事项。

B. 电话许可是指工作许可人和工作负责人应分别记录许可时间和双方姓名，复诵核对无误。

⑦ 工作负责人、工作许可人中任何一方不得擅自变更运行接线方式和安全措施，工作中若有特殊情况需要变更时，应先取得对方同意，并及时恢复，变更情况应及时记录在值班日志或工作票上。

⑧ 禁止约时停、送电。

(2) 下达许可命令。

值班调控人员或运维人员在向工作负责人发出许可工作的命令前，应将工作班组名称、数目、工作负责人姓名、工作地点和工作任务做好记录。

许可开始工作的命令，应通知工作负责人。其方法可采用：当面通知；电话下达。电话下达时，工作许可人及工作负责人应记录清楚明确，并复诵核对无误。对直接在现场许可的停电工作，工作许可人和工作负责人应在工作票上记录许可时间，并签名。

（3）安全交底。

工作许可手续完成后，工作负责人组织全体作业人员整理着装，统一进入作业现场，列队进行安全交底，重点交代工作内容、人员分工、带电部位、安全措施和技术措施，进行危险点及安全防范措施告知，抽取作业人员提问无误后，到岗到位人员应监督工作负责人安全交底的完整性和有效性，如有异议或者补无应及时与工作负责人沟通协调，重点对外来工作人员和特种作业人员进行检查。

现场安全交底宜采用录音或影像方式，作业后由作业乐组留存一年。

① 工作负责人交代安全措施环节。

A. 工作负责人交代作业内容时应面向全体班组成员，使用普通话，声音洪亮，在室外现场宜使用扩音装置。

B. 全体班组成员衣着规范，列队整齐。

C. 班组成员中外来施工人员应与正式职工在队列中分别排列，存在多个施工队伍的情况，各施工队伍分别排列。

D. 到岗到位人员站于队列最后一排的最右侧（面向负责人），交代全过程监督工作负责人是否声音洪亮、清楚全面，监督全体班组成员是否认真听取。

E. 工作专职监护人在队列中应与被监护人相邻，便于确认；外来施工人员有专责监护人的，也应安排与被监护人相邻；外来施工队伍“关键人”应站于本施工队伍所在排（列）的最外侧，协助工作负责人维持队列整齐。

F. 工作负责人在交代安全措施后应对全体班组成员采取抽查提问的方式检验交代效果，要求如下：班组成员中无外来施工人员情况下，人数在 3 人以下的，抽查 1 人提问；人数在 4～6 人的，抽查 2 人提问；人数在 7 人及以上的，抽查 3 人提问。班组中有外来施工人员情况，人数在 3 人以下的，抽查 2 人提问；人数在 3～6 人的，抽查 3 人提问；人数在 7 人以上的，每增加 5 人，多抽查 1 人提问；外来施工人员的“关键人”必须抽查提问。

② 作业班组进入工作现场环节。

A. 工作班组进入作业现场应在工作负责人的带领下列队进入，人数在 8 人以内的，列 1 队；人数在 8～16 人的，列 2 队，并以此类推。

B. 列队进入工作现场，全体人员应保持安静，禁止喧哗，须听从工作负责人或者专责监护人指挥。

C. 工作现场交代安全措施提问样例。

通用部分。

* 今天的工作任务是什么？

* 今天工作地点在哪？相邻的带电部位是什么？

* 今天工作的主要危险点有哪些？如何防控？

专责监护人部分。

* 你的监护范围是什么？
* 你监护内容有什么危险点？如何防控？
* 监护完毕后需要做哪些工作？

（4）工作监护。

工作监护的主要内容如下：

① 作业前工作负责人应根据作业项目确定操作人员，如作业当天出现某作业人员精神和体力明显不适的情况时，应及时更换人员，不得强行要求作业。

② 工作负责人在作业过程中监督作业人员遵守本规程和执行现场安全措施，及时纠正不安全行为。

③ 应根据现场安全条件、施工范围和作业需要，增设专责监护人，并明确其监护内容。

④ 监护人应严格监护工作人员遵守规程，对危及人身安全的动作，有权发布停止工作的命令。一个监护人，只能监护一个工作点。

⑤ 遇雷、雨、大风等自然灾害情况威胁到人员、设备安全时，工作负责人或专责监护人应下令停止作业。

⑥ 作业间断，作业人员离开作业地点前，应做好安全防护措施，必要时派人看守，防止人、畜接近挖好的基坑等危险场所；恢复作业前应检查确认安全保护措施完好。

⑦ 工作负责人（或专责监护人）应时刻掌握作业的进展情况，密切注视作业人员的动作，根据作业方案及作业步骤及时做出适当的指示，整个作业过程中不得放松危险部位的监护工作。同时，应时刻掌握作业人员的疲劳程度，保持适当的时间间隔，必要时可以两班交替作业。

（5）现场作业技术措施。

① 安全围栏。

不停电作业现场应设置醒目的安全围栏，具体要求如下：

A. 围栏设置的范围、大型，应满足需要。

B. 在满足安全的基础上，围栏本身不宜太大。

C. 围栏设置应规范，围栏绳的高度一般为 80～100 cm，围栏绳上应悬挂“止步，高压危险”“禁止穿越围栏”标示牌，标示牌正面面向围栏外侧，围栏本身应封闭，且不宜被穿越。

D. 交通道路、路口处作业应派专人指挥交通，并在围栏两端设置“前方施工，车辆慢行”等警示牌。

② 绝缘斗臂车作业。

高架绝缘斗臂车作业具体要求如下：

A. 高架绝缘斗臂车应经检验合格。斗臂车操作人员应熟悉不停电作业有关规定，并经专门培训，考试合格，持证上岗。

B. 高架绝缘斗臂车的工作位置应选择适当，支撑应稳固可靠，并有防倾倒措施。使用前应在预定位置空斗试操作一次，确认液压传动、回转、升降、伸缩系统工作正常、操作灵活，制动装置可靠。

C. 绝缘斗内作业人员应正确使用安全带和绝缘工具。

D. 高架绝缘斗臂车作业人员应服从工作负责人的指挥，作业时应注意周围环境及操作速度。在工作过程中，高架绝缘斗臂车的发动机不准熄火。接近和离开带电部位时，应由斗臂中人员操作，但下部操作人员不准离开操作台。

E. 10 kV 不停电作业用绝缘斗臂车的有效绝缘长度不小于 1.0 m。

F. 采用绝缘斗臂车作业前，应考虑工作负载及工器具和作业人员的重量，严禁超载。

③ 登杆作业。

登杆作业具体要求如下：

A. 登杆前应检查根部、基础和拉线是否牢固。

B. 登杆前检查等高工具、设施如脚扣、升降板、安全带、梯子、防坠装置等是否完整牢固。

C. 上下杆不失去一重保护；作业时使用双重保护。

D. 杆上工作人员，安全带应系在电杆或牢固的架构上，不许拢在杆尖上和要拆卸的横担及物体上，安全带扣环必须扣牢。

E. 杆上杆下工作人员要协调一致，做好配合。

F. 杆上人员操作时要注意安全距离。

④ 不停电作业工具的使用。

A. 进行不停电作业时，现场周围地面人员应戴安全帽，市区内应注意来往行人、车辆，杆下无关人员不得停留。

B. 进入作业现场应将使用的不停电作业工具放置在防潮的帆布或绝缘垫上，防止绝缘工具在使用中脏污和受潮。

C. 工具应绝缘良好、连接牢固、转动灵活，并按厂家使用说明书、现场操作规程正确使用。

D. 工具使用前应根据工作负荷校核机械强度，并使其满足规定的安全系数。

E. 在运输过程中，带电绝缘工具应装在专用工具袋、工具箱或专用工具车内，以防受潮和损伤。发现绝缘工具受潮或表面损伤、脏污时，应及时处理并经试验或检测合格后方可再使用。

F. 工具使用前，应仔细检查确认没有损坏、受潮、变形、失灵，否则禁止使用，并使用2 500 V及以上绝缘电阻表或绝缘检测仪进行分段绝缘检测（电极宽2 cm，极间宽2 cm），阻值应不低于700 MΩ。操作绝缘工具时应戴清洁、干燥的手套。

⑤ 作业过程注意事项。

A. 不停电作业应在良好天气下进行，作业前须进行风速和湿度测量，风力大于5级，湿度大于80%时，不宜进行不停电作业。若遇雷电、雪、雹、雨、雾等不良天气，应禁止不停电作业。不停电作业过程中若遇天气突然变化，有可能危及人身及设备安全时，应立即停止工作，撤离人员，恢复设备正常状态，或采取临时安全措施。

B. 作业过程中应做好绝缘遮蔽措施：对作业中可能触及的其他带电体和无法满足安全距离的导线支承件、金属紧固件、接地体，应采取绝缘遮蔽措施。实施时，应按先近后远、先下后上的顺序进行，拆除时顺序相反；作业过程中有可能引起不同电位设备之间发生短路或接地故障，应对设备设置绝缘遮蔽；采用绝缘手套作业法时无论作业人员与接地体和相邻带电体的空气间隙是否满足规定的安全距离，作业前均应对人体可能触及范围内的带电体和接地体进行绝缘遮蔽。

C. 在进行直接接触20 kV及以下电压等级的带电设备作业时，应穿着合格的绝缘防护用具，如绝缘服或绝缘披肩、绝缘手套、绝缘鞋等，使用的安全带、安全帽应有良好的绝缘性能，带电断、接引线作业应戴护目镜，使用的安全带应有良好的绝缘性能。在使用前应对绝缘防护用具进行外观检查。不停电作业过程中，禁止摘下绝缘防护用具。

D. 作业前应检测空载线路。带电断、接空载线路时，应确认后端所有断路器（开关）、隔离开关（刀闸）确已断开，变压器、电压互感器确已退出运行；在带电断开架空线路与空载电缆线路的连接引线之前，应检查电缆所连接的开关设备状态，确认电缆空载；带电接入架空线路与空载电缆线路的连接引线之前，应确认电缆线路试验合格，对侧电缆终端连接完好，接地已拆除，并与负荷设备断开。

E. 防止串入电路的作业动作：作业区域带电体、绝缘子等应采取相间、相对地的绝缘隔离（遮蔽）措施，禁止同时接触两个非连通的带电体或同时接触带电体与接地体；斗上双人开展不停电作业，禁止同时在不同相或不同电位作业；禁止地电位作业人员直接向进入电场的作业人员传递非绝缘物件。上、下传递工具、材料均应使用绝缘绳绑扎，严禁抛掷。

F. 确认负荷分流情况：绝缘分流线或旁路电缆两端连接完毕且遮蔽完好后，应检测通流情况是否正常；用旁路引流线带电短接载流设备前，应核对相位，载流设备应处于正常通流或合闸位置；在装好旁路引流线后，用钳形电流表检查确认通流正常；在装好分段开关或负荷刀闸后，应合上并检查确认通流正常后再拆除旁路引流线。

G. 确认设备绝缘情况：在接近带电体的过程中，应从下方依次验电，对人体可能触及范围内的低压线支承件、金属紧固件、横担、金属支承件、带电导体亦应验电，确认无漏电现象；验电时人应处于与带电导体保持足够安全距离的位置。在低压带电导线或漏电的金属紧固件未采取绝缘遮蔽或隔离措施时，作业人员不得穿越或碰触。

F. 搭接工作前，必须核对相位，检查无误后方可工作，所使用的临时引流线径，应能满足相应线路的最大负荷能力；禁止同时拆除带电导线和地电位的绝缘隔离措施；禁止同时接触两个非连通的带电导体或带电导体与接地导体；缺陷绝缘子未经测试检查，严禁用手触摸金属连接部分。

I. 作业人员进行换相工作转移前，应得到工作监护人的同意。

J. 对 10 kV 线路进行作业时，绝缘操作杆的有效绝缘长度应不小于 0.7 m，绝缘承力工具、绝缘绳索长度应不小于 0.4 m。对于 35 kV 线路，绝缘操作杆的有效绝缘长度应不小于 0.9 m，绝缘承力工具、绝缘绳索应不小于 0.6 m。

### 4.2.4 作业后总结

1) 竣工验收

工作竣工后，工作负责人全面检查工作是否完成，是否符合验收规范要求。确认工作完成后，工作负责人报告工作许可人或设备运维人员，并由工作许可人或设备运维人员对工作进行检查验收，确认是否满足运行要求。

2) 作业终结

工作完工后，应清扫整理现场，工作负责人，包括小组负责人，应检查工作地段的状况，确认工作的配电设备和线路的杆塔、导线、绝缘子及其他辅助设备上是否遗留个人保安线和其他工具、材料，查明全部工作人员确由线路、设备上撤离后，再命令拆除由工作班自行装设的接地线等安全措施。接地线拆除后，任何人不得再登杆或在设备上工作。

工作地段所有由工作班自行装设的接地线拆除后，工作负责人应及时向相关工作许可人(含配合停电线路、设备许可人)报告工作终结。

工作终结报告应简明扼要，主要包括下列内容：工作负责人姓名，某线路、设备上某处(说明起止杆塔号、分支线名称、位置称号、设备双重名称等)工作已经完工，所修项目、试验结果、设备改动情况和存在问题等，工作班自行装设的接地线已全部拆除，线路、设备上已无本班组工作人员和遗留物。

3）班后会

工作结束后，由班组长主持召开一次班组会。班后会以讲评的方式进行，在总结、检查工作任务的同时，总结、检查安全工作，并提出整改意见。

班后会的主要内容：一是简明扼要地对当天工作任务的完成和执行安全规程的情况进行小结，既要肯定好的方面，又要找出存在的问题和不足；二是对工作中认真执行规程制度、表现突出的职工进行表扬；对违章指挥、违章作业的职工视情节轻重和造成后果的大小，提出批评或考核处罚；三是对人员安排、作业（操作）方法、安全事项提出改进意见，对作业（操作）中发生的不安全因素、现象提出防范措施；四是班后会要全面、准确地了解实际情况，使总结讲评具有说服力，注意工作方法，做好思想工作，以灵活机动的方式，激励职工安全工作的积极性，增强自我保护意识和能力，帮助他们端正认识，克服消极情绪，以达到安全生产的目的。

4）不停电作业工具的保管和试验

（1）保管工作。

不停电作业工具的保管应注意下列事项：

① 不停电作业工具应存放于通风良好，清洁干燥的专用工具房内，室内相对湿度应保持在 50%～70%范围。室内温度应略高于室外，且不宜低于 0℃。

② 绝缘工具应有专人保管，存放在清洁、干燥、通风的地方，在运输过程中，应以特制防水帆布工具套将工具装好，并注意防潮或防止机械损伤。

③ 有缺陷的不停电作业工具应及时修复，不合格的应予报废，禁止继续使用。

④ 高架绝缘斗臂车应存放在干燥通风的车库内，其绝缘部分应有防潮措施。

（2）试验工作。

① 电气实验：预防性实验每年一次，检查性实验每年一次、两次实验间隔半年。预防性实验，实验长度 0.4 m，实验电压 45 kV，实验时间 1 min。

② 机械实验每年一次，静荷重实验为 2.5 倍允许工作荷重持续时间 5 min 无永久变形，动荷重实验为 1.5 倍允许工作负荷下实际操作 3 次，无异常现象者合格。

③ 不停电作业的屏蔽服、手套、鞋袜等，每季应检查一次。

④ 所有不停电作业工具均应编号，并应将实验结果及日期用标签贴于工具上。

## 4.3 不停电作业线上管控

配网不停电作业安全把控严，作业难度大，因此引入物联网和移动互联网技术，通过信息集成、工器具管理和施工现场影音资料实时传输等具体办法，提升综合管理及分析能力。当前，电力公司系统主要通过工程生产管理系统（power production managment，PMS）及不停电作业工程管控系统实现各类线上管控功能。

### 4.3.1 配网不停电作业线上管控系统概述

典型配网不停电作业线上管控系统包含三大部分：不停电作业移动端、监控中心和库房管理系统，如图 4－2 所示。

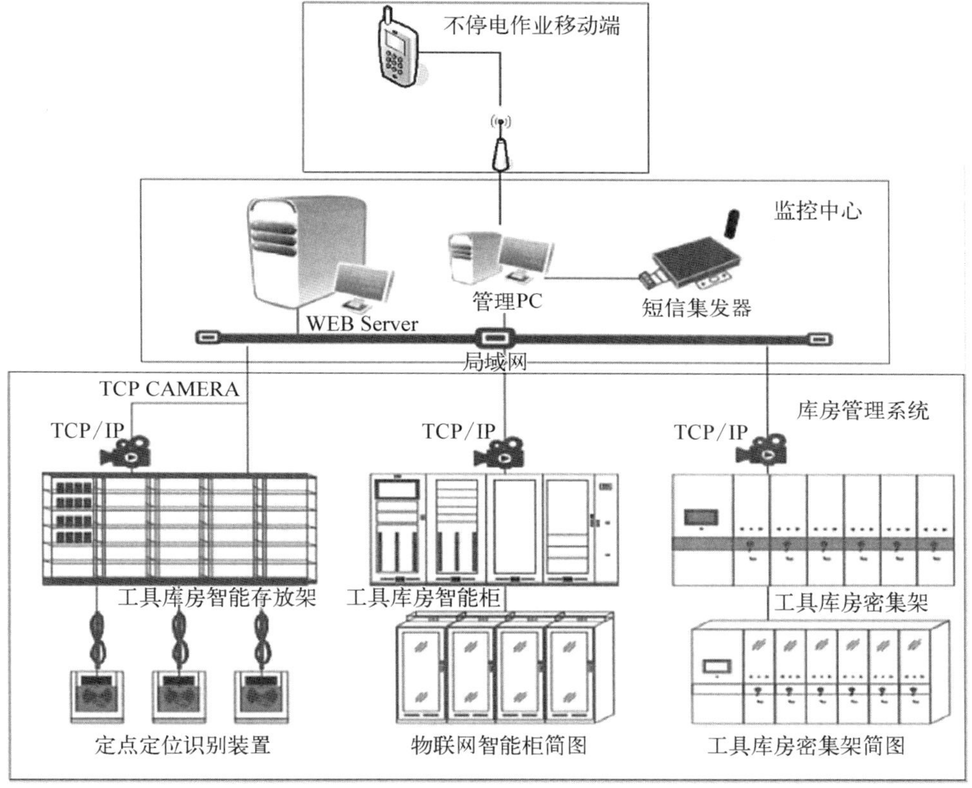


**图 4－2　配网不停电作业全过程管控系统组成**

1）移动互联网技术支持下电网不停电作业系统的功能及特点

（1）系统功能构成。

不停电作业移动端通过开发不停电作业手机应用软件程序，实现工作任务接收、自动导航路径、登记勘察记录、现场许可录音、工作负责人和操作人员电子化签名、实时拍摄和传输现场作业视频、作业完成后自动统计工作量，如图 4－3 所示。移动端通过无线网络将信息传输给监控中心，监控中心实现视频监控、作业资料归档等功能。

（2）基于移动互联网不停电作业系统开发平台特点。

基于移动互联网不停电作业系统的技术中主要应用了以 4G 通信为基础的开源化软件，开发平台的层次在主体上由三个部分构成，即数据层、服务层和展示层。

其中，数据层主要负责完成系统数据的存储，进行数据库记录与数据对象映射，完成记录集与数据对象的转换；服务层是系统内部逻辑的处理，负责应用系统的发布、核心组件的交互；展示层是系统人机交互的窗口，负责系统功能的展示集成。移动端系统技术架构如图 4-4 所示。

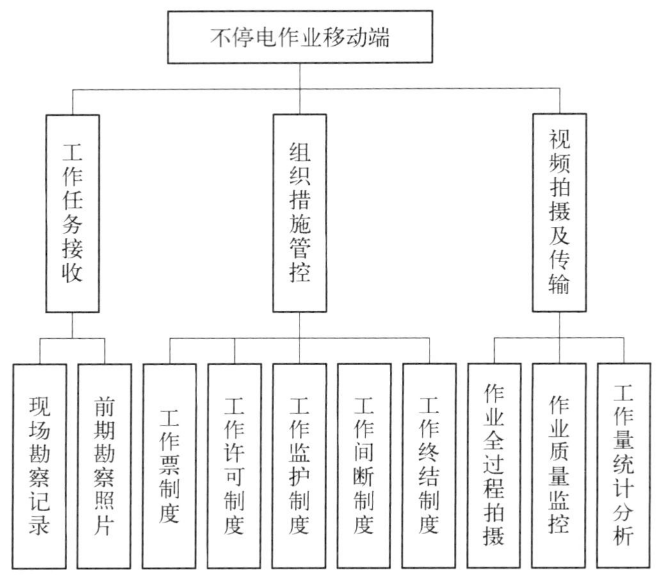


图 4-3　不停电作业移动端功能

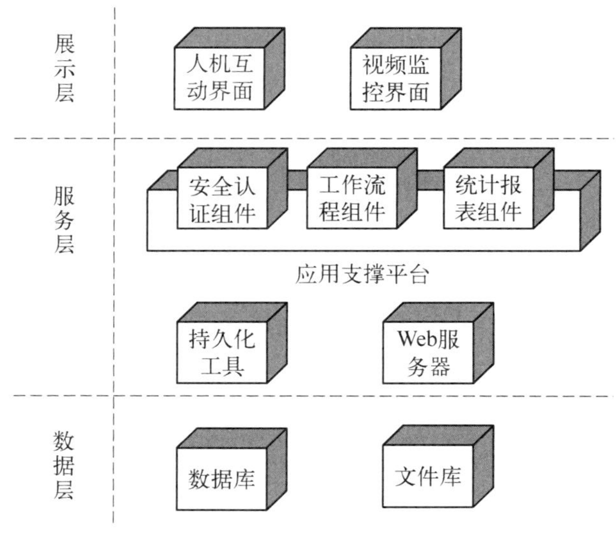


图 4-4　移动端系统技术架构图

2）物联网技术支持下智能化库房管理系统的功能及特点

（1）系统功能构成。

本系统采用高性能工控机作为现场控制主机，配以各功能模块以实现测量和控制功能。采用硬件独立高温控制，并配有专用通信接口，实现与上位机的通信，可与电力公司及相关部门管理网络连接，实现远程信息共享及分级管理。硬件系统按功能分为：温湿度控制、视频监控、微机控制系统、执行单元控制、RFID射频识别系统等。

温湿度控制系统主要是通过执行单元采集温湿度数据并进行自动分析后，分别控制加湿器、除湿器、排风机来实现温湿度控制的目的。在库房布线时内部网线、库房数据线和绝缘导线应分别隔离布置，所有线路都应穿在耐热防火型PVC管材内进行布置。照明系统和控制系统电源分离，设置专用电源控制箱，若控制系统出现故障检修时，照明不会受影响。

库房安装视频监控系统如图4－5所示，可实现工作人员在不进入现场的情况下，对库房内的情况进行实时监控，并可360°旋转，对库房进行实时录像。在夜视状态下，可以拍摄到黑暗环境下的影像。

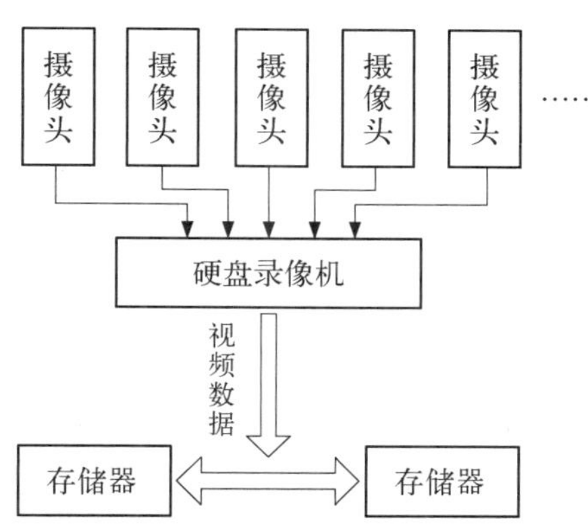


**图4－5　视频监控结构图**

主控台配备温湿度监控系统来指挥各库房执行单元，执行单元采用单片机技术完成数据采集和主控台命令的执行。系统及库房数量可无限扩展，主控台与库房间的距离没有限制，能轻易实现远程控制。

为了做好不停电作业工器具的闭环管理，使用RFID射频识别系统，由射频标签、识读器和计算机网络组成自动识别系统。识读器在一个区域发射能量形成电磁场，射频标签经过这个区域时检测到识读器的信号后发送存储的数据，识读器接受射频标签发送来的信号后，解码并校验数据的准确性以达到识别的目的。RFID射频识别系统是一种非接触式的自动识别技术，通过射频信号自动识别目标对象并获取相关数据。识别工作无需人工干预，可在各种恶劣环境下工作。与此同时，还可以识别高速运动物体并可识别多个标签，操作快捷方便。

（2）系统技术性能特点。

全智能一体化管理系统采用先进的一体化概念，集工器具库的建立，工器具的入库、领用、归还、试验直到报废为一体，全程式跟踪记录，详细记录工器具从购买到报废的所有数据，方便随时调阅查询。参数根据使用条件可以任意设置，具备手动和自动、现场和远程操作等功能；可以让库房管理员或者单位领导在办公室即可存取和操作服务器上的所有资料;可实现不停电作业远程监控、处置等功能。采用SQL SERVER 数据库,数据库平台采用三层 B/S 与 C/S 相结合系统架构数据中心,对系统数据进行采集、统计、分析、网络响应及服务,分为数据库服务器、应用服务器和客户端,所有的用户登录应用系统时,都必须通过身份认证,加强增量备份和存储能力及复制功能,使运行具有高可靠性,具体系统架构如图 4-6 所示。

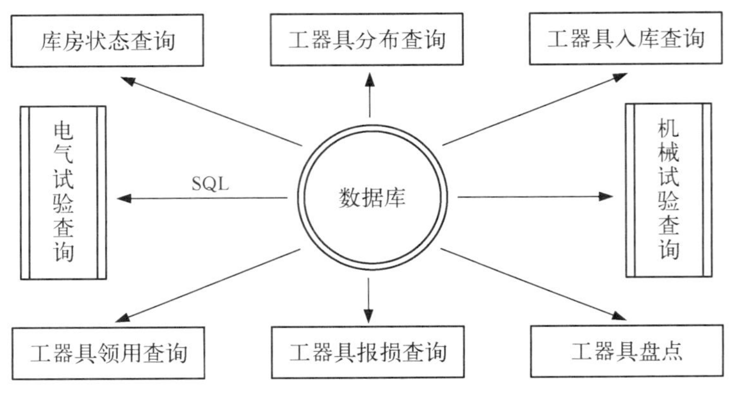


**图 4-6 查询系统构架框图**

全智能一体化工器具管理平台具有先进的查询系统,可以分别对库存状态、工器具分布、工器具入库、工器具领用、工器具报损、电气试验、机械试验进行查询;也可以分别对每一个库房进行盘点,所有的数据都被保存在 SQL 数据库中。

### 4.3.2 PMS 对施工作业的管控功能

PMS 对施工作业的线上管控功能主要包括不停电作业管理和工作票管理两部分。不停电作业管理包括不停电作业人员资质维护、不停电作业查询统计、车辆台账维护和车辆仓库维护等,可实现对施工作业车辆、装备和人员的管控。工作票管理主要包括工作票开票、查询、统计等,可实现对施工作业组织及作业内容的管控。

1) 不停电作业管理

不停电作业人员资质维护可实现施工作业人员的管控。其功能主要包括人员基本信息统计和获得的资质情况等。基本信息有:姓名、性别、年龄、身份证号、联系方式、所属地市、单位、班组、用工方式、最高学历、技能等级、技术职称、专业年限等。获得的资质情况有:资质获得时间、到期时间、证件编号、证书类型等。

不停电作业查询统计可以查询自选时间段内每一项不停电作业施工的具体信息,包括作业区域、作业类别、作业项目、作业性质、作业方式、作业人员、减少停电时户数、多送电量、作业时长、工作内容、工作班组等。

车辆台账维护可查询到详细的绝缘斗臂车信息,包括车辆全面的基本信息、车牌号、所属仓库等。

车辆仓库维护可查询到绝缘斗臂车车库的主要信息，包括地址、面积、除湿设备类型、烘干设备类型、停放车辆数量、建造日期等。

2）工作票管理

PMS 工作票管理模块主要实现工作票填写、工作票签发、工作票接收、工作票许可、工作负责人变更、工作间断、工作票延期、工作结束、工作票终结与作废、评价、查询统计、权限配置等。工作票管理包含工作票开票、工作票查询统计、工作票评价三大业务功能。工作票开票业务中包含工作票编制、审核流程等。工作票开票种类多，每种工作票的审核流程不同。不停电作业票流程如图 4－7 所示。

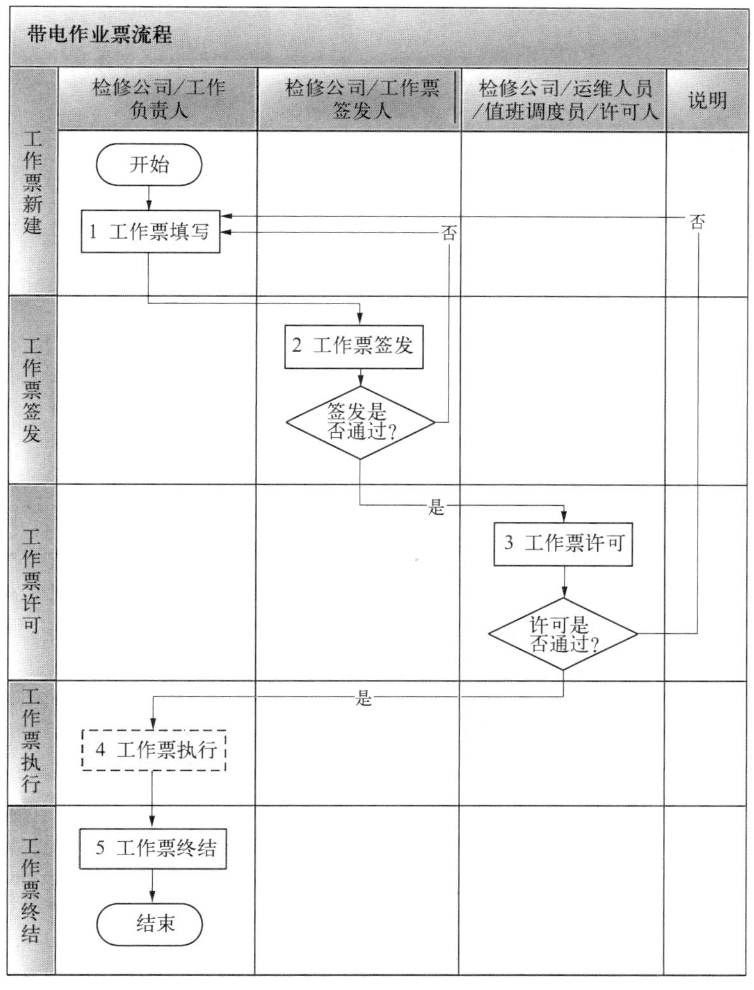


图 4－7　不停电作业票流程图

业务流程说明如下：

(1) 工作票填写，检修公司运检班组成员填写工作票，并提交给不停电作业签发人或工作票签发人。

(2) 工作票签发，检修公司工作票签发人签发工作票，签发不通过时返回到运检班组修改工作票，签发通过时，不停电作业工作负责人在不停电作业工作开始前，与值班调度员联系，将不停电作业发送给值班调度员履行许可手续。如果是需停用重合闸的不停电作业票，应提交给值班调度员以获得许可。

(3) 工作票许可，配网调度值班员或不停电作业票许可人对不停电作业工作进行许可。需停用重合闸的不停电作业票由值班调度员审核。

(4) 工作票执行，进行检修工作时，可根据需要办理工作负责人变更、工作间断或工作票延期。

(5) 工作票终结，不停电作业工作实施完毕后，工作负责人将工作情况及时汇报，配网调度值班员确认全部工作已经完毕，将许可结果反馈给工作负责人。运维人员拆除围栏、接地线等安全措施后，进行工作票终结。

### 4.3.3 不停电作业工程管控系统中的不停电作业管控功能

不停电作业工程管控系统可从浏览器端和移动端双线实现施工作业的管控。管控内容包括项目计划、现场踏勘、施工监控和施工日志等管理功能。

项目计划包括周计划和日计划。计划内容包括各作业项目的工程账号、工程名称、专业类型、任务形式、施工队伍、工作负责人和工作内容等信息。系统会对各工作计划设定审核流程，确保不停电作业计划的刚性管控。

现场踏勘列表中包含了项目计划中需要实施的各类项目，每个勘察任务单包括该工程的账号、名称、地图定位、踏勘要素、危险预控等关键信息。关键信息为必录项，确保踏勘现场及制度得到有效执行。

施工监控可实现对施工现场的实时视频监控，监控施工现场的风险管控、安全监护和技术措施。

施工日志可记录已实施的作业项目，是作业后期统计、责任追溯等工作的重要依据。

# 第 5 章　装 备 管 理

本章主要介绍与不停电作业相关的装备管理办法、规定及其具体实施情况。

## 5.1　采购渠道(流程)与资金保障

### 5.1.1　总则

采购渠道(流程)与资金保障办法总则内容如下：

(1) 为贯彻执行《国家电网公司固定资产零星购置管理办法》规定，进一步优化上海市电力公司(以下简称"公司")系统生产流程，规范生产管理体系，提高输变电运行设备与检修装备(以下简称"固定资产零星购置")的可靠性和可用率，规范装备配置，全面提升生产领域管理水平，特制定本办法。

(2) 本办法旨在规范固定资产零星购置的装备管理水平，使装备配置满足固定资产零星购置日常运行、检修维护与应急处理需求，适应固定资产零星购置安全运行技术的发展，以有利于企业安全生产，促进和提高运行、检修的工作效率和工作质量，降低劳动强度，确保设备可靠安全运行。

(3) 本办法对固定资产零星购置的定义、组织管理与职责分工、装备配置划分原则、装备的基本配置种类与数量、装备管理内容与要求等方面作出了要求。

(4) 本办法适用于公司及所属各供电(电力)公司和检修公司(以下简称"各单位")的输变(配)电一次设备、继电保护、通信、自动化等专业的固定资产零星购置管理。公司其他下属单位的固定资产零星购置管理参照本办法执行。公司所属各单位应参照本办法制定相应的实施细则。

### 5.1.2　定义

(1) 本办法所称的固定资产零星购置是指公司生产设备管理范围内，专供输变电运行、试验、巡视、维护、检修等所用的主辅设备的工器具、电网监控(包括通信及电网自动化等)和保护系统元器件、仪器仪表及测试设备、车辆等形成固定资产的装备。

（2）固定资产零星购置的归属单位：指在公司范围内，固定资产零星购置资产的归属单位。公司内，根据电压等级、资产分类、管理职能等要求，已有资产归属单位的原装备的归属性质不变。对新购固定资产零星购置的具体归属单位由公司运维检修部指定归属单位。

### 5.1.3 组织管理与职责

与装备管理相关的组织管理与职责具体如下。

（1）固定资产零星购置实行统一管理，分级负责。公司运维检修部是装备的归口管理部门，物资部、发展策划部、财务部和调通中心为固定资产零星购置的相关管理部门。基层单位的电网运维中心为固定资产零星购置管理的职能部门。基层单位固定资产零星购置的相关管理部门为计划发展部、财务部等部门。

（2）公司运维检修部负责本公司内固定资产零星购置的总体配置工作，组织对大、中型装备配置的审批与需求的论证，协调解决对重大事件处理中装备的调配，指导并检查本公司系统各单位固定资产零星购置管理工作。公司运维检修部的具体职责如下：

① 编制与修订公司固定资产零星购置管理办法及相关管理技术标准，并定期检查管理标准的执行情况。

② 根据固定资产零星购置管理配置标准及生产需要，编制年度固定资产零星购置配置计划。

③ 审批各单位固定资产零星购置的申购工作。

④ 负责固定资产零星购置的技术谈判与技术合同的审核工作。

⑤ 提供配置固定资产零星购置的建议厂商、供应商名单；提供定期电气试验校验单位名单。

⑥ 负责固定资产零星购置的验收管理工作。

⑦ 负责组织检查固定资产零星购置存放地点是否符合要求，是否按要求进行定期校验与试验工作。

⑧ 负责固定资产零星购置新增、转移、报废的技术审核、统计的管理工作。

⑨ 负责监督基建项目中固定资产零星购置的移交与接收工作。

⑩ 定期总结与分析固定资产零星购置资金的使用情况，提出改进管理的意见。

（3）公司物资部职责：

① 根据运维检修部固定资产零星购置管理标准中年度配置计划的要求，编制采购计划；并根据申购批复计划，实施订货、采购、配送全过程管理。

② 负责固定资产零星购置的入库、发放、退库盘点并发布盘点报表。

③ 提请或委托有关单位进行质量验收、检查。

④ 负责固定资产报废和零星购置的处置工作。

(4) 公司基建部职责：负责与生产运行单位、安装单位一起，对基建项目附带的固定资产零星购置，在工程竣工移交时，按照竣工验收清单共同清点、核对并校验实物及资产卡片，并将固定资产零星购置移交资产归属单位的固定资产零星购置库进行管理。

(5) 公司发展策划部职责：审核并下达固定资产零星购置年度投资计划。

(6) 公司财务部的职责：

① 按照固定资产零星购置的年度投资计划编制固定资产零星购置资金计划，并落实采购资金。

② 负责固定资产零星购置新增、转移、报废的财务审核与统计工作。

(7) 公司调通中心的职责：

① 审核继电保护、通信、自动化专业的固定资产零星购置配置的必要性。

② 负责继电保护、通信、自动化等设备的固定资产零星购置的技术谈判与技术合同的审核工作。

(8) 基层单位是固定资产零星购置的使用者和维护者。基层单位的具体职责如下：

① 负责贯彻落实上级部门对固定资产零星购置管理的相关制度和规范，建立各单位、部门、班组三级管理体系，使装备的配置满足本地区电网发展要求，满足新型装备的应用与推广工作。

② 负责组织对进行大、中型装备的使用要求和操作流程的制定等工作。

③ 负责平衡本单位的装备配置需求，并根据本单位的生产发展需要与公司下发的固定资产零星购置、配置定额，按照固定资产零购的相关规定提交立项申请。

④ 负责固定资产零星购置的实物交接、验收工作。

⑤ 负责固定资产零星购置的使用、维护、检修、转移、报废等管理工作，做好实物报废处置的交接工作。

### 5.1.4 配置原则

本节主要介绍与设备采购及管理相关的配置原则。

(1) 固定资产零星购置的基本配置原则：以各单位的现有设备数量和实际需求为基础，装备需求的班组数、装备的使用人数和公司的规模(包括各电压等级变电站数量、架空线和电缆长度)为依据，以建议数量为参考，对固定资产零星购置定额数据进行精益化配置。

(2) 固定资产零星购置的定额基本方法为：以某家供电公司为定额基准公司，其他公司在基准公司装备的定额数量的基础上，综合考虑使用设备的班组数量、使用设备的人数、公司的规模（包括各电压等级变电站数量、线缆长度）等三个因素的权重，乘以一定的综合权重系数，得出其他公司的装备定额配置数量。

（3）定额基准公司的选择主要根据该公司在固定资产零星购置配置方面的规范化程度，以及该公司设备与其他公司设备的重合度，综上考虑后，选择青浦供电公司作为基准单位。基准公司固定资产零星购置定额的计算，主要考虑基层班组的配置建议原则、建议配置数量、使用的班组数量、使用的人数等因素，由公司运维检修部逐条确定。

（4）根据基准公司计算其他公司的定额数据时的三个权重值（使用设备的班组数量、使用设备的人数、公司的规模），由运维检修部对各单位通过问卷调研的方式加权计算而得。

（5）固定资产零星购置的具体定额计算方法与各单位的固定资产零星购置定额结果参照《上海市电力公司固定资产零星购置配置定额标准》。

（6）固定资产零星购置的配置应满足集约化、专业化、标准化管理要求，具有先进性、实用性，并能满足各单位开展固定资产零星购置状态检修、维护和故障排除的需要。

### 5.1.5 固定资产零星购置的来源

本节主要介绍固定资产来源及与管理相关的工作。

（1）固定资产零星购置的来源主要有采购和基建移交两种形式，固定资产零星购置仓储管理部门应根据购置设备来源建立相应的台账，以便查询核对。

（2）公司下属各单位应根据固定资产零星购置定额需求情况，按照相关流程适时进行补货。

（3）公司下属各单位应重视修旧利废工作，对退役仍有利用价值的固定资产零星购置及配件，按现有标准检查试验合格后，允许进入固定资产零星购置库，以提高设备利用率，降低企业成本。

（4）对基建项目附带的固定资产零星购置，在工程竣工移交时，由生产运行单位、建设单位和安装单位按照竣工验收清单共同清点、核对并校验实物及资产卡片后，移交资产归属单位的固定资产零星购置库进行管理。

### 5.1.6 管理内容及要求

1）管理工作基本内容

固定资产零星购置管理工作基本内容包括：装备申购、审批与领用规定，新装备采购，装备标识及定置要求，装备现场管理规定，装备使用与保养规定，装备出借规定，装备评估，装备报废规定，装备移交规定等九方面内容。

2）装备申购、审批与领用规定

（1）各单位根据配置定额标准和在运设备情况，申报年度固定资产零星购置需求；由本单位审核确认后，向公司运维检修部申报。

（2）公司运维检修部零购主管汇总各单位需求，分发给运维检修部各专业主管。各专业主管根据各单位现有配置情况和必要性对需求进行审核，由零购主管汇总审核后配置和零购，并据此编制年度计划。

（3）运维检修部零购主管根据发展部下达的投资计划，分批下达固定资产零星购置批复。批复前需经各专业主管审核确认，并由发策部、物资部、财务部会签确认。

（4）各单位基层单位按照运维检修部下达的固定资产零星购置配置计划及相关通知，根据工作需要，在系统上进行设备的采购申请等流程。

（5）物资部根据运维检修部下达的固定资产零星购置、配置计划，按照公司相关采购流程，组织实施固定资产零星购置、配置工作。

（6）运维检修部、调通中心等部门及固定资产零星购置资产使用单位应配合并参与由物资部组织的"技术协议"谈判、固定资产零星购置的交接、验收等相关工作。

（7）各单位班组建立固定资产零星购置（器具）验收、进货记录，装备（器具）应定期整理，帐、卡、物必须相符。

3）新型装备采购

（1）各单位相关专职或公司运维检修部专职人员根据项目需要，提出新型设备使用需求。

（2）公司运维检修部组织专家讨论相关新型设备属性，并出具书面意见。

（3）基层单位相关专职人员，依据专家讨论会出具的书面意见落实新型设备试运行工作，并在运行期结束后，出具报告，提交专家组再次审核。

（4）公司运维检修部组织专家讨论相关新型设备的运行情况，并出具书面意见。

（5）基层单位相关专职人员，依据专家讨论会出具的书面意见提出新型设备采购需求，并由运维检修部批复，物资部审核，最终由物流服务中心与供应商签订供货合同。

4）装备标识及定置要求

（1）大型装备应按上海市电力公司标识要求规定标识。

（2）装备放置应符合定置管理要求，有定置区域、定置图、定置签。

（3）各单位应按照公司相关规定建立装备台账。

5）装备现场管理规定

（1）施工现场应设立装备定置区域。各定置区域应有明确的标记或相应围栏。

（2）现场装备应由专人统一管理，明确装备（器具）的使用管理要求。

(3) 现场装备的管理应与文明施工、环境保护相结合。

6) 装备使用与保养规定

(1) 各单位应建立装备使用管理制度,加强装备的日常使用管理,保证装备经常处于良好状态。使用部门要建立装备定期维护、保养、校验规定,提高装备(器具)的安全性和可用率。对于经检查不符合技术要求的固定资产零星购置应及时进行轮换更新。在固定资产零星购置的维护检修中,对有缺陷且有修复价值的固定资产零星购置件应进行相应的修复;没有修复价值或修复代价偏高的固定资产零星购置件,按照相关流程进行报废处理。

(2) 所有装备必须由专人管理,建立使用和保养维护细则,对集中存放的装备,应当指定专人定期维护保养,并做好记录。对安全器具、绝缘器具、起重器具、电动器具、登高器具、仪器仪表等应有试验、校验周期与合格标签。

(3) 对大型的装备或器具应制定操作流程,特殊装备的操作人员需经过专业培训合格后持证上岗。

(4) 基层单位应负责向公司运维检修部申报年度固定资产零星购置装备检修维护等费用。公司运维检修部负责固定资产零星购置的检修维护费用的审核(根据实际使用单位的情况);财务部负责固定资产零星购置检修维护费用的落实。

7) 装备出借规定

(1) 装备的出借应制定相关出借规定,明确借用审批流程、借用时间及装备归还时验收等要求。

(2) 各单位固定资产零星购置的出借需经各单位部门及以上主管生产领导的审批。

8) 装备评估

(1) 运维检修部根据使用需求和相关规定,收集公司固定资产零星购置的运行信息、抽测结果以及全生命期成本信息,负责组织对固定资产零星购置运行质量进行评价。物资部须提供固定资产零星购置供应商合同履约情况等相关信息,使用单位提供固定资产零星购置运行、服务质量评价等相关内容,运维检修部形成供应商装备质量评级报告。

(2) 运维检修部根据第三方的质量评估情况,审核入网供应商名单,并监督执行情况。

(3) 物资部根据装备质量评级报告对入网供应商名单等进行优化,形成退出及不同层级的准入名单。

9) 装备报废规定

(1) 对固定资产零星购置装备的报废要严格把关,建立报废的各级审批流程。

(2) 各单位固定资产零星购置装备的报废应上报公司运维检修部,严格按固定资产管理要求履行报废手续。

10）装备移交规定

在工程竣工移交时，由生产运行单位和建设单位、安装单位按照竣工验收清单共同清点、核对并校验实物及资产卡片后，移交给资产归属单位的固定资产零星购置库进行管理。

### 5.1.7 管理考核

本节主要介绍设备管理考核相关的内容。

（1）为加强固定资产零星购置管理工作，开展各单位固定资产零星购置管理绩效考核工作，对各单位固定资产零星购置管理工作进行检查与评价。

（2）各单位应严格执行前面几节规定的内容，公司将对执行情况进行抽查，并将抽查结果纳入各单位绩效管理体系。

（3）对在固定资产零星购置管理工作中成绩突出的单位和个人，给予表彰奖励；对在固定资产零星购置管理工作中未按规定履行相关职责、管理上存在问题较多、出现次数较多的单位和个人，可采取通报批评、核减下一年度固定资产零星购置费用额度等措施。

## 5.2 班组作业人员与装备配比

### 5.2.1 机构设置

本节将以金山公司为例，介绍机构设置相关内容。金山公司配网不停电作业管理职能一般设置在运维检修部门，由带电专职人员（担任或兼任）。

### 5.2.2 人员结构

截至 2019 年底，金山供电公司配网不停电作业班组共 1 个，配网不停电作业人员 7 人，较 2018 年增加 1 人；作业人员平均年龄 33 岁；其人员年龄结构分布如图 5－1 所示。

按作业人员从事不停电作业年限统计，从业 10 年以上的人数最多，为 3 人，占 66.7%，如图 5－2 所示。

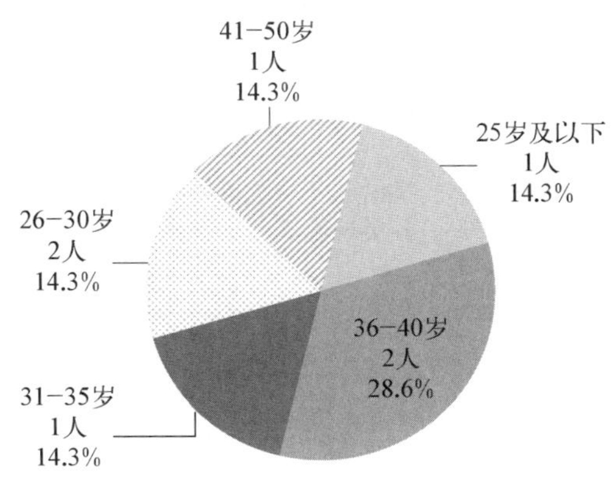


图 5－1 某供电公司配网不停电作业人员年龄结构分布图

按不停电作业人员岗位情况统计,以劳务派遣人员为主,共 11 人,占 61.1%。如图 5-3 所示。

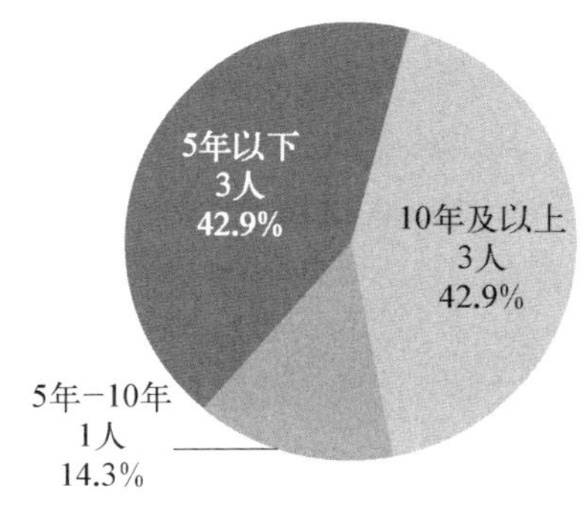


图 5-2 某供电公司配网不停电作业人员从业年限分布图

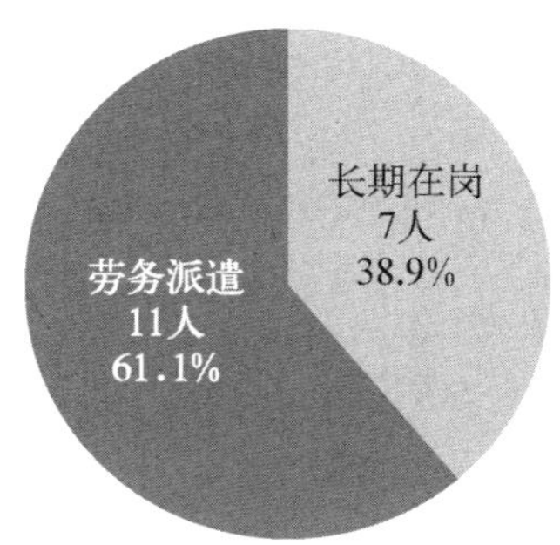


图 5-3 某供电公司配网不停电作业人员岗位情况分布图

按不停电作业人员技术等级统计,初级技工 2 人,中级技工 1 人,高级技工 1 人,技师 2 人,高级技师 1 人,如图 5-4 所示。

按不停电作业人员职称等级统计,助理工程师 3 人,工程师 4 人,如图 5-5 所示。

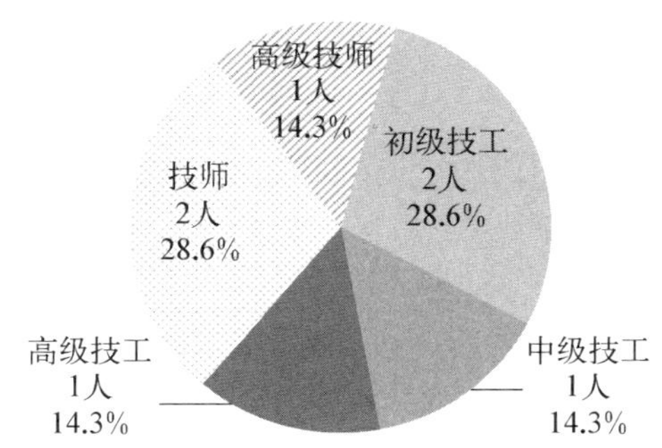


图 5-4 某供电公司配网不停电作业人员技术等级分布图

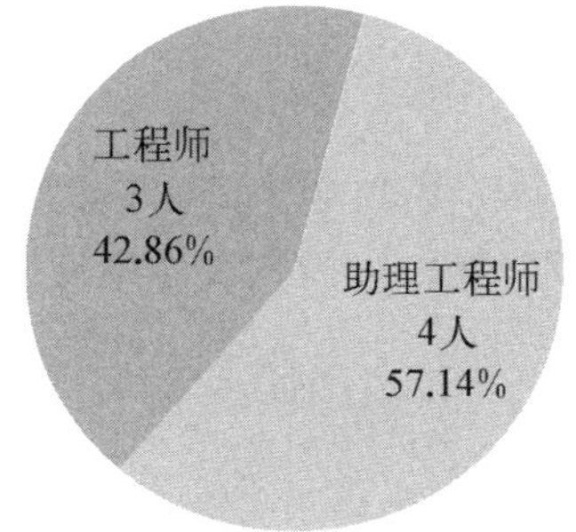


图 5-5 某供电公司配网不停电作业人员职称等级分布图

### 5.2.3 车辆配置

截至 2019 年底,金山供电公司共有 10 kV 配网不停电作业专用车 7 辆,以绝缘斗臂车为主,占 50%,如图 5-6 所示。斗臂车库房 2 个,其中 1 个完全符合规定要求,占斗臂车库房总数的 100%。不停电作业工器具库房 1 个,其中 1 个完全符合规定要求，占工器具库房总数的100%。

上海电力企业不停电作业用特种车辆有：绝缘斗臂车120辆、移动箱变车5辆、发电车26辆、旁路作业车4辆(详见第一章中表1-2)。

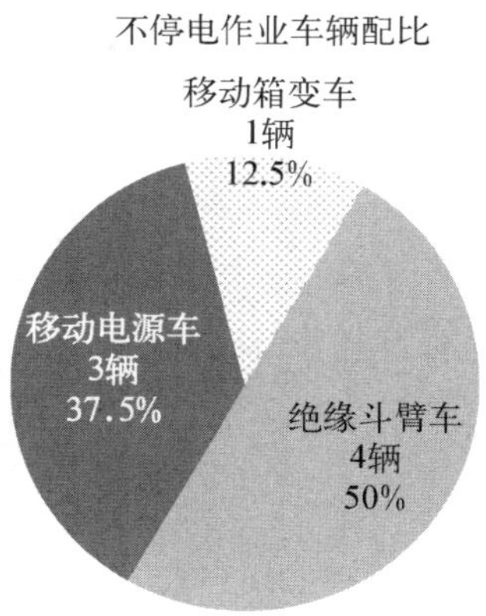

不停电作业车辆配比
移动箱变车 1辆 12.5%
移动电源车 3辆 37.5%
绝缘斗臂车 4辆 50%

图5-6 某供电公司配网不停电作业车辆分布图

### 5.2.4 工器具库房及工器具配置

上海电力企业工器具库房及主要工器具有：绝缘工器具库房为31个，绝缘工器具数量约为4 090件，登高作业人员约733人，登高工具约为1 556件(详见第一章中表1-3)。

## 5.3 设备检测及报废流程

### 5.3.1 试验要求

(1) 在下列情况下，应对不停电作业工器具进行型式试验：

① 新产品投产前的定型鉴定。

② 产品的结构、材料或制造工艺有较大改变，影响到产品的主要性能。

③ 原型式试验已超过5年。

(2) 入网检测试验应达到如下几方面要求：

① 拟入网的不停电作业工器具应经中国电力科学研究院，(以下简称中国电科院)或其认可的具有试验资质的机构进行检测合格。

② 入网检测的不停电作业工器具包括个人安全防护用具、绝缘遮蔽用具、绝缘工器具、金属工器具、10 kV旁路作业设备以及不停电作业特种车辆等。

③ 入网检测按照工器具产品型号、规格进行选样。

④ 送检样品由工器具供应商提供，试验项目由供应商与中国电科院根据相关标准商定。

⑤ 对于非标工器具或新研发的工器具，由中国电科院组织协作组专家进行技术审查，通过审查后才能投入现场使用，由中国电科院负责制定这类工器具的试验要求并进行入网检测。

(3) 预防性试验周期要求包括如下几方面：

① 个人安全防护用具电气试验一年两次，试验周期6个月。

② 绝缘遮蔽用具电气试验一年两次，试验周期6个月。

③ 绝缘工器具电气试验一年一次，机械试验一年一次。

④ 金属工器具机械试验两年一次。

⑤ 绝缘斗臂车电气试验和机械试验一年一次，试验周期不超过 12 个月。

⑥ 10 kV 旁路作业设备电气试验一年一次，10 kV 不停电作业用消弧开关电气试验一年两次，试验周期 6 个月。

⑦ 自制或改装以及主要部件更换或检修后的绝缘工器具、车辆等，如对绝缘性能存在疑问，可适当调整或缩短试验周期。

(4) 交接试验要求：

① 交接试验项目依据工器具采购合同、招标技术规范书要求进行。

② 具备交接试验条件的各省(自治区、直辖市)公司可自行组织本单位工器具交接验收工作。

③ 不具备交接试验条件的各省(自治区、直辖市)公司可委托中国电科院或由中国电科院指定其他各省(自治区、直辖市)公司试验机构进行交接验收。

④ 绝缘斗臂车等重要装备的交接试验由各省(自治区、直辖市)公司委托中国电科院进行。

### 5.3.2 试验机构

不停电作业试验主要由以下机构承担。

(1) 各省(自治区、直辖市)公司不停电作业工器具预防性试验一般由省电科院承担。

(2) 省电科院不具备承担不停电作业工器具预防性试验能力时，应逐步开展能力建设，期间可委托中国电科院或各省(自治区、直辖市)公司认定的第三方试验机构承担。

(3) 试验机构应满足以下要求。

① 人员：试验机构应有专职从事试验检测的专业技术人员和管理人员；试验机构人员应经过与其承担的试验检测工作相适应的教育、培训，有相应的技术知识和经验；试验机构应保存人员的资格、培训、技能和经历等档案。

② 设施和环境条件：试验机构的试验检测设施以及环境条件应满足相关法律法规、技术规范或标准的要求；设施和环境条件对检测结果的质量有影响时，应监测、控制和记录环境条件；试验机构应建立安全检测管理程序，确保化学危险品、有害物质及水、气、火、电等危及安全的因素和环境得以有效控制。

③ 检测方法与标准：试验机构应按照相关技术规范或标准，使用适合的方法和程序开展检测工作，包括国家标准、行业标准、公司企业标准等；试验机构自行制定的非标检测方法，经省电科院确认后方可作为资质认定项目。

④ 仪器设备：试验机构应配备正确进行试验检测所需的抽样、测量和检测设

备，并对所有仪器设备进行正常维护；仪器设备应由经过授权的人员操作；仪器设备应经专业计量校准机构定期检定，试验机构保存有仪器设备的使用、维护、校验记录可供查验。

⑤ 试验报告：试验报告应包含报告编号、委托单位、试样说明、依据标准、试验类型、试验日期、试验环境、试验结果、主要试验仪器等内容；试验报告应经编写、校核、审核、批准等流程管控，并及时送达不停电作业室（班组）。

### 5.3.3 试验计划与实施

（1）不停电作业室（班组）每年10月份制定下一年度试验计划，并报送市（县）公司运检部。

（2）公司运检部审批年度试验计划，报送各省（自治区、直辖市）公司运检部。

（3）各省（自治区、直辖市）公司运检部确认省电科院和第三方试验机构承担的试验计划。

（4）省电科院根据试验计划，合理安排开展相关试验工作。

（5）各省（自治区、直辖市）公司运检部每年12月份前完成所属各单位试验费用计划的审批和第三方试验机构的确认更新。

### 5.3.4 试验资料管理

（1）试验机构应具备下列相关技术资料和记录。

① 国家有关法律法规和国家、行业及公司不停电作业工器具试验相关标准、规程、制度、规定。

② 不停电作业工器具专用检测仪器计量检定报告。

（2）各不停电作业室（班组）应妥善保管不停电作业工器具试验记录，实现标准化、数字化管理，并符合以下要求。

① 相关资料保存两年。

② 记录完整、准确，并与现场实际相符合。

③ 专人负责资料汇总、统计、贮存与检索，及时收集相关资料并补充完善。

## 5.4 库房管理

### 5.4.1 配网不停电作业工器具专用库房管理办法

本节介绍配网不停电作业工器具专用库房管理办法。

1）范围

本办法规定了10 kV配网不停电作业工器具专用库房的管理内容，适用于供电公司不停电作业工器具管理。

2）管理内容与要求

（1）开展10 kV配网不停电作业的单位，必须具备不停电作业工器具专用库房。库房应设在进出方便、环境干净、周围干燥、通风良好的地方。

（2）工器具房的要求包括以下几个方面。

① 不停电作业绝缘工器具应设专用库房，不停电作业金属工器具应另设普通库房。

② 专用工器具房内应配置专用箱、架、袋，分别存放不同的工器具。

③ 对绝缘工器具房的要求：

A. 配备木质地板。

B. 应有通风设备、干燥设备和空调机。

C. 配置温度计、湿度计；室温与环境温度尽可能一致，差值不宜大于50℃，相对湿度宜控制在50％～60％范围内。

D. 配置适当数量的公用手套、毛巾和拖鞋及灭火设备。

E. 应配有足够的照明设备。

3）绝缘斗臂车车库的要求

（1）车库应设在进出方便、环境干燥、通风良好的地方。

（2）应有通风设备、干燥设备。

（3）配置温度计、湿度计；室温与环境温度尽可能一致，差值不宜大于50℃，相对湿度宜控制在50％～60％范围内。

（4）应配有足够的照明设备。

（5）配置适当数量的灭火设备。

4）工器具管理员的职责

（1）管理员应由不停电作业经验丰富的人员担任并进行专人负责，认真执行岗位职责。

（2）库房应建立以下台账。

① 工器具清册。

② 每件工器具的机械、电气试验台账。

③ 报废工器具册。

④ 工器具应有名称、规格等明显标志台账。

⑤ 按《不停电作业安全规程》定期进行工器具的试验，试验不合格的工器具给予报废，并建立台账。

5）工具的保管和试验

（1）外购材料、工器具或自制工器具，均须按《不停电作业安全规程》相关规定进行试验，试验合格后方可使用。

（2）带电工器具应有编号，在一个基层单位范围内不允许出现相同的编号。

（3）不停电作业工器具用毕入库前，应进行外观检查，发现缺陷应及时处理。

（4）不停电作业工器具的保管、存放应严格按照产品保管、存放说明进行，并使用专用箱、架、袋存放。

（5）发现绝缘工器具受潮或表面损伤、脏污时，应及时处理并经试验合格后方可使用。

（6）不合格的工器具应标注"X"明显标志，并清出工器具房，不得继续使用。

（7）绝缘工器具应根据产品说明定期进行保养，使工具始终处于良好状态。

### 5.4.2 不停电作业工器具库房技术规范书

本小节介绍不停电作业工器具库房技术规范书的相关内容。

1）总则

本技术规范书规定了不停电作业工器具库房的使用条件、技术参数、技术要求、性能、结构、试验、验收、包装运输等内容。

2）产品应遵循的标准和规范

投标方应遵循最新版本的国家标准（GB）、电力行业标准（DL）和国际单位制（SI）。如果供方有自已的标准或规范，应提供标准代号及其有关内容，并须经需方同意后方可采用，但原则上采用更高要求的标准。

投标方提供的产品应满足本技术条件书规定的技术参数和要求以及如下的专用标准：

（1）《不停电作业工具技术要求与设计导则》（GB/T 18037—2000）。

（2）《不停电作业用工具库房》（DL/T 974—2005）。

（3）《静态继电器及保护装置的电气干扰试验》（GB 6162）。

（4）《继电器及保护装置基本试验方法》（GB 7261）。

（5）《计算机场地安全要求》（GB 9631）。

（6）《配电线路不停电作业技术导则》（GB/T1 8857—2002）。

（7）《电业安全工作规程》（DL 409—91）。

（8）《低压配电设计规范》（GB 50054—95）。

3）不停电作业工器具库房总体要求

（1）总体目标。

按照中华人民共和国电力行业标准（DL/T 974—2005）不停电作业工器具库

房建设标准的具体要求，建立一套全智能化的环境温湿测控及不停电作业工器具管理系统，该系统适用于不停电作业工器具库房管理，具备合理性、实用性、先进性、经济性、安全性等特点，实现对不停电作业工具库房环境、场地设备进行监控，实现不停电作业工具库房规范化管理，提升不停电作业的安全水平。

（2）技术要求。

① 库房空间要求。工具存放空间与活动空间的比例为 2∶1 左右，库房内空高度不小于 3 m，若实地建筑物高度有限制时，最低不得低于 2.7 m。库房的门窗应封闭良好，库房门应采用防盗门。

② 库房、监控室装修要求。装修材料应采用不起尘、阻燃、隔热、防潮、环保无毒的材料。墙面采用银灰色优质防潮铝塑板装饰，铝塑板必须进行防静电接地（接入专用接地体），室顶采用铝制天花板进行吊顶处理，库房地面应采用具有隔湿、防潮功能的复合木地板进行敷设，室内墙面、室顶、地面不得有渗水现象。监控室及不停电作业工器具库房间隔墙选用 10 mm 的钢化玻璃进行分区处理。另需开通往车库门洞一个。在监控室安装 1.5 P 空调一台。

③ 车库装修要求。装修材料应采用不起尘、阻燃、隔热、防潮、环保无毒的材料。墙顶面采用乳胶漆涂刷，库房地面应采用承重能力较好的承重地砖进行敷设，室内墙面、室顶、地面不得有渗水现象。

④ 消防要求。库房内配备足够数量且合格的消防器材，并将消防器材分散安置在工具存放区附近。

⑤ 照明要求。库房内应配备足够的照明灯具，确保足够照明。照明灯具采用嵌入式格栅电子整流型日光灯，采用暗装方式安装，主干照明线路线截面积不小于 4 $mm^2$，墙内铺设必须穿管进行保护，配套的控制电器容量必须满足最大负载需求，并设置专用电源控制箱。车库应选用优质工厂灯进行照明，暗线敷设。

⑥ 除湿设备及湿度要求。建成的不停电作业工具库房及车库，必须在室内适当地点安装冷凝除湿装置，安装自动排水系统，并实现环境温湿度控制系统对其的控制，除湿装置的除湿量必须按照 0.2 L/(d · $m^3$)进行选配，以确保室内空气相对湿度不大于 60%。为了保证湿度测量的可靠性，库房的每个房间内必须安装 2 个及以上可读取的湿度传感器，室外南北侧各 1 个。

⑦ 温度要求。库房内硬质绝缘工具、软质绝缘工具、检测工具、屏蔽用具的存放区，温度必须控制在 5～40℃内；配电不停电作业用绝缘遮蔽用具、绝缘防护用具的存放区的温度，必须控制在 10～21℃之间。为保证温度测量的可靠性，库房的每个房间内至少安装 2 个及以上读取的温度传感器，同时为了比较室内外温差，必须在室外安装 1 个温度传感器。

⑧ 烘干加热设施。库房内应装设热风导向循环烘干加热设备，加热功率应按

库房空间体积的大小，并根据当地的温度环境按 30 W/m$^3$ 选配。

热风式烘干加热设备在库房内应均匀分散安装，热风口距工器具表面距离应不少于 50 cm，安装高度以距地面 1 m 左右为宜。

烘干加热设备工作电源必须与照明电源独立分开，其电源线路和插座等电器必须采用暗装方式安装，主干线路线截面积不小于 6 mm$^2$，墙内铺设必须穿管进行保护，配套的电器容量必须满足最大负载需求，并设置专用电源控制箱，专用电源控制箱不能设在带电工具房内。

不停电作业车库必须考虑绝缘斗臂加热装置，可选用红外线加热灯，利用光辐射进行快速烘干。车库要达到国家温度智能管理标准。

⑨ 通风设施。库房内必须装设排风设备，排风量可按每平方米（1～2）m$^3$/h 选配排风机。可根据现场条件选择安装吸顶式或者轴流式排风机，吸顶式排风机应安装在吊顶上，轴流式排风机应安装在库房内净高度 2/3～4/5 高度的墙面上。出风口必须设置百叶窗或不锈钢丝网，进风口应设置过滤网，以防鸟、蛇、鼠等小动物进入库房内。

排风设备的电源与烘干加热、照明电源独立分开，其电源线路和插座等电器必须采用暗装方式安装，主干线路线截面积不小于 6 mm$^2$，墙内铺设必须穿管进行保护，配套的电器容量必须满足最大负载需求，并设置专用电源控制箱。

⑩ 报警设施。库房必须设有温度超限保护装置、烟雾报警、室外报警器等报警设施。当库房温度超过 50℃时，温度超限保护装置应能实现自动切断加热装置电源并启动室外报警器，温度超限保护装置在控制系统失灵时也必须能正常启动。当库房内产生烟雾时，烟雾报警器和室外报警器应能自动报警。

室内烟雾报警器安装位置必须合理，每个库房数量不得少于 2 个，室外报警器必须同时在库房当地和监控 2 个地点装设。

温度超限保护装置、报警设施必须选择功能可靠、质量优良的产品，确保正常时不误发报警信号，越限时能够可靠动作。其工作电源的引接必须与其他电源独立分开。

⑪ 测控功能及装置要求。为了保证工具库房的温度、湿度环境能满足使用要求，应专设测控装置，与温湿度变送器、除湿装置、排风装置、加热装置、视频监视设备、射频识别设备、超温控制装置、烟雾报警等装置组成库房环境温湿度测控系统，实现库房湿度测控、温度测控、库房温湿度设定、超限报警及库房温湿度自动记录、显示、查询、报表打印等功能。

库房环境监控系统应配置高性能工业控制计算机，触摸液晶显示器，高速打印机等，系统控制方式可实现手动/自动相互转换，装入独立控制屏柜。

系统能够实现库房温湿度实时采集、显示，并按照设定要求驱动执行部分自动调控。实现按设定控制规则投切库房内的热风循环装置、除湿机、通风机，控制规则灵活多样，并可实现远程监控。实现库房防火报警的自动短信或电话报警功能。

⑫ 调控要求。工具库房的湿度、温度调控系统，应可根据监测到的参数自动启动加热、除湿及通风装置，实现对库房湿度、温度的调节和控制。当调控失效并超过规定值时，应能报警及显示；当库房温度超限时，温度超限保护装置应能自动切断加热电源。

为了有效保证测控系统的安全有效运行，控制系统需设置自动复位装置，以保证测控系统在受到外界干扰而失灵时能立即自动复位进而恢复正常运行。

为了保证在测控系统完全失效或检修时除湿装置及加热装置等仍能投入工作，应在控制屏柜上设立手动/自动切换开关及相应的手动开关。

⑬ 显示和打印。测控系统应确保能存储库房一年时间的温湿度数据，具备全天任意时段的库房温湿度数据的报表显示、曲线显示、报表打印等功能，实时监测和记录库房的工作状态。

⑭ 一个重要的技术是远程监控要求。这种远程监控要求主要体现在下面两个方面：

A. 库房与车库应具有远程视频监控系统且具有红外线 360°旋转监控功能。

B. 测控系统具有 Web 发布功能，要求其与中心网络连接，实现远程信息共享及分级管理、库房温湿度参数设置，实现对库房的环境温湿度、远程控制及温湿度变化情况的远程监控。

⑮ 主要测控元件的技术性能要求主要包括：

温度测控指标：范围为－10～80℃，精度±2℃。

湿度测控指标：范围为 30%～95%RH，精度±5%。

温度传感器指标：量程为－50～120℃，在－10～85℃范围内精度±0.5℃。

湿度传感器指标：量程为 0～100%RH，在 10%～95%RH 范围内精度±3%。

⑯ 存放设施要求。库房存放设施应实现不停电作业工器具按电压等级及工具类别分区存放要求，工器具存放架采用优质不锈钢制作，存放架的具体型式由投标方设计制作，但必须满足运行方的具体要求且符合《中华人民共和国电力行业标准——不停电作业用工具库房》(DL/T 974—2005)第 7 章的要求，满足具体存放工具的数量按照最大化要求考虑。

⑰ 工具库房射频识别工具管理系统。工具库房计算机管理系统应对工具贮存状况、出入库信息、领用手续、试验情况等信息进行实时记录。根据需要，工具库房计算机管理系统还可具备在企业局域网上实施 Web 发布及远程维护的功能。管理系统基本功能除必须满足《中华人民共和国电力行业标准——不停电作业用工具库房》(DL/T 974—2005)第 8 章的框图要求外，还必须实现以下功能：

A. 对库房内的工器具的维护、借用、归还等状态进行统一管理，并伴随语音提示及报警。

B. 可实现工器具的实时查询、历史查询。

C. 对不停电作业工器具的试验周期应实现文字及语音提示。

D. 安装 RFID 射频识别系统，要求金属标签不低于 500 个，普通标签不低于 200 个。

## 5.5 车辆管理

### 5.5.1 管理范围

车辆管理标准规定了不停电作业用工程车、不停电作业工具库房车、绝缘斗臂车的保养、维护及在使用中应进行的试验要求。

### 5.5.2 不停电作业专用车辆定义

(1) 不停电作业工程车用于运输不停电作业工具及人员的专用车辆。

(2) 不停电作业工具库房车用于储存运输不停电作业工具，并可对不停电作业工具随时随地进行除湿烘烤的专用车辆。

(3) 绝缘斗臂车用于不停电作业，在不停电作业中用来把操作人员和设备送到指定位置的具有绝缘斗臂的高空作业装置。

### 5.5.3 专用车辆的配备

(1) 为保证不停电作业工具处于良好状态，带电班必须配备专用不停电作业工程(具)车。

(2) 潮湿地区还应配备带自动烘烤设备的专用移动式不停电作业工具库房车。

(3) 山区宜配备有越野功能的专用不停电作业工程(具)车。

(4) 对城市及周边线路较多的地市级不停电作业工作的运行单位，宜配备专用 220 kV 不停电作业用绝缘斗臂车。

(5) (省、直辖市)电力公司可集中配备专用 500 kV 不停电作业用绝缘斗臂车。

### 5.5.4 不停电作业工程(具)车管理

(1) 车辆必须专人使用、专人管理，保证车辆处于良好状态。车辆管理按各单位车辆管理要求执行。

(2) 车厢内须保持清洁和干燥，使不停电作业工具处于良好、清洁、干燥的运输环境中。

### 5.5.5 不停电作业工具库房车管理

（1）潮湿地区或潮湿季节不停电作业工具外出超过24小时，宜配备专用不停电作业工具库房车。

（2）专用不停电作业工具库房车必须带有烘干除湿设备、温湿自动控制系统，并按不停电作业库房标准执行。

（3）不停电作业工具库房车必须专用，车载发电机、温湿控制系统必须处于良好状态，随时随地可进行烘干除湿工作。

（4）不停电作业工具库房车车辆按各单位车辆管理要求执行。

（5）房车出发前，应检查不停电作业工器具存放装置固定是否牢靠，遥控电动门是否关闭，检查控制系统运行是否正常、视频监控系统通信是否正常，并应打开GPRS检查信号通信正常与否。

（6）使用发电机前，必须检查发电机油箱情况，油量应保证充足。

（7）使用市电时，注意在连接市电接口时，必须将接口连接牢靠。

### 5.5.6 绝缘斗臂车管理

1）一般要求

（1）不停电作业用绝缘斗臂车的正常使用为作业人员提供了保护，而绝缘斗臂车的任何故障及损坏将有可能导致发生事故。因此，对绝缘斗臂车规定一套严格的保养、维护程序非常重要。同时，作业人员应为绝缘斗臂车的有效保养和维护参加必要的专业培训。

（2）在绝缘斗臂车投入使用后，必须定期试验并在使用过程中进行检查，这样，才能保持不停电作业设备的完好性能并满足设计的基本要求。

（3）保养和保养周期可依据使用频度以及环境影响，例如污染和天气情况等，也可按制造厂商的建议来确定。

**注意：**生产厂商对高架装置的生产采用各种不同的工艺，各有其特色。因此，使用者对生产厂商关于保养和维护方面的具体建议应特别注意，严格遵守。

2）绝缘部件的保养

（1）运输期间的保养。

① 工作斗必须恢复到行驶位置。带吊臂的绝缘斗臂车，吊臂应卸掉或缩回。上臂应折起来，下臂应降下来，上、下臂均应恢复到各自独立的支撑架上。伸缩臂必须完全收回。上、下臂必须固定牢靠，以防止在运输过程中由于晃动并受到撞击而损坏。

② 绝缘斗臂车在行进过程中,高架装置也处于位移之中,两臂的液压操作系统必须切断,以防止工作斗的液压平衡装置来回摆动。

③ 不停电作业用绝缘斗臂车暴露在污染环境中,由于雨水、路面灰尘、腐蚀和其他大气污染将会影响绝缘斗、臂的绝缘特性,降低其绝缘耐受水平。长时间的紫外线照射也会影响其绝缘性能。因而,针对绝缘斗、臂部分较长时间暴露在恶劣环境中,可在运输和库存过程中采用防潮保护罩进行防护。

(2) 作业中的注意事项。

① 在进行不停电作业时,宜用绝缘斗臂车的工作斗将1～2名作业人员运至不停电作业现场。这时,可能会使用绝缘吊臂来运送材料、设备或带电部分(件),为了防止出现故障,应小心平稳地操作斗和臂,不得突然地冲击移动斗和臂。

② 斗和臂应避免与其他物体直接接触,例如建筑物和树木等,两者间应有明显的间距,一般与这些物体的最小间距为100 mm。

③ 工具、设备和材料临时贮存在斗内时,不应超出斗的边沿。斗臂车工作完成后,应立即将工具、设备和材料从斗中取出,不得将工具、设备和材料贮存在绝缘斗内。

④ 为了保护绝缘斗、臂等绝缘件的结构完整,应使用防护线或防磨损垫。

⑤ 绝缘斗、臂不得用作推进及挖掘等作业的工具,导线或其他设备也不得搁置于斗上。

⑥ 吊臂仅用于升降重物,不可作其他用途,除非制作厂商另有明确的保障说明。

⑦ 不停电作业用绝缘斗臂车的承载荷重不得超出额定载荷或抗倾覆力矩,在运送工具和设备时,注意不得超过工作斗的承载能力。

(3) 库存。

当斗臂车停泊在存有热源的建筑物或汽车库房内时,必须采取隔热措施,以防止由于过热而导致的绝缘斗、臂的绝缘损坏。因为玻璃纤维及树脂暴露在80℃或更高温度的环境中会加速老化而导致绝缘被破坏。长期存放方案应按《不停电作业工具库房标准》中斗臂车部分要求建造车库。

3) 绝缘斗臂车的维护

(1) 一般要求。

① 斗臂车的绝缘部件,臂、工作斗和吊臂一般应处于洁净的环境中。在开始作业之前,作业及操作人员应用肉眼先将整车检查一遍。

② 必须建立起一套定期检查程序,包括详尽的外观检查和绝缘强度试验。

③ 作业及操作人员应经过培训并确认具备资格,才可允许担当检查工作并完成相应的电气及机械试验工作。

(2) 清洁。

① 斗臂车的绝缘部件保持洁净非常重要,如绝缘部件表面沾染了较小的污

垢，可用不起毛的布擦拭干净。

**注意：**使用过多的溶剂，将会软化绝缘部件外表面的绝缘漆涂层，而影响其绝缘性能。

② 合适的溶剂推荐异丙醇($(CH_3)_2CHOH$)，异丙醇的使用参见说明书。

③ 通常，车库或服务中心使用的是生产厂商推荐的中性清洁剂，但必须注意，这些中性清洁剂可能留下的残留物将会影响绝缘物表面。不得使用带有毛刺或具有研磨作用的擦拭物。

④ 如果绝缘部件异常脏污，可按照下列条件采用高压热水冲洗：水温不超过50℃；压力不超过 690 kPa。

(3) 涂硅。

① 应十分注意，过多地施加硅涂层，有可能聚积污染物，从而将会降低绝缘部件的绝缘性能。

② 应先清洗和干燥绝缘表面后再行涂硅。涂刷时，可用蘸有硅料的洁净布轻轻涂刷，也可采用局部喷涂的方法，之后将喷涂过程中堆积的硅料擦掉。

③ 硅涂层的硅料，应选择合适的产品牌号及生产厂商。

4) 检查

对不停电作业用绝缘斗臂车的一切可疑点均应进行仔细地检查，确定检查部位时还应充分尊重生产厂商的建议，经过检查后，其检查结论应由一个受过专业训练的人来判断该设备是否存在缺陷和故障。结构损坏包含由于陡然撞击而产生的绝缘破裂、玻璃纤维裸露、形成破洞以及沟痕和与树枝、电线杆等尖锐物体相撞击而产生的开裂痕迹。还应注意由于超载而引起的上下臂连接处或靠近钢制连接件部分出现的裂缝、隆起等。

在斗臂车正式使用之前，对所有的不安全点必须进行处置或修理，并经检验后方可使用。绝缘部件的外表面必须进行清洗后检查，上下臂、工作斗、吊臂等必须使用不起毛的布擦拭，如果需要，可采用洁净布。在擦拭中，应蘸少许异丙醇或其他合适的溶剂轻轻擦拭。

(1) 开始工作前的检查。

这一检查的目的是剔除斗臂车前期工作和库存期间可能遗留的任何故障。这一检查主要是由操作人员用肉眼进行外观检查。操作人员在功能检查中，主要是倾听各部件是否有异常的噪声。

在所有检查工作中，首要的任务是检查并确认斗臂车的绝缘部件的绝缘试验是否在有效期内。

① 斗臂车的日常检查。外观检查和功能检查必须在正式开始工作前完成，并将检查结果以图表的形式记录下来。

A. 外观检查：用肉眼检查绝缘部件表面的损伤情况，如裂缝、绝缘剥落、深度划痕等。

B. 功能检查：斗臂车启动后，应在工作斗无人的情况下工作一个循环，这时采用的是下控制系统。检查中应注意是否有液体渗出、液压缸有无渗漏、异常噪声、工作失灵、漏油、不稳定运动或其他故障。

C. 为了保证安全，应检查并操作备用电源和紧急制动系统的灵活及可靠性，还应检验可视和音响报警装置。

D. 对于用于超高压及以上电压等级作业的斗臂车，其用于等电位作业部分必须检查均压环，确认等电位点，并进行泄漏电流试验。

② 内外斗的日常检查。必须检查外斗的底板是否有脏污或其他可能会损坏外斗的物体，或在等电位作业的情况下，存在会妨碍底板与导电鞋良好接触的物体。

必须检查外斗的机械损伤，特别是裂缝或剥层等，并用蘸有适当溶剂的不起毛的软布将工作斗擦拭干净。对外斗、内斗，应注意检查机械损伤，尤其应注意是否存在孔洞或裂缝。开始工作前应将斗内材料碎片和剥落物清除干净。

（2）工作中的检查。

① 在使用过程中必须有良好接地。

② 配网绝缘斗臂车内斗中应加绝缘垫。

③ 绝缘臂在现场具体操作前应在预定位置空斗试操作一次，确认液压系统工作正常。

④ 操作时，绝缘臂伸出长度必须伸出车辆标注的最小有效绝缘长度以上方可进行作业。

⑤ 绝缘臂以下的金属部分，在伸缩或转移过程中，应确保对带电体的安全距离。

⑥ 工作斗承载重量不得超过 200 kg。

⑦ 作业车开工操作时，必须先操作下车，待下车操作完毕后再操作上车，收工操作时反之。

⑧ 支腿操作时，必须先伸水平腿，而且必须完全伸出，再伸垂直腿，收腿操作反之。

⑨ 吊臂动作时，必须先动作上臂，再动作下臂。

（3）工作后的检查。

绝缘斗臂车工作后应作如下检查：

① 检查发动机和底盘有无漏油，各传动部分是否完好。

② 检查刹车、转向、灯光、雨刷等是否正常，轮胎气压是否合适。

③ 检查车臂各油缸、油管和螺栓节口是否渗漏。

④ 检查取力器、加速器是否关闭。

⑤ 检查车臂架、转台、支腿等零件螺丝是否松动，检查是否有焊缝开裂、异常噪声及漏油、漏气等现象。

⑥ 检查车臂、绝缘杆、绝缘斗、支腿是否已到指定位置。

⑦ 检查是否已关好点火开关钥匙，加装防盗锁，车门是否关好。

(4) 每周检查。

在车库或服务中心进行检查，应比在工作地点施行检查要好，因为在车库式服务中心，任何缺陷及失灵都可方便高效地处理。每周检查包括整车的每周检查、内外斗的每周检查和斗臂车的定期检查。

① 整车的每周检查。

A. 外观检查：位于转折处的焊缝裂纹、锈蚀或变形；铰轴点的销轴装置；液压油标高度和通风过滤装置的状态；真空保护、通风过滤装置的状态。

B. 功能检查：检查液压缸的闭锁阀；检查臂、支腿的选择开关。

② 内外斗的每周检查。内斗必须从外斗中取出，将污秽物清除干净。本项检查必须查明是由机械损伤或化学因素引起的损伤或剥落，因为任何机械损伤都会减少内斗的壁厚。凡小于制造厂商推荐的壁厚最低值，在重新使用前内外斗必须做电气试验。

③ 斗臂车的定期检查。定期检查的周期，可根据生产厂商的建议和其他影响因素，如运行状况、保养程度、环境状况来确定。但一般正常定期检查的最大周期为 12 个月。定期检查必须由受过专业训练的工作人员来完成。

(5) 除了所叙述的项目 1)和 2)之外，还应进行的检查有如下几方面：

① 结构件的变形、裂缝或锈蚀。

② 轴销、轴承、转轴、齿轮、滚轮、锁紧装置、链条、链轮、钢缆、皮带轮等零件的磨损或变形。

③ 气动、液压保险阀装置。

④ 气动、液压装置中软管和管路的泄漏痕迹、非正常变形或过量磨损。

⑤ 压缩机、油泵、电动机、发动机的松动、泄漏、非正常噪声或震动、运转速度变缓或过热现象。

⑥ 气动、液压阀的错误动作、阀体外部的裂缝、漏洞以及渗出物粘附在线圈上。

⑦ 气动、液压、闭锁阀的错误动作和可见损伤。

⑧ 气动、液压装置的洁净程度，在系统中出现其他物质，并发生了恶变。

⑨ 在进行 7.1 和 7.2 项检查期间不易发现的电气系统及部件的损坏或磨损。

⑩ 泄漏监视系统的状况。

⑪ 针对真空保护系统的操作应充分尊重制造厂商的建议。

⑫ 上下两臂的运行测试。

⑬ 检测螺栓和其他紧固件的松紧状况。

⑭ 生产厂商特别指出的焊缝。

5）定期测试

定期电气测试将监督设备绝缘状况，故必须定期进行绝缘预防性试验，主要包括电气试验和机械试验。

正常定期试验的间隔期为 6 个月。即使设备通过了定期电气试验，在使用前，操作人员仍应用肉眼和其他方法对斗臂车进行检查。

(1) 电气试验。

不停电作业设备的高压电气试验依据 GB/T 16927.1 进行。

长时间的高压耐压试验会损坏或降低绝缘臂的绝缘性能。

本标准中的试验要求不应与厂商的产品设计试验、产品评定试验及产品(出厂)验收试验的要求相混淆。本标准中的试验也可检测出穿过绝缘臂的绝缘管和操作杆的绝缘缺陷。

绝缘部件应按表 5-1、表 5-2 的要求进行试验，然后按表 5-3 的要求进行工频耐压试验。

① 具有泄漏电流报警系统的斗臂车上臂的电气试验。

A. 进行试验的斗臂车按标准要求进行布置。

B. 整个试验期间，下臂的插入部分或底盘的绝缘系统应并接，拐臂处也应并接。连接跳线应为截面在 32 $mm^2$ 以上的宽铜带。

C. 整个试验期间，上臂末端的所有导电部分必须短接。可进行等电位作业的斗臂车应将金属内斗插入外斗中，并短接。

D. 整个试验期内，通过绝缘臂部分的液压管路必须充满液压油。

E. 斗臂车底盘必须接地。

F. 在正式试验之前应检查金属监视“检验”带与插座的连接情况，以及电流表的接线柱与地之间用屏蔽电缆的连接。

G. 如表 5-1 所示，试验电源可为交流电或直流电。

② 没有泄漏电流警报系统的斗臂车的电气试验。

A. 斗臂车试品按标准要求布置(伸缩臂的绝缘部分应伸展开)。

B. 整个试验期间，下臂的插入部分或底盘的绝缘系统应并接，扶手也应并接。接地引下线的截面积应为 32 $mm^2$ 以上的宽铜带。

C. 整个试验期间，上臂末端的所有导电部分必须短接。

D. 整个试验期间，通过绝缘臂部分的液压管路必须充满液压油。

E. 斗臂车底盘必须通过电流表接地，车轮和支腿(如果使用)应用绝缘材料垫起来。

F. 电流表与斗臂车底盘和地之间用屏蔽电缆连接。

G. 如表 5-1 所示，试验电源可为交流电或直流电。

**注意：**如果仅进行直流耐压试验，车轮和支腿则不宜用绝缘材料支撑，电流表与电源和工作斗之间应采用屏蔽电缆连接起来，形成回路。

③ 插入式绝缘下臂或底盘绝缘系统的电气试验。

A. 确认下臂插入部分或底盘绝缘系统已并接。

B. 整个试验期间，通过绝缘臂部分的液压管路必须充满液压油。

C. 斗臂车底盘必须通过电流表接地，车轮和支腿(如果使用)应用绝缘材料垫起来。

D. 电流表与汽车底盘和地之间用屏蔽电缆连接。

E. 如表 5-2 所示，试验电源可为交流电或直流电。

**注意：**如果只进行直流耐压试验，车轮和支腿则不宜用绝缘材料支撑，电流表与电源和工作斗之间应采用屏蔽电缆连接起来，形成回路。

④ 具有泄漏电流报警系统的斗臂车下臂的现场电气试验。

A. 整个试验期间，插入式下臂或底盘的绝缘系统应并接，拐臂处也必须用合适的跨接线连接。

B. 整个试验期间，上臂末端的所有导电部分必须短接，可进行等电位作业的斗臂车应将金属内斗插入外斗中，并短接。

C. 整个试验期间，通过绝缘臂部分的液压管路必须充满液压油；斗臂车底盘必须接地。

D. 电流测量装置(电流表或分流器)应在电流表接线柱与地之间用屏蔽电缆连接起来。

E. 试验回路所施加的最低电压至少应等于斗臂车所使用的电压。

F. 耐压试验持续时间为 3 min。

⑤ 吊臂的电气试验。

A. 工频耐压按绝缘长度每米 60 kV(有效值)或最大 100 kV(有效值)，加压时间为 1 min。

B. 最大泄漏电流不超过 1.0 mA。

C. 未见火花放电闪络或击穿现象。

D. 吊臂无过热(温差 10℃)。

⑥ 内斗的电气试验。绝缘内斗放入金属制成的容器中，内斗应搁在容器底部的大平板电极上，容器和内斗必须充满水或导电液体(最大电阻率为 50 Ω·m)，液面距内斗顶部的距离为(0.15±0.01)m。高压电极悬挂在内斗中，加压要求见表 5-2。

⑦ 外斗的电气试验。如果外斗是绝缘的，则必须定期做外斗电气试验。表面

耐受试验应在外斗的外表面进行，加压要求见表5－2。试验中应无闪络或击穿发生，泄漏电流不超过500 μA。

(2) 机械试验。

如果生产厂商提出或用户提出要求，可做声频发射试验，所获取的数据可与绝缘臂出厂时的数据进行比较对照。

6) 记录

斗臂车在其使用寿命之内所做的定期检查、试验和进行的维修，均应做记录。

记录的内容至少应包括：

(1) 故障原因和修理措施。

(2) 检查或试验日期。

(3) 进行检查或试验人员或负责人的签名。

7) 维修、重新装配

(1) 对斗臂车的修理、重新装配或更改应严格遵照制造厂商的建议或产品说明书。进行这类工作应在经过培训、具有修理资格的工作人员或生产厂商指派的人员指导之下完成。

(2) 斗臂车的修理应在生产厂的车间里或具备修理条件的车间内进行。

(3) 斗臂车所有维护和修理的详细记录必须予以保留。

(4) 重新安装的零件应符合或超过IEC60157标准中液压绝缘管的技术要求。

(5) 在玻璃钢臂内，凡进行过修理的软管、传动件、杆或导管等，均应做验收试验。

(6) 经过修理后，上装重新投入使用之前，应经过重新认证。

(7) 均压环若要移位或修理，应由受过专业培训的人员来完成。

(8) 如果工作涉及绝缘部件、平衡系统或影响稳定性以及上装中机械的、液压系统或电气系统的完整性，则应做验收试验，即上装重新投入使用之前应经过重新认证。

**表5－1　绝缘斗臂车的泄漏电流允许值**

| 测试部位 | 斗臂车的额定电压（有效值）/kV | 试验电压（有效值）/kV | 允许最大泄漏电流 μA |
|---|---|---|---|
| 上臂 | 10 | 20 | 400 |
| | 35 | 60 | 400 |
| | 66 | 120 | 400 |
| | 110 | 200 | 400 |
| | 220 | 320 | 400 |

注：上臂指上绝缘臂的总长，伸缩式绝缘臂应将绝缘臂全部伸出。

表 5－2　斗臂车绝缘部件的定期电气试验

| 测试部位 | 试验电压/kV | 两臂允许最大泄漏电流/μA | 试验时间/min | 要　求 |
| --- | --- | --- | --- | --- |
| 下绝缘臂部分 | 35 | 3 000 | 3.0 | 无火花放电、闪络或击穿现象，无发热现象（温 10℃） |
| 绝缘外斗 | 35 | 500 | 1.0 | 无闪络或击穿现象 |
| 绝缘内斗 | 35 | — | 1.0 | 无闪络或击穿现象 |
| 绝缘吊臂 | 60/m，最大 100/m | 1 000 | 1.0 | 无火花放电、闪络或击穿现象，无发热现象（温 10℃） |

表 5－3　绝缘斗臂车的定期工频耐压试验

| 测试部位 | 交流试验 | | |
| --- | --- | --- | --- |
| | 斗臂车的额定电压（有效值）/kV | 试验电压（有效值）/kV | 试验时间/min |
| 上臂 | 10 | 70 | 1.0 |
| | 35 | 95 | 1.0 |
| | 66 | 175 | 1.0 |
| | 110 | 220 | 1.0 |
| | 220 | 440 | 1.0 |

## 5.6　先进技术装备介绍

### 5.6.1　多功能电动工器具

不停电作业多功能电动工器具以配网不停电技术提升为根本，运用新方法、新技术、新装备，以打破传统作业理念的壁垒，从而实现复杂不停电作业项目向简单化作业方式转变，并最终实现人工作业向机器辅助作业方式转变。

多功能电动工器具涵盖绝缘操作杆夹持工具、传动工具、剪切工具、紧固工具、剥皮器、旁路抓手等多种类型工具，实现“一根操作杆，多种作业用途”，并可用于配网不停电作业机器人设备，具有安全性能可靠、结构简单、安装快捷、操作方便、连接牢固等优点。

新型工器具设计根据现有各类不停电作业工器具设计研发经验，完成新型电动系列工具、新型系列操控装置开发，满足作业需求和电气试验要求，满足供电公司对于配网不停电作业的需求，提高电网系统不停电率，提升上海地区供电可靠率，提高上海公司配网不停电作业发展水平和作业能力。

1）主要技术设计内容

（1）直柄电机与传动杆传输扭力能量的过程需要尽可能地减少扭力损耗，直柄电机要做到轻巧与大扭力的兼顾设计。

（2）直柄电机与传动杆设计要做到连接可靠、稳定，方便接驳，还要包括能源电池组的设计。

（3）这里指控制模块和驱动模块的设计，包括放电倍率及能量密度与充电循环次数设计、作业周期模块设计及其相关实验。

（4）装置设备的测试及实践使用。

2）主要技术难点

（1）直柄电机与传动杆的设计以及传感器的连接使用。

（2）电池组的固定方式的设计。

（3）控制模块和驱动模块的设计。

（4）结构的试验。

3）多功能电动工器具展示

常用的多功能电动工器具如图5-7所示。

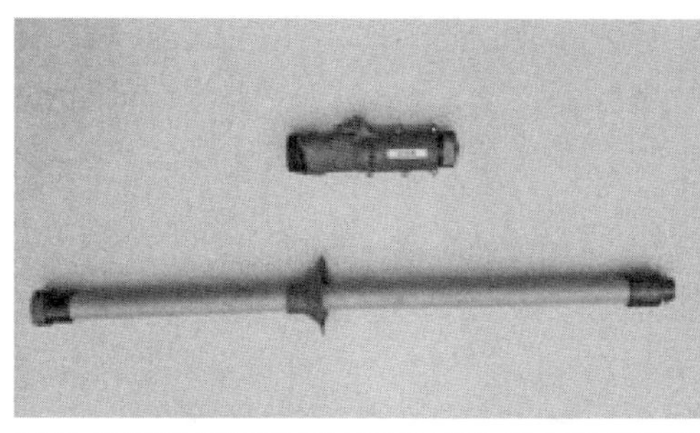
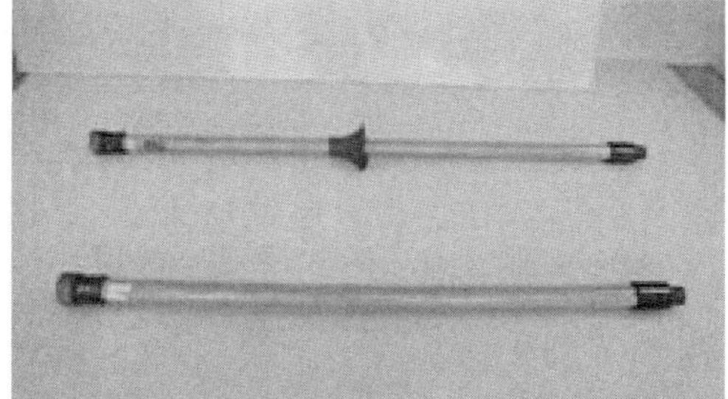
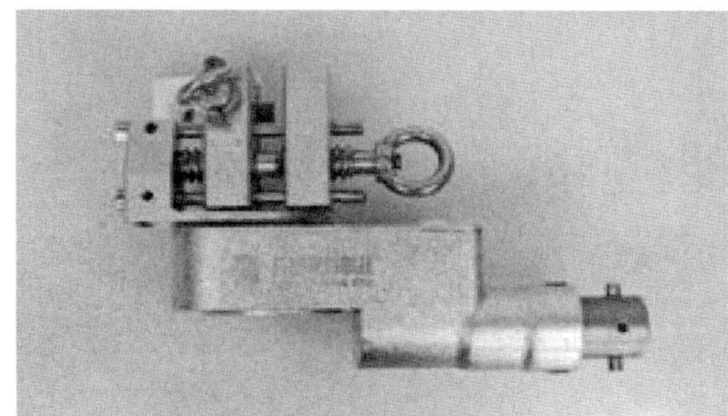
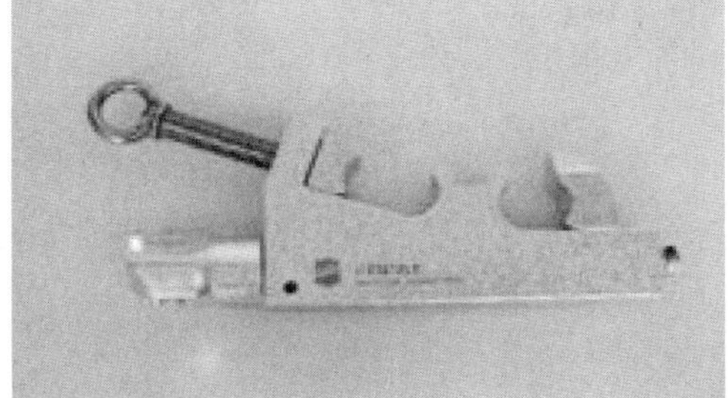

**图5-7　多功能电动工器具图**

### 5.6.2 空调防电弧服

1）背景

夏季酷暑，随着气温不断升高，用电负荷也不断攀升，电力设施设备经受严峻考验。不停电作业人员在身穿个人防护等装备后进行作业，承受的温度要高5—10℃，容易出现中暑现象。无法在酷暑气温条件下大规模开展不停电作业已成为遏制不停电作业比例进一步提升的瓶颈之一。不停电作业作为户外作业方式，对天气和气候的依赖度较大，体感温度不适会增大作业人员劳动强度，影响作业施工进度，甚至造成施工安全隐患。

同时，在不停电作业中，如果由于使用了不良性能的导电体、或因绝缘材料的损坏（包括：裂痕、进水、老化等）、人体或其他物体意外的接触带电物品，或者设计或安装错误、设备没有良好的维护保养等而发生电弧时，将会对作业人员的安全甚至生命造成重大伤害。因为电弧所产生的高温会引起激烈的气爆及电烧伤，巨大的能量在极短的时间内释放。金属导电元件会汽化导致高温蒸汽和金属急剧膨胀。空气和金属迅速汽化和热膨胀会造成巨大声响的爆炸和巨大的压力。所以，针对酷暑天气的降温和防电弧保护的装备配置迫在眉睫。

2）空调防电弧服

(1) 空调防电弧服1采用高级涤纶布料及选用独特的微型风扇，其原理即通过风扇的送风，使汗水立即蒸发，吸收人体表面的热量，使人体冷却，并让人们达到凉爽舒适的效果（见图5-8）。但是，其面料无法抵御电弧的伤害。

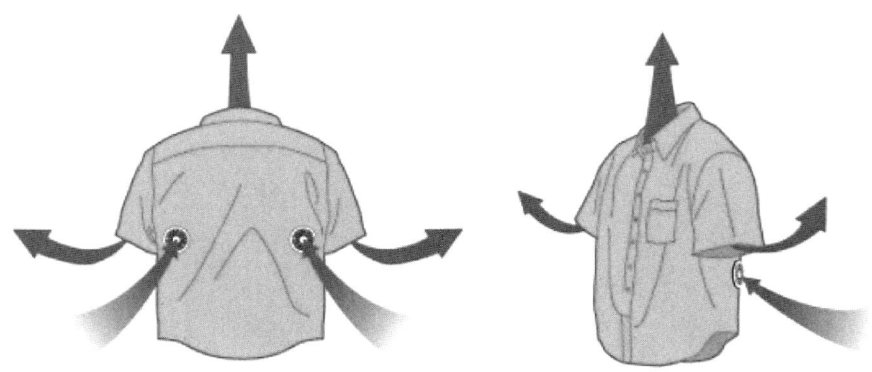

**图5-8 空调防电弧服1**

(2) 空调防电弧服2采用高科技的材料制成（见图5-9），具有耐热、阻燃、不助燃、不熔融和H级电绝缘等永久性的防火、绝缘等特点。在电弧爆炸发生时，这种高科技材料会迅速地膨胀、炭化从而使防电弧服组织密度加大并变厚，迅速地形成保护层，从而使得人体皮肤与电弧热能的接触伤害降至最低。不过，并不具备快速空气流动，从而使水分蒸发，达到降温效果。

（3）空调防电弧服 3，通过对上述两款产品的优势互补，研制出的空调防电弧服。用高科技防电弧材质替代现有空调降温套装面料，做到防电弧服与降温服“二合一”（见图 5－10）。优化风冷降温套装功能设计，拓展服装穿着场景，使其风扇具备可拆卸功能，风扇开孔处增设内置防电弧面料，当风扇拆除时可保证其电弧防护性能和美观性。

**图 5－9　空调防电弧服 2**

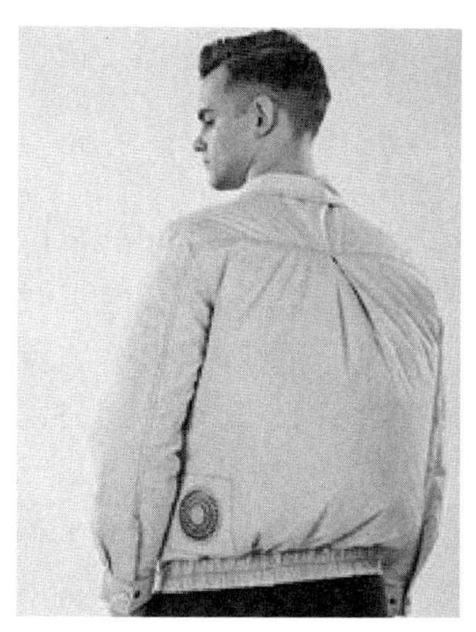

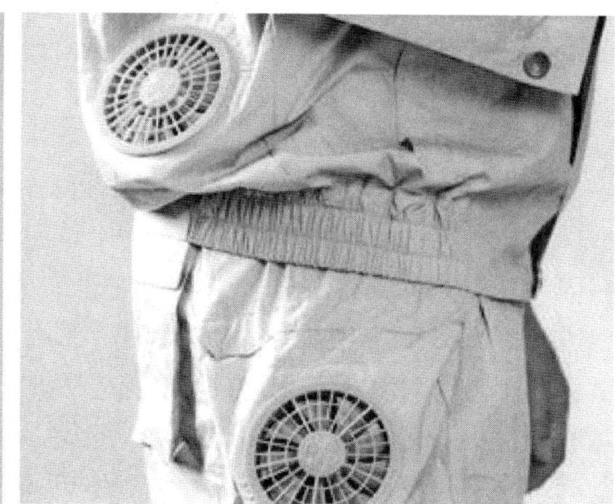

**图 5－10　空调防电弧服 3**

3）相关技术参数

（1）高科技防电弧材质，由芳纶纤维与 FR－VISCOSE 混纺制作而成，原料均为永久阻燃材料。

（2）空调风扇，转速为 2 500～4 700 r/min，分量 2.30～4.55 CMM＊2，风速 1.8～3.55 M/S。

（3）锂电池，采用直流 3.2～7.2 V 超低电压设计，安全可靠，不会对人体产生任何伤害。其续航时间 4～6 h，电流 120～345 $MA^2$，功率 0.84～5.17 W。

# 第 6 章　数据统计监测管理

## 6.1　数据统计

为加强配网不停电作业日常工作的监督和管理，及时反馈各类工程中遇到的问题和困难，为下阶段工作部署提供数据支撑，国网上海市电力公司加强配网不停电作业数据统计与管理，推进并落实不停电作业周报、月报管理制度。

### 6.1.1　周报管理制度

周报制度将数据分析工作落实到每周。国网上海市电力公司下属各供电公司根据当周实际工作情况填写《配网不停电作业周报数据统计表》，统计数据时间范围为每周一 0 点至每周日 24 点，于次周周二下班前汇总至电科院，电科院负责对各数据进行汇总分析，再由设备部统一归纳总结，形成《国网上海市电力公司配网不停电作业周报》，对其中反映出的薄弱环节及时进行分析和弥补。

每周周报主要包括四张表格：《10 kV 作业次数统计表》《10 kV 业扩工程统计表》《各类工程中不停电作业资金结算情况统计表》《次年各类工程项目储备中不停电作业资金单列情况统计表》。

《10 kV 作业次数统计表》涵盖了当周配网不停电作业的主要内容，包括以下项目：10 kV 工程及作业次数、10 kV 带电作业次数、带电消缺次数、带电清除鸟窝次数、带电拆装故障指示器次数、业扩工程中带电作业次数、技改工程中带电作业次数、代工工程中带电作业次数、检修工程中带电作业次数、基建工程中带电作业次数、抢修中带电作业次数、10 kV 计划停电次数、计划停电中全负荷转移次数、10 kV 不停电作业比例（详见表 6－1）。

**表 6－1　《10 kV 作业次数统计表》样张**

| 单位 | 10 kV 工程及作业次数 | 10 kV 带电作业次数 | 带电消缺次数 | 带电清除鸟窝次数 | 带电拆装故障指示器次数 | 业扩工程中带电作业次数 | 技改工程中带电作业次数 | 代工工程中带电作业次数 |
|---|---|---|---|---|---|---|---|---|

（续表）

| 单位 | 检修工程中带电作业次数 | 基建工程中带电作业次数 | 抢修中带电作业次数 | 10 kV 计划停电次数 | 计划停电中全负荷转移次数 | 10 kV 不停电作业比例 |
|---|---|---|---|---|---|---|

为确保数据准确性，表 1 按照以下规则填写：

（1）10 kV 工程及作业次数＝10 kV 计划停电次数＋10 kV 带电作业次数。

（2）10 kV 带电作业次数＝各类工程中带电作业次数（业扩、技改、代工、检修、基建、抢修）＋带电消缺次数＋带电清除鸟窝次数＋带电拆装故障指示器次数。

（3）带电作业次数通过 PMS2.0 系统查询统计，全负荷转移次数通过调控中心运方专职提供负荷转移数据统计，计划停电次数通过 PMS2.0 系统查询调度计划停电次数进行统计。

（4）同一杆塔三相操作为 1 次带电作业。带电安装故障指示器、带电处理鸟窝等工作，在 1 条线路上的作业均算 1 次带电作业，并在表内单独统计，其作业次数不统计在各类工程中。

（5）不停电作业比例＝（带电作业次数＋计划停电中全负荷转移次数）/（带电作业次数＋计划停电次数）×100％。

（6）工程性质从业扩、技改、代工、检修、基建、抢修中按实际情况选取。

《10 kV 业扩工程统计表》主要针对业扩工程项目进行管控，包括以下项目：业扩工程总量、纯架空线路进户业扩工程数量、纯电缆进户业扩工程数量、架空与电缆混合线路进户业扩工程数量、结合计划停电完成的业扩工程量、业扩不停电接火数量、业扩不停电接火率（详见表 6－2）。

**表 6－2　《10 kV 业扩工程统计表》样张**

| 单位 | 业扩工程总量 | 纯架空线路进户业扩工程数量 | 纯电缆进户业扩工程数量 | 架空与电缆混合线路进户业扩工程数量 | 结合计划停电完成的业扩工程量 | 业扩不停电接火数量 | 业扩不停电接火率 |
|---|---|---|---|---|---|---|---|

为确保数据准确性，按照以下规则填写：

（1）业扩不停电接火数量通过查询业扩计划不停电作业次数统计，架空进户业扩数量、线缆混合进户业扩数量通过工询方案查询统计，结合停电完成业扩数量通过查询月计划统计，业扩工程总量通过 CMS 系统查询统计。

（2）业扩工程总量＝纯架空线路进户业扩工程数量＋纯电缆进户业扩工程数量＋架空与电缆混合线路进户业扩工程数量。

(3) 业扩不停电接火率=(业扩不停电接火数量+纯电缆进户业扩工程数量)/(架空进户业扩数量+线缆混合进户业扩数量+纯电缆进户业扩工程数量−结合停电完成业扩数量)×100%。

《各类工程中不停电作业资金结算情况统计表》主要包括以下内容：工程类别、涉及不停电作业的工程项目、资金结算情况(不停电作业总包业务部分、不停电作业技术服务部分)、不停电作业结算率、不停电作业资金单列率等(详见表 6-3)。

**表 6-3 《各类工程中不停电作业资金结算情况统计表》样张**

| 单位 | 工程类别 | 涉及不停电作业的工程项目 | 不停电作业总包业务部分 | | | | | 不停电作业技术服务部分 | | | | |
|---|---|---|---|---|---|---|---|---|---|---|---|---|
| | | | 已单列数量 | 未结算数量 | 金额(万元) | 已结算数量 | 金额(万元) | 已单列数量 | 未结算数冲 | 金额(万元) | 已结算数量 | 金额(万元) |
| | 业扩 | | | | | | | | | | | |
| | 技改 | | | | | | | | | | | |
| | 检修 | | | | | | | | | | | |
| | 代工 | | | | | | | | | | | |
| | 基建 | | | | | | | | | | | |
| | 抢修 | | | | | | | | | | | |

| 单位 | 单列数量合计 | 单列金额合计(万元) | 已结算金额合计(万元) | 不停电作业结算率 | 不停电作业资金单列率 |
|---|---|---|---|---|---|
| | 0 | 0 | 0 | #DIV/0! | #DIV/0! |
| | 0 | 0 | 0 | #DIV/0! | #DIV/0! |
| | 0 | 0 | 0 | #DIV/0! | #DIV/0! |
| | 0 | 0 | 0 | #DIV/0! | #DIV/0! |
| | 0 | 0 | 0 | #DIV/0! | #DIV/0! |
| | 0 | 0 | 0 | #DIV/0! | #DIV/0! |

《次年各类工程项目储备中不停电作业资金单列情况统计表》主要包括以下内容：工程类别、涉及不停电作业的工程项目、资金单列情况(不停电作业总包业务

部分、不停电作业技术服务部分)、单列数量合计、单列金额合计、不停电作业资金单列率等(详见表 6-4)。

**表 6-4 《次年各类工程项目储备中不停电作业资金单列情况统计表》样张**

| 单位 | 工程类别 | 涉及不停电作业的工程项目数量 | 不停电作业总包业务部分 | | 不停电作业技术服务部分 | | 单列数量合计 | 单列金额合计(万元) | 不停电作业资金单列率 |
|---|---|---|---|---|---|---|---|---|---|
| | | | 已单列预算数量 | 金额(万元) | 已单列预算数量 | 金额(万元) | | | |
| | 技改 | | | | | | 0 | 0 | #DIV/0! |
| | 大修 | | | | | | 0 | 0 | #DIV/0! |
| | 基建 | | | | | | 0 | 0 | #DIV/0! |

表 6-3 和表 6-4 主要针对资金结算情况进行每周追踪,目的是提高市场化运作效率,优化完善配网不停电作业资金列支、结算机制,清除业扩工程不停电作业列资"死角",提高资金结算效率。

### 6.1.2　月报管理制度

月报制度在周报制度基础上,将数据分析工作落实到月度,每月进行一次分析总结。国网上海市电力公司下属各供电公司根据当月实际工作情况填写《配网不停电作业月报》,统计数据时间范围为上月 25 日至本月 24 日,于当月 26 日前汇总至电科院,电科院负责对各数据进行分析汇总,再由设备部统一归纳总结,形成《国网上海市电力公司配网不停电作业月报》。每月月报主要包括 11 张表格:《不停电作业工作量登记表》、《不停电作业月度统计表》、《各类工程中不停电作业开展情况》、《不停电作业人员配置》、《装备配置水平》、《项目开展水平》、《供电公司工器具清单》、《新工具研制计划及运用情况统计表》、《配电变压器可靠性水平统计表》、《10 kV 架空线路(含混合线路)工程量统计表》、《内环内各类工程中不停电作业开展情况》。

《不停电作业工作量登记表》中,应填写真实的不停电作业工作量、工作内容、常用作业项目、减少停电用户数(户)、作业性质,作业时的电流为必填内容,其他部分会自动计算(详见表 6-5)。

根据工作内容和 10 kV 管理规范常用带电作业项目分类表填写常用作业序号。当填入常用作业项目序号后,其他内容会自动生成,常用作业项目如表 6-6 中所列。

表 6-5 《不停电作业工作量登记表》样张

| 附表 1 不停电作业工作量登记表 | | | | | | | | | |
|---|---|---|---|---|---|---|---|---|---|
| 序号 | 单位 | 工作内容 | 常用作业项目序号 | 常用作业项目 | 作业类别 | 作业方式 | 带电作业时间/h | 减少停电时间/h | 作业人数/人次 |
| 序号 | 单位 | 减少停电用户数/户 | 多供电量/(kW·h) | 作业性质 | 消缺类别 | 作业日期 | 作业时电流值/A | 减少停电时户数 | 是否内环内业扩接火 |

表 6-6 《10 kV 管理规范常用带电作业项目分类表》

| 序号 | 常用作业项目 | 作业类别 | 作业方式 | 不停电作业时间/h | 减少停电时间/h | 作业人数/人次 |
|---|---|---|---|---|---|---|
| 1 | 普通消缺及装拆附件(包括：修剪树枝、清除异物、扶正绝缘子、拆除退役设备；加装或拆除接触设备套管、故障指示器、驱鸟器等) | 第一类 | 绝缘杆作业法 | 0.5 | 2.5 | 4 |
| 2 | 带电更换避雷器 | 第一类 | 绝缘杆作业法 | 1 | 3 | 4 |
| 3 | 带电断引流线(包括：熔断器上引线、分支线路引线、耐张杆引流线) | 第一类 | 绝缘杆作业法 | 1.5 | 3.5 | 4 |
| 4 | 带电接引流线(包括：熔断器上引线、分支线路引线、耐张杆引流线) | 第一类 | 绝缘杆作业法 | 1.5 | 3.5 | 4 |
| 5 | 普通消缺及装拆附件(包括：清除异物、扶正绝缘子、修补导线及调节导线弧垂、处理绝缘导线异响、拆除退役设备、更换拉线、拆除非承力拉线；加装接地环；加装或拆除接触设备套管、故障指示器、驱鸟器等) | 第二类 | 绝缘手套作业法 | 0.5 | 2.5 | 4 |
| 6 | 带电辅助加装或拆除绝缘遮蔽 | 第二类 | 绝缘手套作业法 | 1 | 2.5 | 4 |
| 7 | 带电更换避雷器 | 第二类 | 绝缘手套作业法 | 1.5 | 3.5 | 4 |
| 8 | 带电断引流线(包括：熔断器上引线、分支线路引线、耐张杆引流线) | 第二类 | 绝缘手套作业法 | 1 | 3 | 4 |

（续表）

| 序号 | 常用作业项目 | 作业类别 | 作业方式 | 不停电作业时间/h | 减少停电时间/h | 作业人数/人次 |
|---|---|---|---|---|---|---|
| 9 | 带电接引流线（包括：熔断器上引线、分支线路引线、耐张杆引流线） | 第二类 | 绝缘手套作业法 | 1 | 3 | 4 |
| 10 | 带电更换熔断器 | 第二类 | 绝缘手套作业法 | 1.5 | 3.5 | 4 |
| 11 | 带电更换直线杆绝缘子 | 第二类 | 绝缘手套作业法 | 1 | 3 | 4 |
| 12 | 带电更换直线杆绝缘子及横担 | 第二类 | 绝缘手套作业法 | 1.5 | 3.5 | 4 |
| 13 | 带电更换耐张杆绝缘子串 | 第二类 | 绝缘手套作业法 | 2 | 4 | 4 |
| 14 | 带电更换柱上开关或隔离开关 | 第二类 | 绝缘手套作业法 | 3 | 5 | 4 |
| 15 | 带电更换直线杆绝缘子 | 第三类 | 绝缘杆作业法 | 1.5 | 3.5 | 4 |
| 16 | 带电更换直线杆绝缘子及横担 | 第三类 | 绝缘杆作业法 | 2 | 4 | 4 |
| 17 | 带电更换熔断器 | 第三类 | 绝缘杆作业法 | 2 | 4 | 4 |
| 18 | 带电更换耐张绝缘子串及横担 | 第三类 | 绝缘手套作业法 | 3 | 5 | 4 |
| 19 | 带电组立或撤除直线电杆 | 第三类 | 绝缘手套作业法 | 3 | 5 | 8 |
| 20 | 带电更换直线电杆 | 第三类 | 绝缘手套作业法 | 4 | 6 | 8 |
| 21 | 带电直线杆改终端杆 | 第三类 | 绝缘手套作业法 | 3 | 5 | 4 |
| 22 | 带负荷更换熔断器 | 第三类 | 绝缘手套作业法 | 2 | 4 | 4 |
| 23 | 带负荷更换导线非承力线夹 | 第三类 | 绝缘手套作业法 | 2 | 4 | 4 |
| 24 | 带负荷更换柱上开关或隔离开关 | 第三类 | 绝缘手套作业法 | 4 | 6 | 12 |
| 25 | 带负荷直线杆改耐张杆 | 第三类 | 绝缘手套作业法 | 4 | 6 | 5 |
| 26 | 带电断空载电缆线路与架空线路连接引线 | 第三类 | 绝缘杆作业法、绝缘手套作业法 | 2 | 4 | 4 |
| 27 | 带电接空载电缆线路与架空线路连接引线 | 第三类 | 绝缘杆作业法、绝缘手套作业法 | 2 | 4 | 4 |
| 28 | 带负荷直线杆改耐张杆并加装柱上开关或隔离开关 | 第四类 | 绝缘手套作业法 | 5 | 7 | 7 |
| 29 | 不停电更换柱上变压器 | 第四类 | 综合不停电作业法 | 2 | 4 | 12 |
| 30 | 旁路作业检修架空线路 | 第四类 | 综合不停电作业法 | 8 | 10 | 18 |
| 31 | 旁路作业检修电缆线路 | 第四类 | 综合不停电作业法 | 8 | 10 | 20 |
| 32 | 旁路作业检修环网箱 | 第四类 | 综合不停电作业法 | 8 | 10 | 20 |
| 33 | 从环网箱（架空线路）等设备临时取电给环网箱、移动箱变供电 | 第四类 | 综合不停电作业法 | 2 | 4 | 24 |

表 6－6 中，减少停电用户数是以传统停电作业方式为参照，即通过转移负荷、杆刀操作等方式达到作业目的时，造成最小停电区间内沿线多停的用户数。

多供电量采取经验公式计算值，其值＝1.731×10×0.99×减少停电时间×作业时电流值。作业时电流值从 SCADA 系统查询，SCADA 系统未采集的线路电流信息统一填 50 A。一天内同一根电杆相同作业项目统计为一个工作量。

作业性质根据该工作任务属于的整体工程性质进行分类，共分为业扩、代工、基建、技改、检修、销户、清除鸟窝、加装故障指示器、抢修和消缺。消缺类别又分为一般、严重、危急。

当填写完表 1 后，附表《10 kV 城市配网带电作业月度统计表》大部分内容将会自动生成。如表 6－7 所示，同比增长率是指同比去年月度数据所计算出的增长率。计划停电时户数、总户数、计划停电次数、计划停电时间，停电户数累计由各供电公司安监部或总师室提供全口径数据。

**表 6－7 《10 kV 城市配网带电作业月度统计表》样张**

<table>
<tr><th colspan="19">10 kV 城市配网带电作业月度统计表</th></tr>
<tr><td rowspan="4">单位</td><td colspan="18">带电作业次数(次)</td></tr>
<tr><td rowspan="3">月度总次数</td><td rowspan="3">同比增长率/(%)</td><td colspan="4">按作业类别分类</td><td colspan="12">按作业性质分类</td></tr>
<tr><td rowspan="2">第一类</td><td rowspan="2">第二类</td><td rowspan="2">第三类</td><td rowspan="2">第四类</td><td rowspan="2">业扩</td><td rowspan="2">代工</td><td rowspan="2">基建</td><td rowspan="2">技改</td><td rowspan="2">检修</td><td rowspan="2">销户</td><td rowspan="2">清除鸟窝</td><td rowspan="2">加装故障指示器</td><td rowspan="2">抢修</td><td colspan="3">消缺</td></tr>
<tr><td>危急</td><td>严重</td><td>一般</td></tr>
<tr><td>单位</td><td colspan="2">多供电量/(kW·h)</td><td colspan="2">带电作业化率/%</td><td colspan="3">减少停电时户数/(时·户)</td><td colspan="3">计划停电时户数/(时·户)</td><td colspan="2">总户数/户</td><td colspan="2">计划停电次数/次</td><td colspan="2">计划停电时间/h</td><td colspan="2">停电户数累计/户</td></tr>
</table>

表 6－7 中的带电作业化率＝减少停电时户数/(减少停电时户数＋计划停电时户数)。带电作业化率是衡量配网不停电作业管理水平的重要指标之一，将有助于各单位分析是否将计划停电时户数压缩至最低水平。

目前，应急发电车的配置与使用，将有效弥补各类工程中零星用户失电的问题。为确保“用户少停电”这一原则落实到位，上海公司还积极推进发电车的应用，并在每月报表中填写相关数据。如表 6－8 所示，发电车使用次数＝发电次数＋接入待命次数。

**表 6－8　《发电车使用情况统计表》样张**

| 发电车使用情况统计表 | | | | | | |
|---|---|---|---|---|---|---|
| 单位 | X 月发电车使用次数 | X 月发电次数 | X 月接入待命次数 | 1－X 月发电车使用次数 | 1－X 月发电次数 | 1－X 月接入待命次数 |

《各类工程中不停电作业开展情况》主要统计业扩、代工、基建、技改、检修、销户、抢修和消缺的主要情况。主要统计当月的工作量以及今年至今的工作量。其表格样张如表 6－9～表 6－17 所示。

**表 6－9　《业扩不停电接火统计表》样张**

| 业扩不停电接火统计表 | | | | | | | |
|---|---|---|---|---|---|---|---|
| 单位 | X 月纯架空线路进户业扩工程数量 | X 月架空与电缆混合线路进户业扩工程数量 | X 月纯电缆进户业扩工程数量 | X 月结合计划停电完成的业扩工程量 | X 月业扩工程总量 | X 月业扩不停电接火数量 | X 月业扩不停电接火率 |
| 单位 | 1－X 月纯架空线路进户业扩工程数量 | 1－X 月架空与电缆混合线路进户业扩工程数量 | 1－X 月纯电缆进户业扩工程数量 | 1－X 月结合计划停电完成的业扩工程量 | 1－X 月工程工程总量 | 1－X 月业扩不停电接火数量 | 1－X 月业扩不停电接火率 |

**表 6－10　《10 kV 架空线路设备不停电消缺统计表》样张**

| 10 kV 架空线路设备不停电消缺统计表 | | | | | | |
|---|---|---|---|---|---|---|
| 单位 | X 月缺陷数量 | X 月不停电消缺数量 | X 月不停电消缺比例 | 1－X 月缺陷数量 | 1－X 月不停电消缺数量 | 1－X 月不停电消缺比例 |

**表 6－11　《10 kV 架空线路技改工程中不停电作业开展情况统计表》样张**

| 10 kV 架空线路（含混合）技改工程中不停电作业开展情况统计表 | | | | | | |
|---|---|---|---|---|---|---|
| 单位 | X 月技改工程数量 | X 月技改工程中涉及不停电作业数量 | 不停电作业参与比重 | 1－X 月技改工程数量 | 1－X 月技改工程中涉及不停电作业数量 | 不停电作业参与比重 |

表 6-12 《10 kV 架空线路代工工程中不停电作业开展情况统计表》样张

| 10 kV 架空线路(含混合)代工工程中不停电作业开展情况统计表 | | | | | | |
|---|---|---|---|---|---|---|
| 单位 | X 月代工工程数量 | X 月代工工程中涉及不停电作业数量 | 不停电作业参与比重 | 1-X 月代工工程数量 | 1-X 月代工工程中涉及不停电作业数量 | 不停电作业参与比重 |

表 6-13 《10 kV 架空线路检修工程中不停电作业开展情况统计表》样张

| 10 kV 架空线路(含混合)检修工程中不停电作业开展情况统计表 | | | | | | |
|---|---|---|---|---|---|---|
| 单位 | X 月检修工程数量 | X 月检修工程中涉及不停电作业数量 | 不停电作业参与比重 | 1-X 月架空线路检修工程数量 | 1-X 月检修工程中涉及不停电作业数量 | 不停电作业参与比重 |

表 6-14 《10 kV 架空线路基建工程中不停电作业开展情况统计表》样张

| 10 kV 架空线路(含混合)基建工程中不停电作业开展情况统计表 | | | | | | |
|---|---|---|---|---|---|---|
| 单位 | X 月基建工程数量 | X 月基建工程中涉及不停电作业数量 | 不停电作业参与比重 | 1-X 月基建工程数量 | 1-X 月基建工程中涉及不停电作业数量 | 不停电作业参与比重 |

表 6-15 《10 kV 架空线路抢修中不停电作业开展情况统计表》样张

| 10 kV 架空线路(含混合)抢修中不停电作业开展情况统计表 | | | | | | |
|---|---|---|---|---|---|---|
| 单位 | X 月抢修数量 | X 月抢修中涉及不停电作业数量 | 不停电作业参与比重 | 1-X 月抢修数量 | 1-X 月抢修中涉及不停电作业数量 | 不停电作业参与比重 |

表 6-16 《10 kV 架空线路销户中不停电作业开展情况统计表》样张

| 10 kV 架空线路(含混合)销户中不停电作业开展情况统计表 | | | | | | |
|---|---|---|---|---|---|---|
| 单位 | X 月销户数量 | X 月销户中涉及不停电作业数量 | 不停电作业参与比重 | 1-X 月销户数量 | 1-X 月销户中涉及不停电作业数量 | 不停电作业参与比重 |

**表 6－17　《配网工程量汇总》样张**

<table>
<tr><th colspan="11">配网工程量汇总</th></tr>
<tr><th rowspan="3">单位</th><th rowspan="3">X 月 10 kV 配网工程量</th><th rowspan="3">全负荷转移次数</th><th rowspan="3">不停电作业比例</th><th rowspan="3">其中涉及 10 kV 架空(含混合)线路的工程量</th><th colspan="6">X 月 10 kV 架空(含混合)线路的工程量</th></tr>
<tr><th rowspan="2">涉及不停电作业数量</th><th colspan="5">未完全开展不停电作业原因</th></tr>
<tr><th>工程规模大，应用带电作业严重影响工程效率</th><th>不具备作业能力</th><th>不具备作业条件(如车辆无法到达等)</th><th>天气等外部环境</th><th>其他</th></tr>
</table>

为及时梳理跟踪不停电作业人员配置情况、配网专业技术人才，利用每月报表中《不停电主要人员配置》对人员进行追踪。如表 6－18 所示，班组成员人数为编制在带电作业班的人员总数，包括新进员工。具有不停电作业资质人数＝配网简单项目资质人数＋配网复杂项目资质人数＋配网电缆不停电作业资质人数－同时具有配网复杂和电缆不停电作业资质人数。实际作业人数为统计周期内实际从事不停电作业的人数除去由于借调等原因导致编制在带电班但实际已不从事带电作业的人员。配网不停电作业人员配置水平＝具有不停电作业资质人数/(配网不停电特种作业车辆数量×4)。

表 6－18 中数据将提供重要的数据支撑，以配网不停电作业全覆盖为目标，制定人员增配、能力提升培训等专项计划。

**表 6－18　《不停电作业人员配置》样张**

<table>
<tr><th colspan="12">不停电作业人员配置</th></tr>
<tr><th rowspan="2">单位</th><th rowspan="2">班组数</th><th rowspan="2">班组成员人数</th><th rowspan="2">具有不停电作业资质人数</th><th rowspan="2">配网简单项目资质人数</th><th rowspan="2">配网复杂项目资质人数</th><th rowspan="2">配网电缆不停电作业资质人数</th><th rowspan="2">同时具有配网复杂和电缆不停电作业资质人数</th><th colspan="3">实际作业人数</th><th rowspan="2">配网不停电作业人员配置水平</th></tr>
<tr><th>长期在岗</th><th>劳务派遣</th><th>非全日制</th></tr>
</table>

《装备配置水平》的填报是为了不停电作业装备专项摸底调查，调研装备需求(详见表 6－19)，加强短缺工器具及车辆的增(调)配及研发，显著提升各供电公司装备技术水平和整体业务能力，逐步实现三、四类复杂作业项目全覆盖。

表 6-19 《带电班装备配置水平》样张

| 带电班装备配置水平 | | | | | | | |
|---|---|---|---|---|---|---|---|
| 单位 | 配网不停电特种作业车辆数量 | 绝缘斗臂车数量 | 旁路作业车数量 | 移动箱变车数量 | 移动电源车数量 | 工器具库房数 | 工器具库房是否全部达标 |
| 单位 | 是否申报工器具库房改造项目 | 工器具库房改造计划完成时间 | 绝缘斗臂车库房数 | 绝缘斗臂车库房是否全部达标 | 是否申报绝缘斗臂车库房改造项目 | 绝缘斗臂车库房改造计划完成时间 | |

表 6-20 《绝缘斗臂车统计表》样张

| 绝缘斗臂车统计表 | | | | | | | | | | | | | | | | |
|---|---|---|---|---|---|---|---|---|---|---|---|---|---|---|---|---|
| 单位 | 绝缘斗臂车数量 | 各班组绝缘斗臂车配置数 | | | 各品牌绝缘斗臂车配置数量 | | | | | 不同高度绝缘斗臂车配置数量 | | | | | | |
| | | 带电班 | 操作班 | 其他 | 爱知 | 海伦哲 | 阿尔泰克 | 时代 | 其他 | $H\leqslant 12$ | $12\leqslant H<14$ | $14\leqslant H<16$ | $16\leqslant H<18$ | $18\leqslant H<20$ | $20\leqslant H<25$ | $H\geqslant 25$ |

《项目开展水平》主要用来判定各公司作业能力，如无法开展该作业项目，则需从人员不足、装备配置不全两个维度分析短板，及时补足(详见表 6-21)，并进行培训和开展试点。

表 6-21 《项目开展水平》样张

| 项目开展水平 | | | | | | | | | |
|---|---|---|---|---|---|---|---|---|---|
| 序号 | 常用作业项目 | 作业类别 | 作业方式 | 不停电作业时间/h | 减少停电时间/h | 作业人数/人次 | 是否具备开展能力 | 原因分析 | 计划开展新项目 |

《工器具清单》也是用于不停电作业装备专项摸底，满足调研工器具的需求(详见表 6-22)，并为每年零星购置项目提供数据支撑。

《新工具研制计划及运用情况统计表》主要统计各公司进行带电作业工器具研发和创新工作，鼓励一线作业人员采用创新技术手段提升带电作业的相关业务能力，以班组日常生产工作为载体，整合专业技术，激发创新热情和创造活力，从生产工作中遇到的实际问题及所需改进处出发，勇于突破前瞻性技术难题，大胆设想，以各类科技创新项目为契机，将创新模式嵌入到研发新型带电作业安全工器具相关业务中，不断提升带电作业的安全可靠性及作业效率(详见表 6 - 23)。

**表 6 - 22　《工器具清单》样张**

| 工器具清单 | | | | | |
|---|---|---|---|---|---|
| 序号 | 分　类 | 国网上海市电力公司不停电作业标准化工器具名称 | 分　类 | 本单位现有库存量(个、套、台等) | 备注(可注明规格) |
| 1 | 10 kV 带电作业用绝缘平台 | 柱上快装绝缘平台 | 固定式 80 kg | | |
| | | | 固定式 135 kg | | |
| | | | 旋转式 80 kg | | |
| | | | 旋转式 135 kg | | |
| | | | 升降旋转式 80 kg | | |
| | | | 升降旋转式 135 kg | | |
| 2 | | 地面组合绝缘平台 | — | | |
| 3 | 10 kV 带电作业用绝缘梯 | 绝缘直梯 | 固定式 5 m | | |
| | | | 固定式 10 m | | |
| | | | 伸缩式 5 m | | |
| | | | 伸缩式 10 m | | |
| 4 | 10 kV 带电作业用个人防护用具 | 绝缘安全帽 | — | | |
| 5 | | 护目镜 | — | | |
| 6 | | 绝缘服(上衣) | S | | |
| | | | M | | |
| | | | L | | |
| 7 | | 绝缘裤 | S | | |
| | | | M | | |
| | | | L | | |

（续表）

| 序号 | 分　类 | 国网上海市电力公司不停电作业标准化工器具名称 | 分　类 | 本单位现有库存量（个、套、台等） | 备注（可注明规格） |
|---|---|---|---|---|---|
| 8 | 10 kV 带电作业用个人防护用具 | 绝缘披肩 | S | | |
| | | | M | | |
| | | | L | | |
| 9 | | 绝缘袖套 | S | | |
| | | | M | | |
| | | | L | | |
| 10 | | 绝缘手套 | S | | |
| | | | M | | |
| | | | L | | |
| 11 | | 防护手套 | 羊皮 | | |
| 12 | | 绝缘靴 | S | | |
| | | | M | | |
| | | | L | | |
| 13 | | 绝缘套鞋 | S | | |
| | | | M | | |
| | | | L | | |
| 14 | | 绝缘服保护袋 | — | | |
| 15 | | 绝缘袖套附件 | — | | |
| 16 | | 绝缘袖套保护袋 | — | | |
| 17 | | 绝缘手套保护袋 | — | | |
| 18 | 10 kV 带电作业用旁路设备及辅助器具 | 旁路开关 | — | | |
| 19 | | 旁路柔性电缆 | 35(mm)$^2$ | | |
| | | | 50(mm)$^2$ | | |

（续表）

| 序号 | 分　类 | 国网上海市电力公司不停电作业标准化工器具名称 | 分　类 | 本单位现有库存量(个、套、台等) | 备注(可注明规格) |
|---|---|---|---|---|---|
| 20 | 10 kV 带电作业用旁路设备及辅助器具 | 旁路转接电缆 | 8 m | | |
| | | | 10 m | | |
| 21 | | 旁路电缆对接连接器 | — | | |
| 22 | | 旁路电缆 T 接连接器 | — | | |
| 23 | | 旁路开关核相仪 | — | | |
| 24 | | 低压旁路柔性电缆 | — | | |
| 25 | | 旁路电缆输送滑轮 | — | | |
| 26 | | 输送滑轮连接绳 | — | | |
| 27 | | 旁路电缆牵引工具(牵头用) | — | | |
| 28 | | 旁路电缆牵引工具(中间用) | — | | |
| 29 | | 旁路电缆送出轮 | — | | |
| 30 | | 旁路电缆导入轮 | — | | |
| 31 | | 导线轮支撑 | — | | |
| 32 | | 输送绳 | — | | |
| 33 | | 承力绳 | — | | |
| 34 | | MR 连接器 | — | | |
| 35 | | 固定工具 | — | | |
| 36 | | 中间支持工具 | — | | |
| 37 | | 紧线工具 | — | | |
| 38 | | 线盘固定工具 | — | | |
| 39 | | 旁路余缆工具 | — | | |
| 40 | | 旁路电缆绑扎带 | — | | |

（续表）

| 序号 | 分　类 | 国网上海市电力公司不停电作业标准化工器具名称 | 分　类 | 本单位现有库存量（个、套、台等） | 备注（可注明规格） |
|---|---|---|---|---|---|
| 41 | 10 kV 带电作业用旁路设备及辅助器具 | 护管接头绝缘罩 | — | | |
| 42 | | 旁路电缆架空绝缘支架 | — | | |
| 43 | | 旁路电缆绝缘护管 | — | | |
| 44 | | 旁路电缆对接头保护箱 | — | | |
| 45 | | 旁路电缆 T 接头保护箱 | — | | |
| 46 | | 旁路电缆终端保护箱 | — | | |
| 47 | | 旁路电缆专用防护槽盒 | — | | |
| 48 | | 杆上卷扬机 | — | | |
| 49 | | 旁路电缆转接箱 | — | | |
| 50 | 10 kV 带电作业用绝缘工具 | 绝缘杆式组合工具 | — | | |
| 51 | | 通用绝缘操作杆 | — | | |
| 52 | | 多用绝缘操作杆 | 固定式 | | |
| | | | 分体式 | | |
| 53 | | 绝缘锁杆 | 单头 | | |
| | | | 双头 | | |
| 54 | | 绝缘扎线杆 | — | | |
| 55 | | 绝缘杆式断线剪 | 断钢芯铝绞线 | | |
| | | | 断铝绞线 | | |
| 56 | | 绝缘杆式绑线剪 | — | | |
| 57 | | 绝缘杆式棘轮断线剪 | 1.6 m | | |
| | | | 1.8 m | | |
| | | | 2 m | | |
| 58 | | 绝缘杆式夹线钳 | 1.6 m | | |

（续表）

| 序号 | 分　类 | 国网上海市电力公司不停电作业标准化工器具名称 | 分　类 | 本单位现有库存量(个、套、台等) | 备注（可注明规格） |
|---|---|---|---|---|---|
| | 10 kV 带电作业用绝缘工具 | 绝缘杆式夹线钳 | 1.8 m | | |
| | | | 2 m | | |
| 59 | | 绝缘杆式三齿耙 | 1.6 m | | |
| | | | 1.8 m | | |
| | | | 2 m | | |
| 60 | | 绝缘杆式导线剥皮器 | — | | |
| 61 | | 绝缘套筒杆 | 内置 | | |
| | | | 外置 | | |
| 62 | | 绝缘杆式导线测径仪 | — | | |
| 63 | | 绝缘测量杆 | 12 m | | |
| | | | 15 m | | |
| 64 | | 绝缘清扫杆 | — | | |
| 65 | | 绝缘杆式液压链锯 | — | | |
| 66 | | 绝缘杆式树枝锯(剪) | 固定式 | | |
| | | | 分体式 | | |
| 67 | | 绝缘杆式钢锯 | 固定式 | | |
| | | | 分体式 | | |
| 68 | | 线夹安装杆 | — | | |
| 69 | | J 型线夹安装杆 | — | | |
| 70 | | 弹射楔形线夹安装组杆 | — | | |
| 71 | | 线夹绝缘罩安装杆 | — | | |
| 72 | | 绝缘杆式绕线器 | 尺寸 L | | |
| | | | 尺寸 M | | |

（续表）

| 序号 | 分　类 | 国网上海市电力公司不停电作业标准化工器具名称 | 分　类 | 本单位现有库存量(个、套、台等) | 备注(可注明规格) |
|---|---|---|---|---|---|
| 73 | 10 kV 带电作业用绝缘工具 | 绝缘遮蔽罩装拆杆 | — | | |
| 74 | | 故障指示器装拆杆 | — | | |
| 75 | | 驱鸟器装拆杆 | — | | |
| 76 | | 无锁定绝缘夹钳 | — | | |
| 77 | | 自锁定绝缘夹钳 | 固定式 1.5 m | | |
| | | | 可调式 1.5 m | | |
| | | | 固定式 2 m | | |
| | | | 可调式 2 m | | |
| 78 | | 绝缘支撑杆 | — | | |
| 79 | | 绝缘抱杆 | — | | |
| 80 | | 绝缘拉杆(板) | — | | |
| 81 | | 软质绝缘紧线器 | 拉力 1.5 T | | |
| | | | 拉力 2 T | | |
| | | | 拉力 3 T | | |
| 82 | | 硬质绝缘紧线器 | — | | |
| 83 | | 斗臂车用绝缘横担 | — | | |
| 84 | | 柱上快装绝缘横担 | 杆身固定 | | |
| | | | 杆顶固定 | | |
| 85 | | 绝缘绳套 | — | | |
| 86 | | 绝缘保险绳 | — | | |
| 87 | | 绝缘传递绳 | — | | |
| 88 | | 绝缘测量绳 | — | | |
| 89 | | 绝缘滑轮 | 单轮 0.5 T | | |

（续表）

| 序号 | 分　类 | 国网上海市电力公司不停电作业标准化工器具名称 | 分　类 | 本单位现有库存量(个、套、台等) | 备注(可注明规格) |
|---|---|---|---|---|---|
|  | 10 kV 带电作业用绝缘工具 | 绝缘滑轮 | 单轮 1 T |  |  |
|  |  |  | 单轮 2 T |  |  |
|  |  |  | 双轮 0.5 T |  |  |
|  |  |  | 双轮 1 T |  |  |
|  |  |  | 双轮 2 T |  |  |
| 90 |  | 绝缘引流线 | $16(mm)^2$ |  |  |
|  |  |  | $25(mm)^2$ |  |  |
|  |  |  | $35(mm)^2$ |  |  |
| 91 |  | 单相消弧开关 | — |  |  |
| 92 |  | 绝缘杆式消弧开关 | — |  |  |
| 93 |  | 绝缘斗外工具箱 | — |  |  |
| 94 |  | 绝缘斗外工具袋 | 长 |  |  |
|  |  |  | 短 |  |  |
| 95 |  | 柱上快装绝缘工具架 | — |  |  |
| 96 |  | 防潮苫布 | 3 m×3 m |  |  |
|  |  |  | 4 m×4 m |  |  |
| 97 |  | 旁路电缆地面敷设保护盖 | — |  |  |
| 98 |  | 绝缘 S 钩 | — |  |  |
| 99 | 10 kV 带电作业用金属工具 | 充电式电动切刀 | 切断钢芯铝绞线 |  |  |
|  |  |  | 切断铝绞线 |  |  |
| 100 |  | 充电式压接钳 | 6 T |  |  |
|  |  |  | 12 T |  |  |
| 101 |  | 充电式螺帽破碎机 | 左开口刀架 |  |  |

（续表）

| 序号 | 分　类 | 国网上海市电力公司不停电作业标准化工器具名称 | 分　类 | 本单位现有库存量（个、套、台等） | 备注（可注明规格） |
|---|---|---|---|---|---|
|  | 10 kV 带电作业用金属工具 | 充电式螺帽破碎机 | 右开口刀架 |  |  |
|  |  |  | 标准刀架 |  |  |
| 102 |  | 充电式电动扳手 | 配套筒 |  |  |
|  |  |  | 不配套筒 |  |  |
| 103 |  | 手动式液压切刀 | 切断钢芯铝绞线 |  |  |
|  |  |  | 切断铝绞线 |  |  |
| 104 |  | 手动式液压钳 | 6 T |  |  |
|  |  |  | 12 T |  |  |
| 105 |  | 钳口式卡线器 | 裸导线，拉力 2 T |  |  |
|  |  |  | 裸导线，拉力 3 T |  |  |
|  |  |  | 裸导线，拉力 12 T |  |  |
|  |  |  | 绝缘导线，拉力 2 T |  |  |
|  |  |  | 绝缘导线，拉力 3 T |  |  |
|  |  |  | 绝缘导线，拉力 12 T |  |  |
| 106 |  | 支杆固定器 | — |  |  |
| 107 |  | 拉杆固定器 | — |  |  |
| 108 |  | 支杆提升器 | — |  |  |
| 109 |  | 导线棘轮切刀 | 切断钢芯铝绞线 |  |  |
|  |  |  | 切断铝绞线 |  |  |
| 110 |  | 通用绝缘线剥皮器 | — |  |  |
| 111 |  | 导线绝缘护管安装导引器 | — |  |  |
| 112 |  | 带绝缘手柄棘轮套筒扳手 | L |  |  |
|  |  |  | M |  |  |

（续表）

| 序号 | 分　类 | 国网上海市电力公司不停电作业标准化工器具名称 | 分　类 | 本单位现有库存量（个、套、台等） | 备注（可注明规格） |
| --- | --- | --- | --- | --- | --- |
| 113 | 10 kV 带电作业用金属工具 | 带绝缘手柄棘轮扳手 | — | | |
| 114 | | 弹射线夹安装枪 | — | | |
| 115 | | 双钩线夹 | — | | |
| 116 | | 套装绝缘手工工具 | — | | |
| 117 | 10 kV 带电作业用遮蔽用具 | 聚酯绝缘毯 | 680×800 | | |
| | | | 800×1 000 | | |
| | | | 900×1 000 | | |
| | | | 900×1 200 | | |
| | | | 1 000×1 000 | | |
| 118 | | 电杆绝缘包毯 | 410 mm×4.5 m | | |
| | | | 410 mm×8 m | | |
| 119 | | 杆顶绝缘防护罩 | | | |
| 120 | | 硬质导线遮蔽罩 | 带操作杆 | | |
| | | | 不带操作杆 | | |
| 121 | | 软质导线遮蔽罩 | (31.5×915)$(mm)^2$ | | |
| | | | (31.5×1 372)$(mm)^2$ | | |
| | | | (31.5×1 820)$(mm)^2$ | | |
| 122 | | 跳线遮蔽罩 | Φ30 mm×390 mm | | |
| | | | Φ30 mm×600 mm | | |
| 123 | | 绝缘毯夹 | 1 型 | | |
| | | | 2 型 | | |
| | | | 5 型 | | |
| | | | USCP - 001 | | |
| 124 | | 绑扎带 | — | | |

(续表)

| 序号 | 分 类 | 国网上海市电力公司不停电作业标准化工器具名称 | 分 类 | 本单位现有库存量(个、套、台等) | 备注(可注明规格) |
|---|---|---|---|---|---|
| 125 | 10 kV 带电作业用检测及辅助工具 | 斗臂车用泄漏电流监测仪 | — | | |
| 126 | | 绝缘杆式电流检测仪 | — | | |
| 127 | | 绝缘手套充气装置 | — | | |
| 128 | | 数字式绝缘电阻检测仪 | — | | |
| 129 | | 标准电极 | — | | |
| 130 | | 双工无线对讲系统 | — | | |
| 131 | | 无线核相器 | — | | |
| 132 | | 风速检测仪 | — | | |
| 133 | | 温、湿度检测仪 | — | | |
| 134 | | 绝缘千斤 | — | | |

**表 6-23 《新工具研制计划及运用情况统计表》样张**

| 新工具研制计划及运用情况统计表 | | | | | | |
|---|---|---|---|---|---|---|
| 单位 | 新工具名称 | 工具类型 | 功能作用 | 计划完成时间 | 当前进度 | 备注 |

《配电变压器可靠性水平统计表》中数据来自电能质量在线监测系统数据、用采系统台区数据,如表 6-24、6-25 所示,可用于分析配电变压器可靠性水平。

**表 6-24 《配电变压器(公变、专变)可靠性水平统计表》样张**

| 配电变压器(公变、专变)可靠性水平统计表 | | |
|---|---|---|
| 单位 | X 月配电变压器供电可靠性水平 | 1-X 月配电变压器供电可靠性水平 |

**表 6-25 《内环内配电变压器(公变、专变)可靠性水平统计表》样张**

| 内环内配电变压器(公变、专变)可靠性水平统计表 | | |
|---|---|---|
| 单位 | X 月配电变压器供电可靠性水平 | 1-X 月配电变压器供电可靠性水平 |

当月各单位10 kV架空线路(含混合线路)所有工程量均纳入《10 kV架空线路(含混合线路)工程量统计表》进行汇总,如表6-26、表6-27所示。针对未完全开展不停电作业的项目,进行原因分析,从工程规模大,应用带电作业严重影响工程效率、不具备作业能力、不具备作业条件(如车辆无法到达等)、天气等外部环境限制以及其他等方面进行分析,及时弥补短板(详见表6-26)。

**表6-26　《10 kV架空线路(含混合线路)工程量统计表》样张**

| 10 kV架空线路(含混合线路)工程量统计表 | | | | | | | | |
|---|---|---|---|---|---|---|---|---|
| 序号 | 单位 | 工程账号 | 工作内容 | 项目类型 | 是否涉及带电作业 | 带电作业内容 | 未完全开展不停电作业原因 | 是否内环内配网工程 |

**表6-27　《全负荷转移统计表》样张**

| 全负荷转移统计表 | | | |
|---|---|---|---|
| 序号 | 单位 | 工作内容 | 是否内环内工程 |

《内环内各类工程中不停电作业开展情况》与《各类工程中不停电作业开展情况》内容一致,但统计范围缩小至内环内的各类工程。此举是上海市电力公司针对上海产业布局和实际情况进行的对内环内区域进行分类及严格把控。

各单位上述数据由国网上海电科院统一汇总,对数据进行分析对比,形成《国网上海市电力公司配网不停电作业月报》,并将其作为上海市电力公司配网不停电作业管理的重要决策依据。根据作业量、带电作业化率等重要指标,对弱项环节进行及时弥补,提高不停电作业管理水平。

### 6.1.3　精益管理系统报表

除月报、周报机制外,在国网上海市电力公司精益管理系统中,每月需上报报表。其功能位置位于"决策中心—综合报表管理—报表填报及审核—检修三处报表"如图6-1所示。

报表中仅需填写当月计划停电时户数,其他数据根据工作票和任务单回填数据抓取生成,并自动生成10 kV城市配网不停电作业月度统计总表。统计表分为县域和城网数据,将两者数据合并后将会生成全口径数据,如图6-2所示。

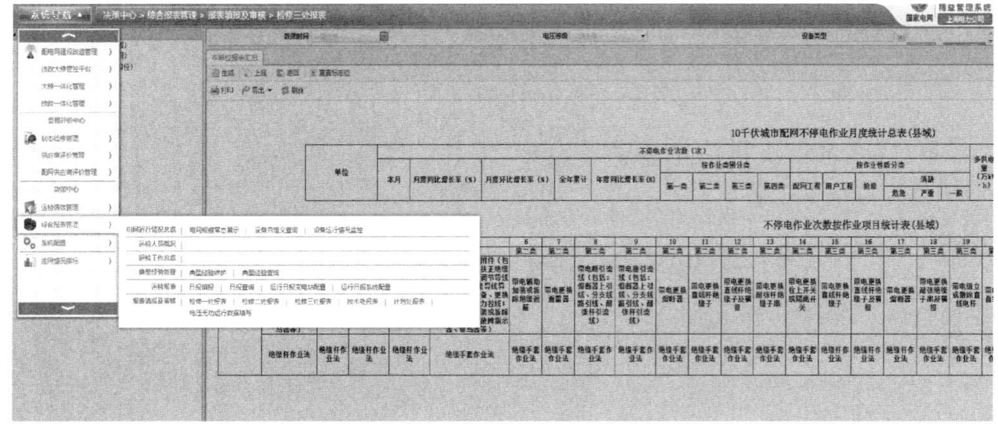


图 6-1　精益管理系统报表图示 1

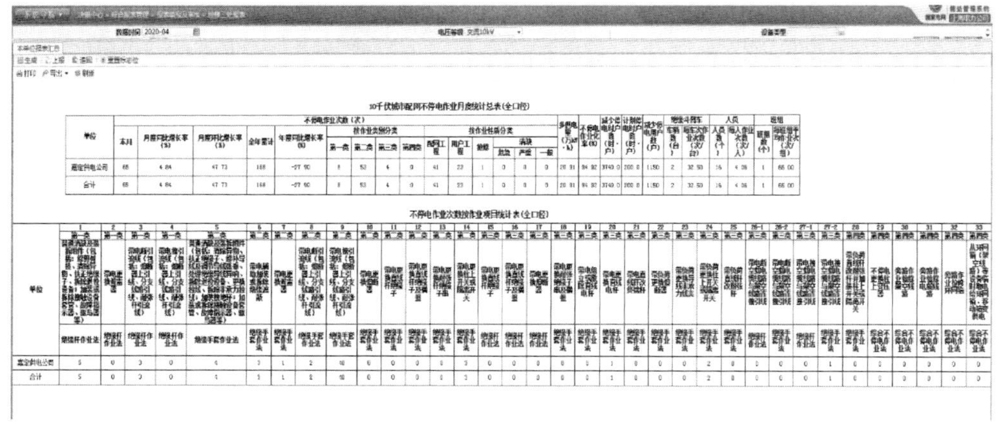


图 6-2　精益管理系统报表图示 2

## 6.2　计划管理

不停电作业计划管理包括计划编制、计划发布、计划管控。

## 6.3　计划编制

### 6.3.1　编制原则

计划编制应贯彻状态检修、综合检修的基本要求，按照“六优先、九结合”的原则，科学编制作业计划。

一、六优先：人身风险隐患优先处理；重要变电站(换流站)隐患优先处理；重要输电线路隐患优先处理；严重设备缺陷优先处理；重要用户设备缺陷优先处理；新设备及重大生产改造工程优先安排。

二、九结合：生产检修与基建、技改、用户工程相结合；线路检修与变电检修相结合；二次系统检修与一次系统检修相结合；辅助设备检修与主设备检修相结合；两个及以上单位维护的线路检修相结合；同一停电范围内有关设备检修相结合；低电压等级设备检修与高电压等级设备检修相结合；输变电设备检修与发电设备检修相结合；用户检修与电网检修相结合。

### 6.3.2 月度作业计划编制

各级单位应根据设备状态、电网需求、反事故措施、基建技改及用户工程、保供电、气候特点、承载力、物资供应等因素制定月度作业计划。该计划主要指 10 kV 及以上设备不停电作业计划。

### 6.3.3 周作业计划编制

各级单位应根据月度作业计划，结合保供电、气候条件、日常运维需求、承载力分析结果等情况统筹编制周作业计划。周作业计划宜分级审核上报，实现省、地市、县公司级单位信息共享。

### 6.3.4 日作业安排

二级机构和班组应根据周作业计划，结合临时性工作，合理安排工作任务。

## 6.4 计划发布

(1) 由专业管理部门统一发布。

(2) 明确发布流程和方式，可利用周安全生产例会、信息系统平台等发布。

(3) 包括作业时间、电压等级、停电范围、作业内容、作业单位等内容。

(4) 周作业计划信息发布中还应注明作业地段、专业类型、作业性质、工作票种类、工作负责人及联系方式、现场地址(道路、标志性建筑或村庄名称)、到岗到位人员、作业人数、作业车辆等内容。

## 6.5 计划管控

本节主要介绍与计划管控相关的管理工作，主要包括下述 4 个方面。

(1) 所有计划性作业应全部纳入周作业计划管控,禁止无计划作业。

(2) 作业计划实行刚性管理,禁止随意更改和增减作业计划,确属特殊情况需追加或者变更作业计划,应履行审批手续,并经分管领导批准后方可实施。

(3) 作业计划按照"谁管理、谁负责"的原则实行分级管控。各级专业管理部门应加强计划编制与执行的监督检查,分析存在问题,并定期通报。

(4) 各级安监部门应加强对计划管控工作的全过程安全监督,对无计划作业、随意变更作业计划等问题按照管理违章实施处理。

## 6.6 不停电作业月度、年度报表

以 2018 年 9 月为例,上海电力公司不停电作业月报统计如下。

2018 年 9 月,公司共计开展 10 kV 配网工程 1 518 项,其中带电作业次数 507 项,占比为 33.40%;全负荷转移 600 项,占比为 39.53%;停电作业 189 项,占比为 12.45%。10 kV 不停电作业比例为 85.45%,相比 8 月 85.42%,环比上升 0.04%。不停电作业比例较高的公司为金山、崇明、市区等公司(详见表 6-28)。

**表 6-28 上海电力公司 2018 年 9 月不停电作业工作量统计表(单位:次)**

| 单位 | 10 kV 配网工程量 | 带电作业次数 | 10 kV 计划停电次数(全口径) | | | 7 月 10 kV 不停电作业比例 | 8 月 10 kV 不停电作业比例 | 环比增长率 |
|---|---|---|---|---|---|---|---|---|
| | | | 总数 | 全负荷转移次数 | 停电作业次数 | | | |
| 浦东 | 437 | 54 | 128 | 50 | 78 | 57.14% | 57.61% | 0.82% |
| 市区 | 123 | 29 | 82 | 68 | 14 | 87.39% | 87.39% | 0.00% |
| 市北 | 181 | 59 | 122 | 91 | 31 | 82.87% | 82.87% | 0.00% |
| 市南 | 155 | 56 | 285 | 217 | 68 | 80.06% | 80.06% | 0.00% |
| 松江 | 147 | 59 | 65 | 30 | 35 | 71.77% | 71.77% | 0.00% |
| 嘉定 | 101 | 46 | 54 | 19 | 35 | 65.00% | 65.35% | 0.53% |
| 青浦 | 85 | 63 | 78 | 40 | 38 | 73.05% | 73.05% | 0.00% |
| 金山 | 65 | 29 | 22 | 44 | −22 | 143.14% | 143.14% | 0.00% |
| 奉贤 | 98 | 79 | 51 | 25 | 26 | 80.00% | 80.00% | 0.00% |
| 崇明 | 101 | 19 | 11 | 12 | −1 | 103.33% | 103.33% | 0.00% |
| 长兴 | 25 | 14 | 19 | 4 | 15 | 54.55% | 54.55% | 0.00% |
| 公司 | 1 518 | 507 | 789 | 600 | 189 | 85.42% | 85.45% | 0.04% |
| 占比 | / | 33.40% | 51.98% | 39.53% | 12.45% | | / | / |

上海电力公司 2018 年 3—9 月工程中不停电作业比例趋势如图 6－3 所示，2018 年公司 9 月与 8 月不停电作业比例对比如图 6－4 所示。

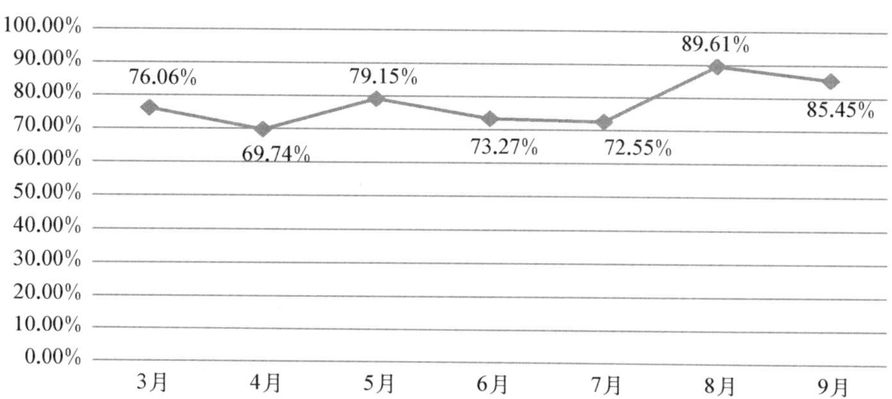


**图 6－3　上海电力公司 2018 年 3—9 月工程中不停电作业比例趋势/%曲线**

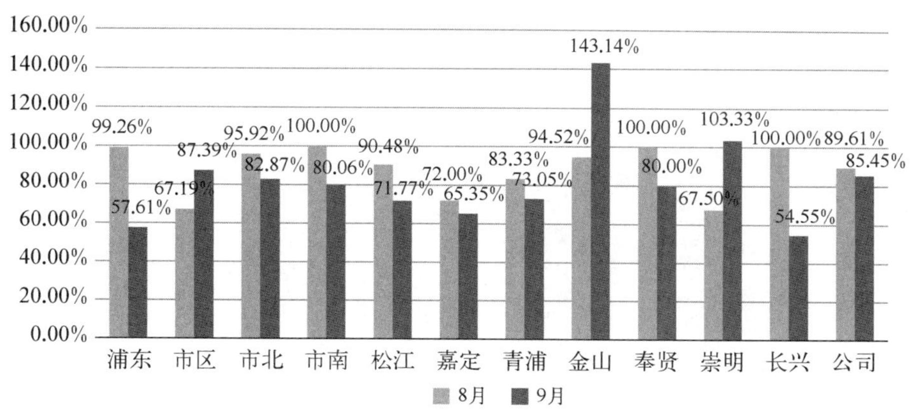


**图 6－4　上海电力公司 2018 年 9 月与 8 月工程中不停电作业比例对比/%示意图**

如表 6－29，图 6－5 所示，189 项停电作业中，工程规模大，严重影响工程效率的有 221 项，占比 116.93%；不具备作业能力的 53 项，占比为 28.04%；不具备作业条件 43 项，占比为 22.75%；受天气等外部环境影响的 1 项，占比为 0.53%；受其他原因影响的 102 项，占比为 53.97%。

表 6-29 公司 2018 年 9 月架空线路不停电作业开展统计表(单位:次)

| 单 位 | 实际停电次数 | 工程规模大影响工程效率 | 不具备作业能力 | 不具备作业条件 | 天气等外部环境 | 其他原因 |
|---|---|---|---|---|---|---|
| 浦东 | 78 | 38 | 0 | 3 | 0 | 0 |
| 市区 | 14 | 0 | 0 | 18 | 0 | 0 |
| 市北 | 31 | 21 | 4 | 0 | 1 | 26 |
| 市南 | 68 | 62 | 2 | 0 | 0 | 25 |
| 松江 | 35 | 8 | 0 | 0 | 0 | 0 |
| 嘉定 | 35 | 24 | 0 | 0 | 0 | 5 |
| 青浦 | 38 | 23 | 13 | 0 | 0 | 44 |
| 金山 | −22 | 0 | 24 | 0 | 0 | 0 |
| 奉贤 | 26 | 4 | 2 | 5 | 0 | 2 |
| 崇明 | −1 | 30 | 8 | 17 | 0 | 0 |
| 长兴 | 15 | 11 | 0 | 0 | 0 | 0 |
| 公司 | 189 | 221 | 53 | 43 | 1 | 102 |
| 占比 | — | 116.93% | 28.04% | 22.75% | 0.53% | 53.97% |

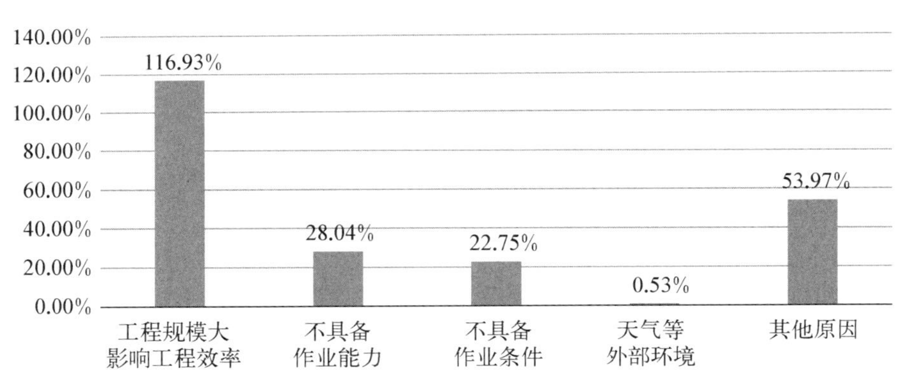


图 6-5 上海电力公司 2018 年 9 月停电作业原因比例图(%)

如表 6-30 所示,2018 年 1—9 月,上海电力公司共计开展 10 kV 配网工程 12 109 项,其中带电作业次数 5 329 项,占比为 44.01%;全负荷转移 2 908 项,占比为 24.02%;实际停电 2 415 项,占比为 19.94%。10 kV 不停电作业比例为 77.33%,相比 1—8 月 76.21%,环比上升 1.47%。不停电作业比例较高的公司为奉贤、浦东、金山等地区的公司。

2018 年上海电力公司不停电作业比例累计情况如图 6-6 所示。

表 6 - 30　公司 2018 年 1—9 月不停电作业工作量统计表(单位：次)

| 单位 | 10 kV 配网工程量 | 带电作业次数 | 10 kV 计划停电次数(全口径) | | | 1—7 月 10 kV 不停电作业比例 | 1—8 月 10 kV 不停电作业比例 | 环比增长率 |
|---|---|---|---|---|---|---|---|---|
| | | | 总数 | 全负荷转移次数 | 实际停电次数 | | | |
| 浦东 | 2 856 | 644 | 936 | 755 | 181 | 92.63% | 88.54% | −4.41% |
| 市区 | 1 049 | 324 | 616 | 261 | 355 | 58.87% | 62.23% | 5.72% |
| 市北 | 1 615 | 766 | 808 | 517 | 291 | 81.34% | 81.51% | 0.22% |
| 市南 | 815 | 587 | 1 657 | 583 | 1 074 | 47.14% | 52.14% | 10.61% |
| 松江 | 973 | 424 | 325 | 133 | 192 | 74.88% | 74.37% | −0.69% |
| 嘉定 | 865 | 418 | 327 | 97 | 230 | 69.77% | 69.13% | −0.92% |
| 青浦 | 976 | 436 | 301 | 156 | 145 | 82.05% | 80.33% | −2.10% |
| 金山 | 1 063 | 489 | 244 | 147 | 97 | 82.55% | 86.77% | 5.11% |
| 奉贤 | 734 | 590 | 220 | 167 | 53 | 96.03% | 93.46% | −2.68% |
| 崇明 | 967 | 561 | 337 | 71 | 266 | 69.24% | 70.38% | 1.64% |
| 长兴 | 196 | 90 | 67 | 21 | 46 | 75.00% | 70.70% | −5.73% |
| 公司 | 12 109 | 5 329 | 5 323 | 2 908 | 2 415 | 76.21% | 77.33% | 1.47% |
| 占比 | — | 44.01% | 43.96% | 24.02% | 19.94% | — | — | — |

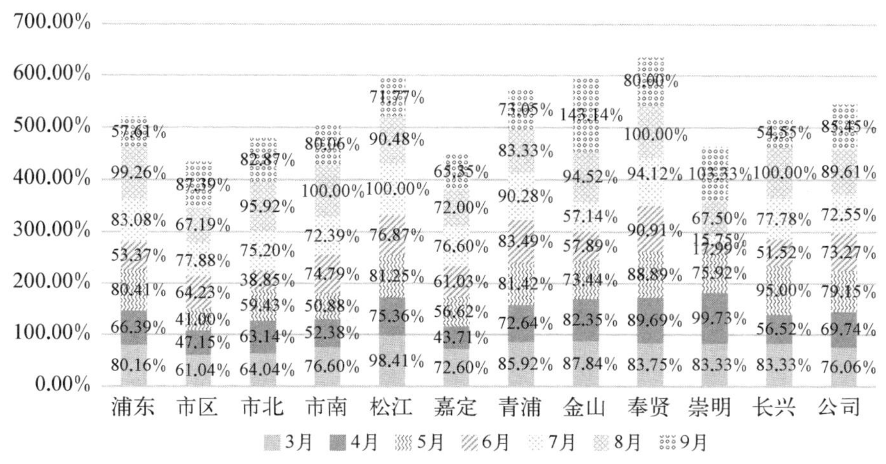


图 6 - 6　上海电力公司 2018 年不停电作业比例累计/%

如表 6 - 31 所示，2018 年 1—9 月公司 2 979 项停电作业中，工程规模大，严重影响工程效率的有 1 087 项，占比为 36.49%；不具备作业能力的有 673 项，占比为 22.59%；不具备作业条件的有 311 项，占比为 10.44%；受天气等外部环境影响的有 60 项，占比为 2.01%；其他原因造成的有 848 项，占比为 28.47%。

2018 年 1—9 月公司停电作业原因比例如图 6-7 所示。

**表 6-31　公司 2018 年 1—9 月架空线路不停电作业开展统计表(单位：次)**

| 单 位 | 实际停电次数 | 工程规模大影响工程效率 | 不具备作业能力 | 不具备作业条件 | 天气等外部环境 | 其他原因 |
|---|---|---|---|---|---|---|
| 浦东 | 529 | 184 | 122 | 83 | 19 | 121 |
| 市区 | 100 | 9 | 1 | 56 | 34 | 0 |
| 市北 | 319 | 178 | 16 | 11 | 1 | 113 |
| 市南 | 401 | 153 | 97 | 17 | 3 | 131 |
| 松江 | 148 | 22 | 64 | 1 | 1 | 60 |
| 嘉定 | 169 | 97 | 4 | 5 | 0 | 63 |
| 青浦 | 529 | 162 | 69 | 30 | 1 | 267 |
| 金山 | 352 | 55 | 214 | 8 | 0 | 75 |
| 奉贤 | 184 | 80 | 20 | 65 | 1 | 18 |
| 崇明 | 224 | 130 | 61 | 33 | 0 | 0 |
| 长兴 | 24 | 17 | 5 | 2 | 0 | 0 |
| 公司 | 2 979 | 1 087 | 673 | 311 | 60 | 848 |
| 占比 | — | 36.49% | 22.59% | 10.44% | 2.01% | 28.47% |

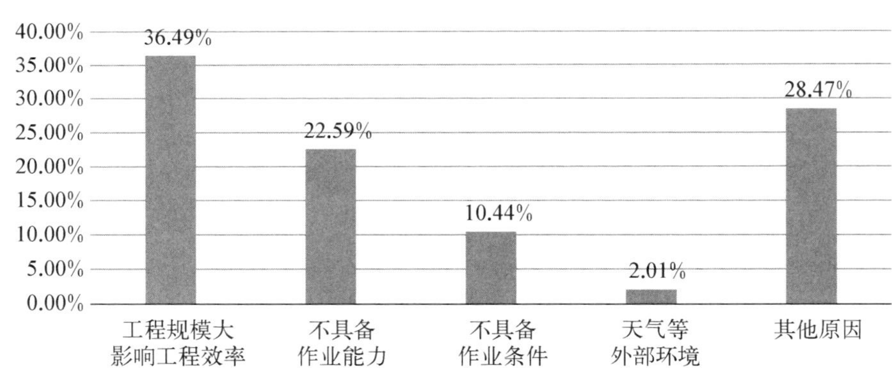


**图 6-7　公司 2018 年 1—9 月停电作业原因比例/%**

## 6.7　数据统计监测管理

### 6.7.1　数据线上管控及流程审核

配网不停电作业安全把控严格，作业难度大，经引入物联网和移动互联网技术，通过信息集成、工器具管理和施工现场影音资料实时传输等具体功能，可提升配网检修作业现场管理及后台分析能力。通过完善配网不停电作业流程审核，严格落实“能带不停”源头，实行分层分级审核机制，未经审核项目不得列入生产计划。

### 6.7.2　配网不停电作业线上管控系统

典型配网不停电作业线上管控系统包含三大部分：不停电作业移动端、监控中心和库房管理系统，如图6-8所示。

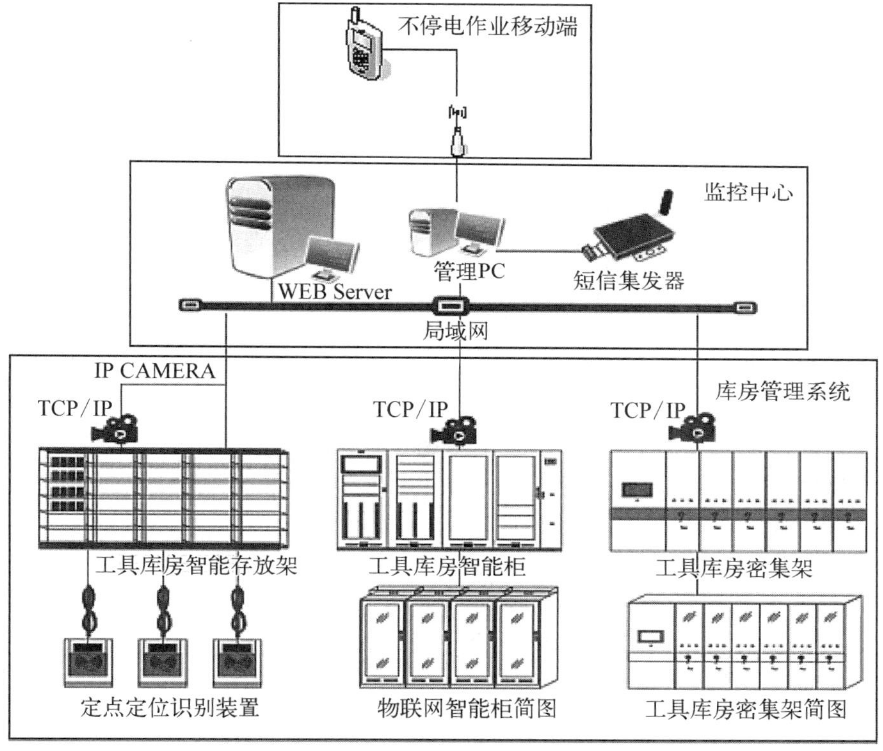


图6-8　配网不停电作业全过程管控系统组成

1）移动互联网技术支持下不停电作业系统的功能及特点

（1）系统功能构成。

不停电作业移动端，通过开发不停电作业手机应用APP，实现工作任务接收、自动导航路径、能登记勘察记录、现场许可录音、工作负责人和操作人员电子化签名、实时拍摄和传输现场作业视频、作业完成后自动统计工作量，如图6-9所示。移动端通过无线网络将信息传输给监控中心，监控中心实现视频监控、作业资料归档等功能。

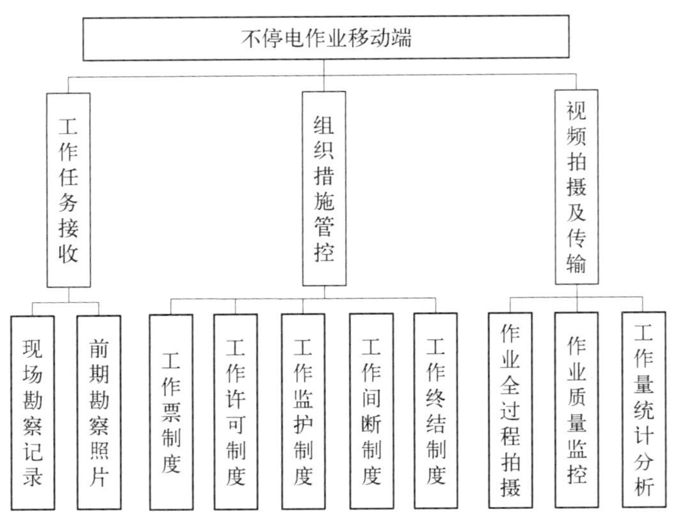


**图 6-9　不停电作业移动端功能**

（2）基于移动互联网不停电作业系统开发平台特点。

基于移动互联网不停电作业系统的技术架构中主要应用了以 4G 通信为基础的开源化软件产品，开发平台的层次在主体上分为三个部分，即数据层、服务层和展示层，其中数据层主要负责完成系统数据的存储，进行数据库记录与数据对象映射，完成记录集与数据对象的转换。服务层是系统内部逻辑的处理，负责应用系统的发布、核心组件的交互。展示层是系统人机交互的窗口，负责系统功能的展示集成，技术架构见图 6-10。

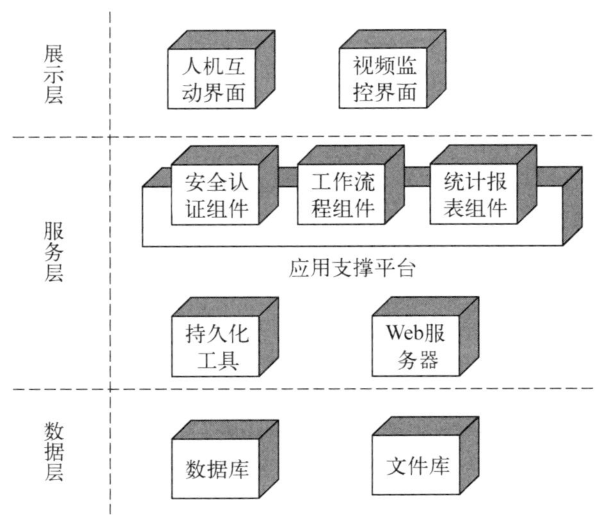


**图 6-10　移动端系统技术架构图**

2）物联网技术支持下智能化库房管理系统的功能及特点

（1）系统功能构成。

本系统采用高性能工控机作为现场控制主机，配以各功能模块以实现测量和控制功能。采用硬件独立高温控制，并配有专用通讯接口，实现与上位机的通讯，可与公司及相关部门管理网络连接，实现远程信息共享及分级管理。硬件系统按功能分为：温湿度控制、视频监控、微机控制系统、执行单元控制、RFID射频识别系统等。

温湿度控制系统主要是通过执行单元采集温湿度数据并进行自动分析后，分别控制加湿器、除湿器、排风机来实现温湿度控制的目的。在库房布线时内部网线、库房数据线和绝缘导线应分别隔离布置，所有线路都应穿在耐热防火型PVC管材内进行布置。照明系统和控制系统电源分离，设置专用电源控制箱，若控制系统出现故障检修时，照明不会受影响。

库房安装视频监控系统（见图6-11），实现工作人员在不进入现场的情况下，对库房内的情况进行实时监控，并可360°旋转，对库房进行实时录像。在夜视状态下，可以拍摄到黑暗环境下的影像。

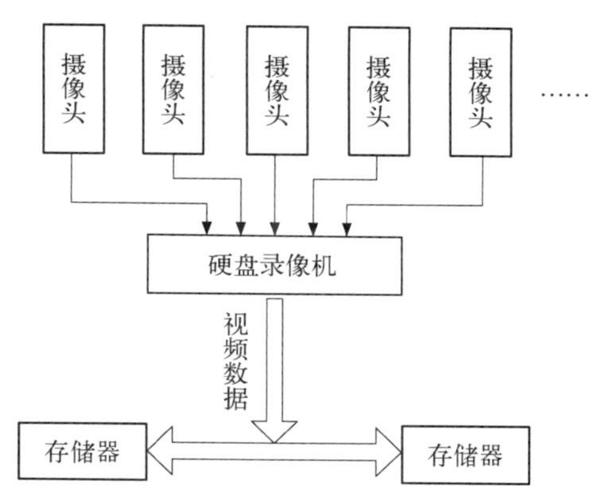


图6-11　视频监控结构图

主控台配备温湿度监控系统来指挥各库房执行单元，执行单元采用单片机技术，完成数据采集和主控台命令的执行。系统及库房数量可无限扩展，主控台与库房间的距离没有限制，能轻易实现远程控制。

为了做好不停电作业工器具的闭环管理，使用RFID射频识别系统，由射频标签、识读器和计算机网络组成自动识别系统。通常，识读器在一个区域发射能量形成电磁场，射频标签经过这个区域时检测到识读器的信号后发送存储的数据，识读器接受射频标签发送的信号，解码并校验数据的准确性以达到识别的目的。它是一种非接触式的自动识别技术，通过射频信号自动识别目标对象 并获取相关数据，识别工作无需人工干预，可在各种恶劣环境下工作。与此同时，还可以识别高速运动物体并可识别多个标签，操作快捷方便。

（2）全智能一体化管理系统技术性能特点。

采用先进的一体化概念，集工器具库的建立，工器具的入库、领用、归还、试验直到报废一体，全程式跟踪记录，详细记录工器具从购买到报废的所有数据，方便随时调阅数据。参数根据使用条件可以任意设置，具备手动和自动、现场和远程操作等功能；可以让库房管理员或者单位领导在自己的办公室存取和操作服务器上的所有资料；可实现不停电作业远程监控、处置等功能。采用SQL SERVER数据库，数据库平台采用三层B/S与C/S相结合系统架构数据中心，对系统数据进行采集、统计、分析、网络响应及服务，分为数据库服务器、应用服务器和客户端，所有的用户登录应用系统时，都必须通过身份认证，加强增量备份和存储能力及复制功能，使运行具有高可靠性。

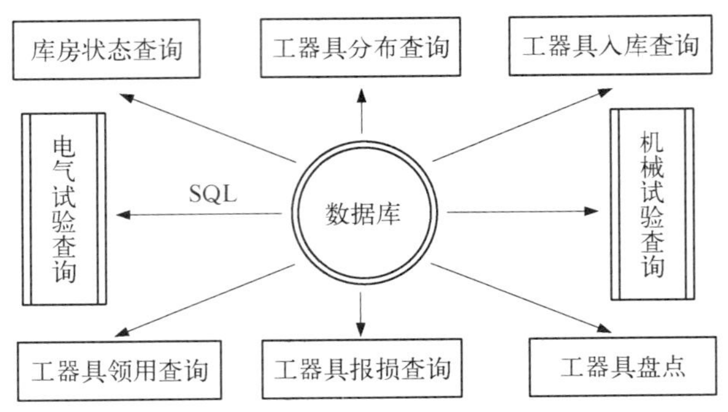


**图 6-12　查询系统构架框图**

全智能一体化工器具管理平台具有先进的查询系统，可以分别对库存状态、工器具分布、工器具入库、工器具领用、工器具报损、电气试验、机械试验进行查询，可以分别对每一个库房进行盘点，所有的数据都被保存在SQL数据库中。

### 6.7.3　配网不停电作业流程审核

一是建立不停电作业审核单流转审批制度，编制《配网不停电作业方案审核单》(以下简称“《审核单》”)，将《审核单》作为工程项目可研评审、工程竣工、验收结算的必需材料。二是《审核单》由立项部门发起，提出初步施工方案和预估停电影响，打包项目需在施工方案中说明，经不停电作业室审核勘查后，确认不停电作业施工方案及停电影响，再由设计单位开展不停电作业设计和概预算，在施工图纸上标注不停电作业实施位置及具体作业内容，最后由不停电作业室进行图纸、概算审核并归档《审核单》。三是原则上，小于等于30停电时户数的工程，由不停电作业负责人审核确认；大于30小于等于50停电时户数的工程，由运检部负责人审核确认；大于50小于等于100停电时户数的工程，由生产副总审核确认；大于100停电时户数的工程，由总经理审核确认，并报市公司设备部审核。所有流转环节均需签字确认，落实主体责任，未经审核的项目不得列入生产计划。四是供电公司在所有类型项目可研方案中增设不停电作业资金列支、施工方案和预估停电影响，将其作为项目内审必要内容，相关停电计划需在综合停电计划中注明具体原因。五是在经研院工程项目审查中，加入不停电作业审查环节，增设不停电作业审查专家，重点检查不停电作业部分和预估停电影响情况。审核流程图如图6-13所示。

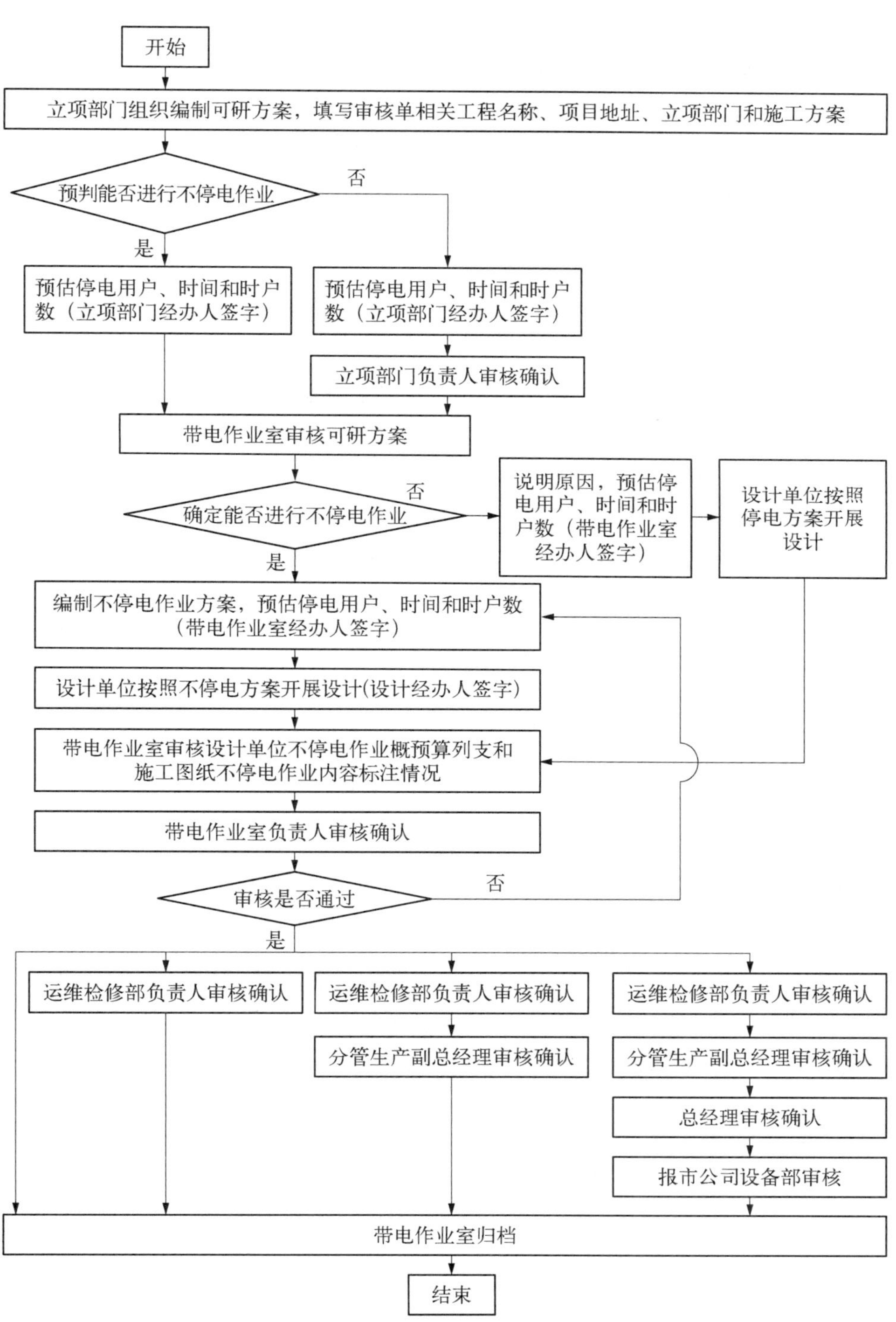


**图6－13　配网不停电作业审核单流程图**

## 6.8 不停电作业监测中心

在电力公司范围内进行不停电作业的数据的监测和收集，以供电服务指挥平台为基础，研发部署配网不停电作业可视化监控模块，通过配置模拟操作、信息集成、工器具管理和施工现场影音资料实时传输等具体功能，开展“全景看、全息判、全程控”等微应用，实现辅助决策“自适应、自优化、自运行”，推进人机物互联；安装应用具有感知识别、数据处理、地理定位等功能的信息传感设备，通过立体化通信网络，实时在线连接生产、管理各环节的人、机、物，提升配网检修作业现场管理及后台分析能力，为公司配网不停电作业专业化管理提供支撑，为不停电作业资源综合利用和调配提供依据。

### 6.8.1 不停电作业监测中心应重点管控内容

(1) 作业计划。包括各专业月、周、日作业计划编制、审核、发布、执行及作业承载力分析等。

(2) 作业过程。包括工作票、现场勘察、安全措施布置、安全交底、作业实施、到岗到位、工作终结等环节。

(3) 准入情况。包括作业单位、人员资质资格、安全能力、培训记录、考试成绩、安全准入等情况。

(4) 作业装备。包括施工车辆、不停电作业工器具、安全工器具、电子围栏等现场作业装备的使用及管理情况。

### 6.8.2 不停电作业现场督导

不停电作业监控中心配合公司设备部，依托不停电作业现场协作推进组，联合公司安保部开展不停电作业现场安全督查，查找现场作业隐患；开展不停电作业管理督查，定期检查供电公司不停电作业周计划、《审核单》及施工方案；组织开展停电计划抽查，对供电公司实际开展作业次数和旁路作业次数进行通报。

### 6.8.3 作业人员及项目管控

项目管控是基于泛在电力物联网推进监控体系的开发和应用，实现全方位多维度作业人员及项目管控功能。

不停电作业监测中心通过建立公司全范围不停电作业从业人员信息库，动态掌控作业人员技能等级、人脸采集、项目资质证书等从业信息，实现作业人员资质信息实时控。

项目管控人员依托配网不停电作业可视化监控模块，实现不停电作业现场人员在线人脸签到、开展项目资质实时预警，全方位保障现场施工安全工作。

### 6.8.4　作业现场管控

现场管理人员依托工程智能化监控平台，实现现场与智能化库房全覆盖监控，公司工程监控中心每隔半小时对重点工程(架空线入地、基建工程等)、三四类风险工程及所有施工视频进行检查，每隔 1 h 对重点城区的工程施工视频进行检查，每隔 2 h 对郊区工程施工视频进行检查。

### 6.8.5　库房、装备及车辆动态管控

动态管控人员基于泛在电力物联网服务于坚强智能电网，打造配网不停电作业现场、库房、车辆等进行全过程管控监控中心。通过对不停电作业生产过程的实时监控，信息的自动采集方法会更加真实和丰富、传输方法会更加快捷；所有过程按流程实现电子化、自动化管理，真正实现无纸化作业，能有效提高管理效率，节约管理成本，形成配网不停电作业智能化监控的长效机制。

动态管控人员根据不停电作业项目类别将项目所需工器具进行标准化配置管理；结合生产计划，实现每件现场施工用工器具的领用人、出入库时间及所适用作业项目等关键性信息都有迹可循，真正实现对每一件工器具从出库到使用到再入库的全过程管控。

动态管控人员通过库房系统保存环境的自动监测，结合远程实时监控仪器设备的使用情况，为工器具安全管理提供保障；通过建立工器具的电子信息库，实现工器具管理全电子化，对工器具维修、送检、报废等关键性节点进行自动提醒，实现对工器具从申购至报废全过程管理；工器具管理由人工管理过渡到电子化、智能化管理。

# 第 7 章　创 新 举 措

## 7.1　不停电作业研发与实操中心

### 7.1.1　不停电作业培训管理

为了进一步加强电力公司不停电作业人才队伍建设，切实提升电力公司作业人员不停电作业技术水平，有效支撑电力公司“三型两网、世界一流”能源互联网企业建设，上海市电力公司一直致力于不停电作业培训工作，并且提出了以下的要求：全面强化安全管控、切实保证培训质量、持续规范过程管理、严肃遵守组织纪律。

依照国网上海市电力公司培训项目管理规范开展培训项目管理工作。

本节介绍国网上海市电力公司培训项目管理规范的主要内容。

1）范围

本规范规定了国网上海市电力公司(以下简称“公司”)教育培训项目管理的职责、管理活动的内容、流程及要求等。

本规范适用于上海电力公司本部及所属各分、子公司的教育培训项目管理。集体企业和代管单位参照执行。

2）规范性引用文件

下列文件对于本规范是必不可少的(凡是注日期的引用文件，仅注日期的版本适用于本规范；凡是不注日期的引用文件，其最新版本(包括所有的修改单)适用于本规范)：

《国家电网有限公司教育培训管理规定》、《国家电网有限公司教育培训项目管理办法》(国家电网企管〔2019〕428 号)；

《国家电网公司培训项目质量管理办法》(国网(人资/4)847—2017)。

3）术语和定义

教育培训项目(以下简称“项目”)是指为持续提升职工队伍素质而开展的职工培训、人才评价、培训开发和培训购置等项目，是职工教育培训各项工作的载体。

教育培训项目经费来源于(或占用)依法计提、并在成本中列支的职工教育培训经费(以下简称“职教经费”)。

(1) 按内容划分。

① 项目按管理内容分为职工培训项目、人才评价项目、培训开发项目和培训购置项目四类。

② 其中,职工培训项目包括经营类培训、管理类培训、技术类培训、技能类培训、服务类培训,以及送出培训等。人才评价项目包括人才选拔与考核、能力等级评价、竞赛调考等。培训开发项目包括培训策划及评估、培训资源开发、培训应用工具开发及维护、网络大学应用及维护等。培训购置项目包括培训教材资料购置、培训教学教具及材料购置、培训设备设施购置等。

(2) 按限额划分。

项目按照储备金额(不含学员食宿及交通费用)分为限上、限下和零星项目。限上项目为单项费用总额 300 万元以上的项目。限下项目为单项费用总额在 100 万元以上且不超过 300 万元的项目。零星项目为单项费用总额在 100 万元及以下的项目以及系统内送出培训项目。

4) 职责

明确公司本部,基层单位,培训中心和经研院的主要职责。

(1) 公司本部职责。

① 人力资源部职责如下:

组织公司各部门及各单位开展教育培训项目需求征集与分析、项目论证、项目储备;

组织开展限下项目、公司级零星项目、单项费用超过 10 万元的基层单位级培训开发项目的评审与批复;

组织编制公司级教育培训专项计划;

对各单位项目管理进行指导、检查、考核和评估。

② 专业部门职责如下:

提出本专业教育培训项目储备建议和年度项目计划建议;

组织实施本专业职工培训项目和人才评价项目,牵头开展项目设计策划和评估验收,指导培训中心开展项目实施;

组织实施本专业培训开发项目,牵头开展开发方案编制和项目验收,指导培训中心开展技术服务采购和项目实施;

组织实施本专业培训购置项目,牵头开展项目验收,指导培训中心开展培训物资采购申请及物资验收。

（2）基层单位职责。

① 人力资源部门职责如下：

组织本单位各部门开展教育培训项目需求征集与分析、项目论证、项目储备；

组织开展本单位零星项目（不含单项费用超过 10 万元的培训开发项目）的评审与批复；

组织编制本单位教育培训专项计划和预算，并协助专业部门组织实施。

② 专业部门职责如下：

提出本专业教育培训项目储备建议和年度项目计划建议；

组织实施本专业职工培训项目和人才评价项目，负责开展项目设计策划、实施和评估验收；

组织实施本专业培训开发项目，负责开发方案编制、技术服务采购、项目实施和验收；

组织实施本专业培训购置项目，负责开展培训物资采购申请及物资验收。

（3）培训中心职责如下：

协助开展公司级教育培训项目需求征集与分析、项目论证、项目储备；

协助编制公司级教育培训专项计划和预算；

具体实施公司级职工培训项目和人才评价项目，配合专业部门开展项目设计策划和评估验收，负责配置培训（评价）资源、实施学员管理、提供培训（评价）服务和后勤保障，建立和管理项目资料档案；

具体实施公司级培训开发项目，配合专业部门开展开发方案编制和项目验收，负责技术服务采购和项目实施；

具体实施公司级培训购置项目，配合专业部门开展项目验收，负责培训物资采购申请及物资验收。

（4）经研院。

负责教育培训储备项目可研评审，并出具评审意见。

5）管理活动的内容与方法

（1）项目储备。

① 应坚持按需培训、精简高效原则，开展项目储备工作。各级人力资源部门按照项目管理权限，组织开展可研论证，经审核或评审后，完成项目储备库建设，未进入储备库的项目不得纳入年度项目计划和预算。项目储备阶段分为需求编制、评审批复、系统上报、审核下达 4 个环节。

② 项目储备的需求编制要求如下。

公司人力资源部每年 5—7 月组织各专业部门及各基层单位开展下一年度项目需求编制工作，并归口管理新员工培训、班组长培训、职业资格培训等跨部门、无法分解到各专业部门的综合性项目。

公司各专业部门以储备规模预安排为目标，根据公司战略规划、年度重点工作、国网竞赛调考安排等，针对本专业员工能力素质短板及实际培训需求，结合历年常规培训项目，编制职工培训项目需求；根据本专业人才培养工作需要，编制人才评价项目、培训开发项目和培训购置项目需求。

基层单位人力资源部门以储备规模预安排为目标，组织本单位各专业部门做好培训需求调研，根据公司及本单位年度重点工作，针对本单位员工能力素质短板及实际培训需求，编制本单位职工培训项目、人才评价项目、培训开发项目和培训购置项目需求。

培训中心配合公司各专业部门编写职工培训项目、人才评价项目、培训开发项目和培训购置项目的需求说明或可行性研究报告，并配合公司人力资源部做好各类项目的需求汇总。

各级专业部门应履行可行性研究报告审批程序，可行性研究报告需经所在单位财务部、人力资源部门、专业分管领导审核批准。

各级专业部门提出职工培训项目需求，应遵循如下原则：

严控办班数量。培训对象基本相同、培训内容相似的培训应合并办班。

严禁以会代培。培训主要内容为工作总结或工作布置的，不应列入培训班需求计划和预算。

坚持按需培训。培训内容应紧密结合专业重点工作，符合公司发展对各类人员知识结构和能力的需求。培训对象应明确到具体部门、岗位。

合理安排培训时间。紧密结合本单位、本专业经营管理和生产实际，统筹考虑春秋检、迎峰度夏、迎峰度冬、重大保电等活动，尽量避免工学矛盾。

严格执行公司培训费用标准。项目经费不得超过公司发布的教育培训项目综合定额标准与分项费用标准。

根据国网公司规定，除每年参加国网公司竞赛之外，公司自办竞赛项目不得超过2项。在项目储备阶段，由公司人力资源部汇总各专业部门竞赛项目需求，在申报项目数量超过2个的情况下，报公司领导审核确定纳入储备库的项目。各基层单位原则上不得储备竞赛项目。

培训开发项目应避免重复开发。在需求编制阶段，由公司人力资源部组织，培训中心协助，开展项目重复开发专项检查，重复开发项目不得纳入储备库。

储备项目应符合教育培训项目分类要求。管理咨询项目、仪器仪表及工器具零星购置项目不得储备为教育培训项目。

③ 评审批复。

公司人力资源部及各基层单位人力资源部门分别负责开展本级项目预审工

作，从资料完整性与规范性、项目技术可行性、项目经济性与合规性等方面审查储备项目是否具备参加评审的条件。

电力公司人力资源部及各基层单位人力资源部门根据本级单位管理权限，组织专家开展各类项目评审，并依据评审结果，将满足入库条件的项目纳入项目储备库。限上项目，由国网公司审核批复；限下项目、公司级零星项目、单项费用超过 10 万元的基层单位级培训开发项目，由公司组织开展项目可研评审，并批复；基层单位级零星项目（不含单项费用超过 10 万元的培训开发项目）由基层单位完成项目可研评审、批复，并将项目清册、需求说明、可研报告、批复文件等报公司人力资源部备案。

公司人力资源部组织开展基层单位级项目的规范性校验，未通过校验的项目不得纳入储备库。

④ 系统上报。

培训中心根据项目批复结果，将公司级教育培训储备项目导入 SG－ERP 系统报公司人力资源部。

各基层单位人力资源部门根据项目批复及规范性校验结果，将本单位教育培训储备项目导入 SG－ERP 系统报公司人力资源部。

公司人力资源部在 SG－ERP 系统中汇总审核各层级教育培训储备项目，于 8 月底上报国网公司。

（2）计划编制。

① 计划指标建议上报。

公司人力资源部每年 10 月上中旬提出下一年度教育培训项目投入总额建议，纳入公司综合计划主要指标初步建议，报国网公司。

② 项目计划和预算编制上报。

公司人力资源部每年 11 月上旬，根据储备规模将国网公司确定的教育培训项目总控目标，分解至公司各专业部门、各基层单位。

公司各专业部门、各基层单位根据总控目标，从项目储备库中选择项目，形成本部门、本单位教育培训项目计划和预算建议，报公司人力资源部。

公司人力资源部对各专业部门、各基层单位上报的教育培训项目计划和预算建议进行审核和平衡，形成公司项目计划和预算建议，报国网公司。

③ 项目计划和预算下达。

公司人力资源部根据国网公司下达的公司教育培训专项计划，按项目分解下达至公司各专业部门、各基层单位，形成各部门、各单位年度培训计划，并纳入公司综合计划。

④ 计划调整。

教育培训专项计划调整是国网公司统一部署的综合计划和预算调整的一部

分,由公司人力资源部根据公司综合计划调整工作安排统一组织开展,专项计划调整以单个教育培训项目调整为单位,调整形式包括单个项目的调增、调减以及投入规模调整。

教育培训专项计划调整遵循“分级申报,统一批复”的原则,由计划调整需求部门或单位向公司人力资源部提交教育培训项目调整建议表以及项目需求说明、可行性研究等支撑材料,说明项目执行情况、申请调整原因、申请调整建议等。公司人力资源部组织开展调整项目评审,并统一批复。

(3) 项目执行。

① 职工培训项目。

职工培训项目执行分为计划执行和项目实施。计划执行是指职工培训项目计划的整体推进和执行,项目实施是指单个职工培训项目的实施。

A. 计划执行。

培训中心每月25日前与专业部门确认下月执行计划、各培训项目的培训方案、费用预算表,报公司人力资源部审核。

公司人力资源部每月月底前,在ERP系统中以项目为单位,向培训中心逐个下达培训项目经费。

严格培训计划执行的刚性和严肃性。计划内项目变更应由专业部门提出申请,人力资源部门审核;计划外新增及取消项目应由专业部门提出申请,人力资源部门审核,并经公司专业分管领导批准,严禁未经审批私自举办计划外培训班。

B. 项目实施。

a. 项目设计策划。

公司各专业部门在培训中心配合下,负责组织开展本专业职工培训项目设计策划,形成培训实施方案。培训实施方案应包括培训目的、培训对象及名额、培训时间及地点、培训方式、培训内容、师资安排、培训评估类别、培训班负责人、费用预算、专业部门意见等。

培训中应注意如下事项:培训师资由专业部门和培训中心根据培训课程目标共同选聘,优先选聘系统内兼职培训师,内部师资能够满足培训需要的,不得聘请外部师资;培训项目印发资料和讲义(课件)必须经专业部门审核,并在培训开始前进行确认,严禁使用未经审核的培训资料;项目实施如存在计划变更、部分或完全委托外部机构实施、超标准使用培训经费等情况的,需在项目实施前,由专业部门履行审批程序,未履行相关审批程序的,不得办班。

各基层单位专业部门在本单位人力资源部门指导下,负责项目设计策划,编制培训实施方案,选聘培训师资,确定培训资料。

b. 项目组织实施。

公司级项目由公司人力资源部委托培训中心发布培训通知，基层单位级培训项目由所在单位人力资源部门发布培训通知，通知应明确培训对象、时间、地点、内容、收费标准及有关要求。

培训中心是公司级职工培训项目的实施机构，负责配置培训资源、实施学员管理、提供培训服务和后勤保障。重点事项如下：

培训前，要编制培训指南，在学员报到时发放给学员；要选派责任心强、熟悉培训管理业务的人员担任班主任；要提前做好培训场地、设备设施、教学用具、培训资料、食宿后勤等准备工作，保证培训项目按期顺利进行；应与培训师资充分沟通，了解和审核主要授课内容与课程目标，两者必须保持一致。

培训中，要建立并严格执行学员考勤、请销假、培训纪律、考试考核等管理制度，切实加强学员管理，保证培训效果；要严格落实中央"八项规定"精神和国网公司党组贯彻落实中央"八项规定"实施细则的实施办法，不得以职工教育培训为由安排疗养、境内外旅游，严格执行"七不一禁"(不安排会餐聚餐、不安排合影留念、不安排接送站、不制作背景板、不摆放花草和水果茶点、不配置洗漱用品、不组织营业性娱乐和健身活动，严禁以任何名义组织旅游和发放纪念品、礼品、购物卡、代金券、有价证券、土特产等)，参加人员实行"四严"管理(统一安排食宿的培训项目，严禁参加人员在外留宿或携同无关人员，严禁外出就餐，严禁自带公务车，严格执行请销假制度)，坚持"谁主管、谁负责""管业务必须管安全"原则，做好应急预案和技术保障措施，确保人身设备安全。

15 天以上培训班可颁发培训合格证书，证书由各级单位人力资源部门统一管理。

培训结束后，应在 10 个工作日内填写《学员培训情况反馈表》，并经主办部门审核后，及时反馈给学员所在单位；应将培训资料及时归档，以备公司人力资源部进行培训质量抽查。培训资料主要包括培训实施方案、培训通知、预算单、结算单、教师酬金领用表(或协议)、学员签到表及成绩单、培训效果评估结果及改进意见书和培训项目验收意见表等，计划内职工培训和人才评价项目存在实施变更的需留存《职工培训项目、人才评价项目实施变更申请表》，计划和预算外新增项目需留存《计划和预算外职工培训项目申请表》、《计划和预算外人才评价项目申请表》、《计划和预算外培训开发项目申请表》或《计划和预算外培训购置项目申请表》，委托外部机构实施的项目需留存《教育培训项目外部委托申请表》，超标准使用培训经费的需留存《教育培训项目经费超标准使用审批表》。

培训中心应全面加强培训安全管理，健全安全管理制度和组织体系；建立安全督查常态机制，及时消除各类风险隐患；按照现场标准化作业流程，加强实操训练、安全设备设施和工器具管理；建立健全学员培训学习管理制度，培训期间实行半军事化管理，严格请假销假制度，切实将安全措施落实到实训、住宿、餐饮、交通、消防等各个环节，特别是实训项目，务必要按现场标准化作业流程组织实施，认真执行现场查勘、安全交底、工器具检查、工作监护等各项要求，建立培训师安全考核上岗制度，做好学员安全意识、安全防护和安全能力培训，从严从细落实防护措施。

各级专业部门作为培训项目的主办部门，应对项目组织实施的全过程负责。

c. 项目评估。

培训项目效果评估分为反应评估（一级）、学习评估（二级）、行为评估（三级）和效益评估（四级）。

反应评估（一级）：所有培训项目都必须进行一级评估，由培训中心组织实施，主办部门配合，目的是了解学员对项目实施、管理服务的满意度，主要内容是对培训课程、师资水平、教学管理和后勤服务等进行评价，以形成评估报告和改进意见书，反馈给主办部门。

学习评估（二级）：3 天及以上的培训项目都要进行二级评估，由培训中心组织实施，主办部门配合，目的是衡量学员在知识、技能、态度和行为上对培训内容的理解和掌握程度，主要内容是对培训大纲的知识点、行为点的掌握程度进行测试。培训班结束 10 个工作日内，学员信息及考试成绩经主办部门确认后，由培训中心录入 SG－ERP 系统，形成评估报告和改进意见书，反馈给主办部门。

行为评估（三级）：30 天及以上或费用在 100～200 万元的培训项目都要在培训结束后 1—3 个月内进行三级评估。三级评估由各级人力资源部门牵头，专业部门和学员代表配合，交由第三方机构具体实施。目的是衡量学员在培训后运用所学内容使其行为改善的程度，主要内容是对所学知识技能实际应用的范围、使用频率、工作成就和绩效改进情况、用人单位的满意度和支持度等进行评价，形成评估报告和改进意见书，并反馈给培训中心、培训师和学员本人。

效益评估（四级）：费用 200 万元以上或对公司生产经营、科技进步影响较大培训项目都要在培训结束后 6～12 个月进行四级评估。四级评估由各级人力资源部门牵头，专业部门和学员代表配合，由第三方机构具体实施，目的是衡量培训项目对公司安全生产、经营管理、科技进步等方面的综合影响，主要内容是培训前后有关数据的分析比较、培训成本和绩效分析等，形成评估报告和改进意见书，并反馈给培训中心、培训师和学员本人。

培训项目验收由各级人力资源部门负责组织，主办部门会同培训实施机构填写《培训项目验收意见表》并提供佐证材料，人力资源部门逐项审核确认。验收内容主要包括一级和二级评估结果、培训经费使用情况等。

d. 送出培训项目组织实施。

参加系统内送出培训由各级对口专业部门根据培训通知，选派参训人员，并报本单位人力资源部门备案。参加系统外送出培训由各级对口专业部门提出申请，经本单位人力资源部门审核、本单位专业分管领导审批后，选派人员参加。公司管理领导干部参加系统外各类培训，由公司组织部按相关管理规定予以办理。

② 培训开发项目。

A. 项目开发方案编制。

各级专业部门负责编制项目立项表和项目开发方案。项目立项表应明确项目开发时间；项目开发方案应包含项目基本内容、项目组成人员及其分工、项目阶段方案以及项目资金预算等；合作开发和外部采购的培训开发项目除编制培训项目开发方案外，另需编制采购的相关技术文件。

B. 项目开发。

公司级开发项目由专业部门指导，培训中心负责项目实施。基层单位级开发项目，在人力资源部门的指导和协助下，由基层单位专业部门负责组织项目开发。

③ 人才评价项目。

A. 人才选拔与考核、能力等级评价。

人才选拔与考核、能力等级评价项目的组织实施，应按照国网公司及公司人才管理及能力评价有关规定执行。

B. 竞赛调考项目。

方案编制与印发。主办部门制定实施方案，选定承办单位，由人力资源部、工会和相关部门会签后印发。方案应包括组织机构及职责、组队方式和选手资格、竞赛内容、组织规则、成绩计算方法、日程安排、承办单位和表彰（通报）方式等。

组织实施。竞赛调考要严控持续时间、精简赛制、不举行开闭幕式。严禁超长时间、违规集训，技能竞赛集训不得超过 14 天，知识竞赛集训不得超过 7 天，专业调考严禁集训。

④ 培训购置项目。

根据国网公司及公司物资采购相关管理规定执行。

（4）项目验收。

① 项目结束后，承办单位（部门）提供项目验收佐证材料，各级主办部门组织验收，限下项目由各级人力资源部门参与验收。合作实施和外部采购项目的验收结果作为合同履约的主要依据。

② 未通过验收的项目要限期整改，不得进行费用结算，存在以下情况之一者不予验收：

A. 严重偏离项目开发的内容和预期目标。

B. 提供的验收资料不规范、不完整、不真实。

C. 项目开发过程及结果存在纠纷尚未解决。

D. 经费使用中存在不合理、不规范支出。

③ 项目验收后，承办单位（部门）整理验收资料进行归档；各级主办部门应组织项目成果推广应用。

④ 职工培训及人才评价项目验收。

职工培训项目和人才评价项目验收采用文件资料审查方式开展，验收内容主要包括质量评估、项目过程记录、经费使用情况等。主办部门会同承办单位（部门）填写《培训项目验收意见表》并提供佐证材料，包括培训（评价）实施方案、培训（评价）通知、预算单、结算单、教师（专家）酬金领用表/协议、学员签到表及成绩单、培训效果评估结果及改进意见书、培训（评价）项目验收意见表等。

⑤ 培训开发项目验收。

承办单位（部门）在项目实施结束后负责向主办部门提交项目资料，并提出验收申请。项目资料包括：培训开发项目需求可行性研究报告、培训开发项目立项申请表、培训开发项目开发方案、培训开发项目结题报告、培训开发项目经费结算表和其他能够对项目进行支撑的过程性资料与证明材料。主办部门组织专家对项目进行验收评审，验收内容主要包括项目规范性、预期目标完成情况、推广应用价值、经费使用情况等。专家组出具验收评审结论。

⑥ 培训购置项目验收。

培训购置项目按照国网公司及公司固定资产、零星购置等制度规定，做好建卡、实物保管、折旧和报废等工作。

(5) 外委管理。

① 职工培训项目、人才评价项目和培训开发项目可采取外部委托的形式开展项目实施。

② 外部委托项目实施包括合作实施和外部采购两种形式。合作实施是指项目部分工作委托外部机构实施；外部采购是指项目全部委托外部机构实施。项目应以自主实施为主，确不具备实施条件的，由项目主办部门按规定履行审批程序后，方可进入采购程序委托外部机构实施。培训中心及各基层单位应加强对供应（服务）商的管理，建立履约能力和服务质量评价信息库。

③ 外部委托审批程序。

A. 公司级项目。

经评估，对于不具备完全自主实施条件，需要依托外部机构参与实施的项目，由培训中心向专业部门提交《教育培训项目外部委托建议表》。项目的外部委托建议应在项目实施前20个工作日提出。

由专业部门填报《教育培训项目外部委托申请表》，说明外部委托原因，连同《教育培训项目外部委托建议表》，报人力资源部审核，专业分管领导批准。项目外部委托申请流程应在项目实施前 15 个工作日完成。

B. 基层单位级项目。

专业部门根据年度培训计划，对于项目自主实施可行性进行评估，对于不具备完全自主实施条件，需要依托外部机构参与实施的项目，应填报《教育培训项目外部委托申请表》，说明外部委托原因，报本单位人力资源部门审核、专业分管领导批准。项目外部委托申请流程应在项目实施前 15 个工作日完成。

C. 委托外部机构实施的教育培训项目，须严格执行国家有关规定、国网公司及公司物资（服务）采购相关规定，合理选择采购方式，依法签订合同。具体管理事项及管理流程详见公司《教育培训项目采购管理规范》。

（6）监控考核。

① 项目计划执行监控。

A. 公司级项目计划。

培训中心负责于每月初对上月计划执行情况进行梳理，重点针对计划外新增项目、应办未办项目及预结算偏差大于 20%的项目进行分析，形成书面报告并上报公司人力资源部。公司人力资源部对月度计划执行情况进行通报，对于执行偏差较大的部门，将核减下一年度教育培训项目储备预安排规模。

B. 基层单位级项目计划。

对各基层单位计划执行情况开展不定期检查，内容包括计划内项目执行情况、是否存在计划外项目。对存在计划内、计划外变更的培训项目，是否履行相应的申请审批流程。

② 项目实施监督检查。

A. 方案策划。

对各级培训项目实施情况检查内容包含但不限于：是否编制《培训实施方案》，是否按照《国家电网公司培训项目质量管理办法》要求科目编写；培训内容是否为工作总结或工作布置；培训项目预算及其各科目是否存在超范围情况；培训项目预算及其各科目是否存在超标准情况；委托外部机构开展的培训项目，是否已履行必要的审批程序，是否存在未经任何合法采购程序，直接与外部机构签订合同的情况。

B. 组织实施。

对各级培训项目实施情况检查内容包含但不限于：是否严格执行学员考勤、请销假等管理制度；培训项目结算及其各科目是否存在超范围情况；培训项目结算及其各科目是否存在超标准情况；是否严格落实公司“八项规定”实施细则要求，实行“七不一禁”。

C. 质量评估。

强化各级培训项目质量评估，重点检查项目是否履行需求调查、可研论证、可研评审、项目批复、外委审批程序，是否按照《国家电网公司培训项目质量管理办法》要求进行培训项目资料归档。

### 7.1.2 不停电作业资质培训考核标准

上海公司对于不停电作业资质及认证相关的培训考核依照以下标准进行。

1）总则

为贯彻“安全第一、预防为主、综合治理”的方针，落实国家电网公司“集团化运作、集约化发展、精益化管理、标准化建设”工作要求，规范和加强公司系统不停电作业资质培训工作，全面提高不停电作业人员技能水平，制定不停电作业资质培训考核标准。

本标准适用于国家电网公司不停电作业实训基地输电线路不停电作业和配网不停电作业人员的资质培训考核工作，包括取证培训考核和复证培训考核。

2）编制依据

不停电作业资质培训考核标准的编制依据如下：

(1)《国家电网公司电力安全工作规程(线路部分)》。

(2)《国家电网公司不停电作业工作管理规定》。

(3)《电力工人技术等级标准应用指南》。

(4)《国家电网公司技能人员岗位能力培训规范——第7部分：输电不停电作业》。

(5)《国家电网公司技能人员岗位能力培训规范——第58部分：配电不停电作业》。

(6)《10 kV配网不停电作业规范》。

(7)《10 kV电缆线路不停电作业培训教材》。

(8)《国家电网公司提升架空输电线路不停电作业规范化水平指导意见》。

3）培训对象

(1) 不停电作业取证培训。

① 输电线路不停电作业取证。

取证培训的人员包括：具有从事输电线路运行、检修工作2年及以上经历，并具备初级及以上技能水平人员；已取得过输电线路不停电作业资质证书，但脱离不停电作业岗位1年及以上人员。

② 特高压交、直流输电线路不停电作业取证。

取证培训的人员包括：已取得公司输电线路不停电作业资质证书，并具备中级及以上技能水平人员，1年内未脱离不停电作业岗位。

③ 配网不停电作业(简单项目)资质取证。

取证培训的人员包括：具备配网运行、检修专业初级及以上技能水平人员；已取得过简单配网不停电作业（简单项目）资质证书，但脱离配网不停电作业岗位1年及以上人员。

④ 配网不停电作业（复杂项目）资质取证。

取证培训的人员包括：取得配网不停电作业（简单项目）资质证书2年及以上的人员，并具备配网运行、检修专业中级及以上技能水平、1年内未脱离配网不停电作业岗位的。

⑤ 配网不停电作业（电缆）资质取证。

取证培训的人员包括：具有从事配网电缆线路运行、检修工作3年及以上经历，并具备初级及以上技能水平人员；已取得过配网不停电作业（电缆）资质证书，但脱离配网不停电作业岗位1年及以上人员。

（2）不停电作业复证培训。

已取得输电不停电作业（特高压交流）、输电不停电作业（特高压直流）、配网不停电作业（简单项目）、配网不停电作业（复杂项目）、配网不停电作业（电缆）资质证书的人员，每4年应进行复证考核，经理论和技能考核合格者方能继续从事不停电作业工作。

4）培训组织及教学内容

（1）培训教材：

①《10 kV配网不停电作业规范》（Q/GDW 10520—2016）。

②《10 kV配网不停电作业实训教材》（国网运检部、国网人资部组编）。

③《不停电作业基础知识》（国家电网公司生产技能人员职业能力培训通用教材）。

④《输电线路不停电作业》（国家电网公司生产技能人员职业能力培训专用教材）。

⑤《配电线路不停电作业》（国家电网公司生产技能人员职业能力培训专用教材）。

⑥《不停电作业操作方法》（国家电网公司组编，共3册）。

⑦《10 kV电缆线路不停电作业培训教材》（国网运检部组编）。

⑧《特高压输电线路不停电作业培训教材》（国网运检部组编，共5册）。

⑨ 不停电作业实训基地自编教材和讲义。

（2）不停电作业取证培训。

① 理论培训。通过理论学习，使学员掌握输电不停电作业和配网不停电作业的基本原理、作业方法和保证作业安全的原理，熟悉安全防护用具、作业工器具使用、日常保管维护的相关知识，熟知作业安全技术和技术标准，完善班组管理制度和健全班组建设，能够更好地指导输配电线路不停电作业的实践。

② 技能实训。结合不停电作业时所采用的作业方法进行归类。例如,输电为地电位作业法、等电位作业法以及地电位与等电位结合法;配电为绝缘杆作业法、绝缘手套作业法、旁路作业法、综合不停电作业法。

技能实训应结合具体项目内容成立输电不停电作业、配网不停电作业实训小组,按照安全工作规程落实技能实训作业的组织措施和技术措施,开展实际操作训练,使学员达到以下要求,使其具备不停电作业的基本技能:

A. 了解该作业项目的适用范围。

B. 掌握现场勘查的内容,并能根据现场勘查结果填写和办理作业工作票,具备分析作业危险点和编制作业指导书的能力。

C. 能独立准备该项目所需的工器具和材料。

D. 掌握现场检测工器具的使用方法和规范使用、管理和保养绝缘工(用)具。

E. 掌握作业项目操作步骤和工艺要求。

F. 熟悉作业现场站班会、收工会内容。

(3) 不停电作业复证培训。

复证培训包括安全规程、新标准的解读以及新技术、新工器具、新工艺、新项目等技术交流、理论和技能考核等环节,重点检查学员的不停电作业技能水平,促进不停电作业的技术交流。

5) 考核管理

(1) 理论考核。

理论考核满分为100分,70分合格。不合格者可给予一次补考机会。

(2) 技能考核。

技能考评成员由基地专家库抽取,与基地培训师共同组成考评小组。技能考评满分为100分,80分合格。不合格者可给予一次补考机会。

## 7.2 不停电作业技术及项目开发

### 7.2.1 绝缘短杆作业法简介

如图7-1所示,传统不停电作业主要有两种作业方式:绝缘手套法与绝缘杆作业法,两种作业方式各有利弊。绝缘手套法作业人员在绝缘斗臂车上直接与带电体接触进行作业,其操作比较灵活,但危险系数较高;绝缘杆作业法作业人员通过登高工具,使用绝缘杆间接与带电体接触,安全系数较高,也可在特种作业车辆到不了的作业环境下操作,但作业不够灵活,复杂类项目开展难度系数较高。上海地区目前主要采用绝缘手套作业方式。

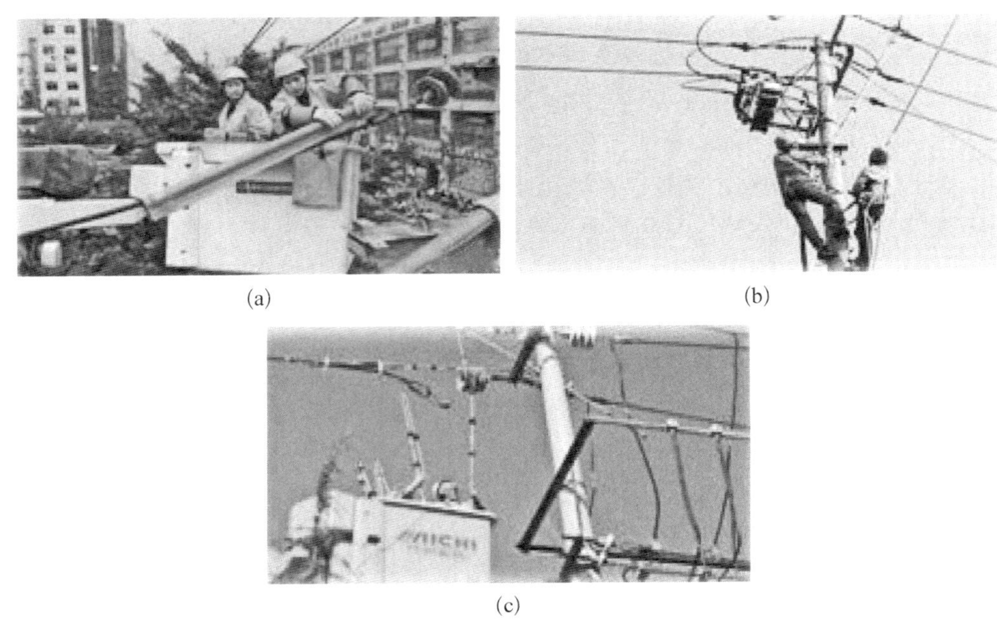

(a)　(b)　(c)

**图 7-1　传统不停电作业方式示意图**

(a) 绝缘手套作业法；(b) 绝缘杆作业法；(c) 绝缘短杆作业法

由于1980年代绝缘手套作业频发人身伤亡事故，进入1990年代电力公司抛弃原有作业方式，并结合绝缘手套与绝缘杆作业法的优点，研发出采用绝缘斗臂车加绝缘短杆结合作业法，保持零事故记录至今。

### 7.2.2　绝缘短杆作业法的优点

(1) 作业人员不用直接接触带电设备，保证了作业人员的人身安全。

(2) 相较于绝缘杆作业法，由于使用绝缘斗臂车，作业更为灵活方便。

(3) 可配合旁路作业工具，使旁路作业更方便、更灵活。

## 7.3　典型案例

更换有缺陷的耐张绝缘子串。由于无法检测使用绝缘手套法直接接触有缺陷的耐张绝缘子串是否会被击穿，造成接地故障，因此该项工作一般都是停电进行的，但耐张绝缘子串一般都在线路末端，或者两条线路中间，停电范围大，严重影响停电时户数。如果使用绝缘短杆更换耐张绝缘子串可大大降低作业危险系数。

绝缘短杆有桥接法的工具，大大增加了不停电作业的开展范围，过去一些不符合不停电作业环境条件的工作，可以使用该方法开展。

### 7.3.1 桥接旁路作业法简介

**此处以经典案例——带负荷更换柱上负荷开关为例，讲解桥接旁路法的原理。**

配电线路电杆上装有众多柱上负荷开关、隔离开关等设备，当遇到设备故障时，为不影响线路的正常供电，需要带负荷更换故障设备。如果采用传统带负荷更换的方式进行，作业过程极为复杂。更换耐张杆上的负荷开关，需要处理6条开关引线、6条避雷器引线和3条绝缘引流线，从遮蔽防护工作到更换设备，整个施工过程难度大、耗费时间长、作业风险高，如图7-2所示。

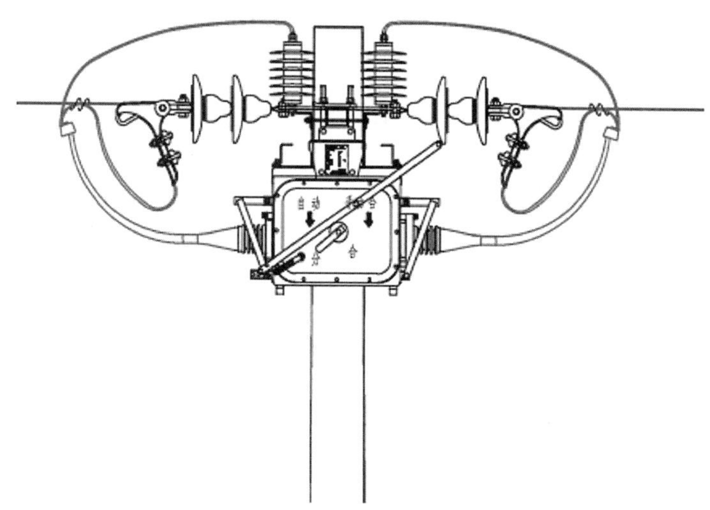


图7-2 柱上负荷开关实物图

桥接旁路作业法是利用旁路负荷开关及电缆引下线，采用搭桥的方式构建中间停电区域来实施更换开关的作业，可化解上述作业复杂程度与安全风险。在开关下方适当位置临时安装一台旁路负荷开关，将开关两侧旁路电缆与主导线采用常规带电接引流线的方法进行连接，并将开关置于分闸位置；连接完毕后，经过验电-核相无误后操作开关合闸，线路负荷电流将通过主导线和旁路电缆、开关回路分别流过；然后采取不停电作业的方法用硬质绝缘紧线器将开关两端主导线断开，线路负荷电流迅速转移到旁路电缆上，导线断开的作业类似于简单的带电断引流线；两端主导线断开后，中间停电范围构建完成，如图7-3所示。在此范围内，作业人员在做好停电、验电、挂地线等安全措施后，即可进行停电施工作业；施工完毕后，按相反顺序使用导线承力接续管恢复主导线的连接，拆除旁路电缆和旁路开关，桥接旁路作业法带负荷更换开关的施工即告结束。

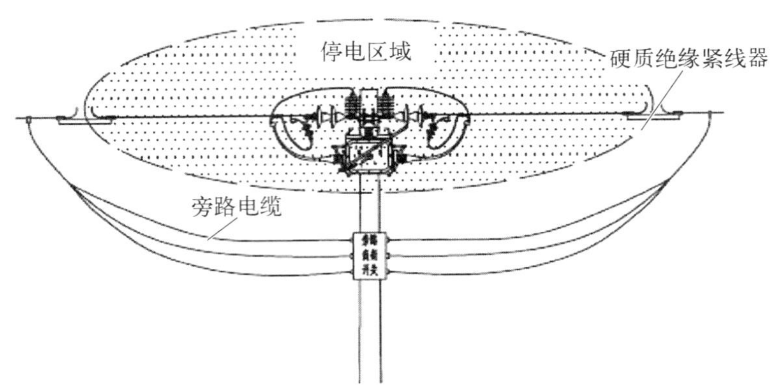


**图 7-3　桥接法原理示意图**

桥接法搭设步骤如下：

① 组建负荷转移的回路。

② 确认旁路负荷开关处于分闸位置的状态下，在作业点两侧的架空线上，带电挂接旁路柔性引下电缆。

③ 倒闸操作，转移负荷。在旁路负荷开关处核相，确认接线相序无误→合上旁路负荷开关→检测回路的分流情况，确认良好→拉开柱上负荷开关。

④ 在作业点两侧旁路柔性引下电缆的挂接点内侧，带电安装中间导线收紧装置。

⑤ 使用绝缘摇把杆与中间导线收紧装置对接并旋转使其收缩，直到收缩段导线失去张力呈弯曲状态。

⑥ 在中间导线收紧装置位置开断导线，隔离出最小的检修区段。

**注意：** 开断点位置应处于中间导线收紧装置有效的主绝缘位置；中间导线收紧装置的有效绝缘长度不小于 0.4 m；断开后的导线端头应设置绝缘遮蔽措施，可使用尾线套管进行遮蔽，并进行有效固定保持足够的空间距离（≥0.4 m）以形成明显断开点。

⑦ 在作业区段挂设接地线，进行停电检修。

⑧ 设备检修完毕后，用导线压接管或耐张型接续管接续断开的导线，恢复设备运行，撤除负荷转移回路。

### 7.3.2　配网不停电作业机器人简介

如图 7-4 所示，为 XX 公司于 2017 年开始研发的配网不停电作业机器人项目于 2017 年年底立项，2018 年正式启动项目研发工作，目前所研发的机器人为国内首台基于绝缘短杆作业方式的不停电作业机器人，已具备支接引线搭接能力，可开展 10 kV 带电搭接引线全流程作业，自主完成视觉识别、环境建模和路径规划等近80%的作业，包括自主路径规划、导线剥皮、氧化层清除、引线抓取、夹线安装和金具紧固等全套引线搭接流程，现正处于上杆试点应用阶段，三相作业时长约45 min。

图7-4 配网不停电作业机器人试点应用现场照片

## 7.4 不停电作业技术标准编写

### 7.4.1 不停电作业协作督察组

上海市电力公司为加强配网不停电作业专业管理，强化人员技术支撑，公司设备部成立配网不停电作业协作组贯彻落实公司配网不停电作业深化提升建设路线，深度参与配网不停电作业相关制度标准修订、现场作业安全质量督查、作业水平评估、数据核查及技术交流等工作，为公司配网不停电作业专业管理提供有力支撑，协作组希望有关单位请给予大力支持，为协作组成员开展工作创造有利条件，全面支撑公司配网不停电作业工作深入开展。

### 7.4.2 可靠性保障

1）停电时户数管控

① 加强停电时户数预算管控。

各单位根据公司下达的年度可靠性指标，明确年度停电时户数预算，并结合实际情况，将年度停电时户数额度层层分解、逐级落实，细化到月、部门，实现停电时户数“精打细算”。

一是建立停电时户数源头管控机制。在项目设计阶段，各单位不停电作业室充分发挥施工停电管控和不停电作业考核主体作用，全程参与各类配网工程项目设计方案的编制及审查。所有配网工程项目设计方案中，应明确不停电作业方案及停电影响范围，以《配网不停电作业方案审核单》形式纳入项目评审，设计方案中应列支不停电作业费用，在施工图纸上标注不停电作业内容，建立预安排停电管控的“第一道防线”。

二是建立停电时户数计划管控机制。各单位结合生产计划，统筹确定每月、每周、每日停电时户数计划安排，优化施工范围，减少停电影响范围，每月召开生产计划会后，应将下月停电时户数预测发至电科院；每周五，应将下周停电时户数预测发至公司设备部，并针对项目月度预测单次施工停电影响超 100 时户的，各单位应进一步复核项目施工方案，确实无法缩减停电影响的，填写《配网工程项目停电计划审核单》，由生产副总审核签字后，以扫描件形式发公司设备部报备，设备部将根据项目施工方案组织专家审核，经审核，作业方式不满足“能带不停”或停电时户压降不充分的，原则上不得安排实施，待方案整改、停电时户充分压降后另外安排实施。公司按日通报停电时户数耗用情况，对项目停电情况开展后评估，建立预安排停电管控的“第二道防线”。

② 供电服务指挥中心参与供电可靠性过程管控。

各单位充分发挥供电服务指挥中心营配调业务融合、数据贯通的优势，建立行之有效的停电管控流程，积极参与供电可靠性过程管理。基于停电时户数预算式管理模式，定期监测、发布各单位停电时户数使用情况，对停电时户数超限部门进行预警。每日监控预安排项目停电情况，主动跟踪停送电异常情况。结合配网日常故障监控、抢修指挥，主动校核停电影响时户数情况，监控配电线路频繁跳闸和用户重复停电，并对相关责任部门进行预警。各单位应于 4 月底前，完成相关人员配置及培训工作，结合供电服务指挥系统可靠性模块开发部署，逐步开展业务。

③ 加强停电数据管理。

各单位负责可靠性工作的专职人员应深入掌握供电系统供电可靠性评价规程及实施细则中的内容条款，认真审核停电事件。对停电数据的录入、忽略及剔除原则指导意见如下：

A. 以下用户在一段时期内不带负荷时，可以不计为停电状态：农闲期间将高压开关（跌落式熔断器）拉开作为备用的停用用户，如农用抽水专用变压器等；非汛期泵站、基站变压器；因节假日、市场不景气等原因停产停用的专用用户或仅供非居住的公用用户；非运行时段路灯变压器。

B. 专用用户，因用户申请（包括计划和临时申请）停电检修、业扩增容等原因停电的，可以在预安排停电事件中不计为停电状态；因上述情况造成其他用户停电的，其他受影响用户应按用户申请停电进行统计。

C. 公用用户，如果确由用户提出申请（如内部检修、业扩增容等），供电企业与用户签有停电协议（包括用户停电申请、业扩增容申请），可以在预安排停电事件中不计为停电状态，但如果存在陪停用户（包括其他低压用户），则仍应计停电；故障停电事件，不得以用户提出申请为由进行忽略。相关用户申请停电协议，应当至少在预安排停电 5 个工作日前签订。

D. 对于公用变压器停电，但通过负荷转移或其他措施（如供电企业提供发电机发电）使其所供低压用户未停电的情况，不应视为对用户的停电。但对于从变压器停电发生至通过负荷转供或其他措施恢复低压供电之间的时间必须按照中压配电变压器的停电事件停一户统计，停电起止时间从停电发生至通过负荷转供或其他措施恢复低压供电为止，其停电终止时间由人工根据实际情况在可靠性系统中进行修改。通过发电车、发电机进行负荷转移的，应保留现场照片、调用记录、租赁申请等作为佐证材料。

E. 分步送电。对单回路停电，分阶段处理逐步恢复送电时，作为一次中压停电运行事件录入，但停电持续时间按每个分阶段停电时间分步判定。

F. 双电源用户一回线路停运，且停运不降低用户供电容量时，可忽略，不予统计。若一回线路停运而降低用户供电容量时，应计停电一次，停电用户数为受其影响的用户数，停电时间按等效停电时间计算。

G. 因用户欠费、存在违法用电等行为，或按政府部门要求配合执法，以及为避免人身、财产损失，供电企业依法依规进行的停电可以不作统计。

H. 因雷电等短时恶劣天气造成的用户停运，应计停电。因台风、雪灾等重大自然灾害引起的用户停运，应计停电，停电事件维护后，可在系统中申请重大自然灾害异常数据剔除，具体以公司通知为准。

I. 同杆并架线路、交叉跨越线路陪停的情况，线路检修、改成或故障抢修时，其同杆并架、交叉跨越线路或由于其他原因必须配合停电的（陪停线路本身无工作），包括高压输电线路停运造成相关下级中压配电线路停电情况，停电信息必须录入系统。

J. 各单位在数据维护过程中应当认真核对电系拓扑关系，根据实际电网网架结构、停电范围及停电时长进行停电事件确认及补录工作。对于实际已经销户、退出的运行用户，不应计为停电。

2）优化管控体系

（1）建立基于时户数的供电可靠性管理模式。

一是提升供电可靠性指标决策权重。联合调控、营销、建设等各部门，进一步优化完善业务机制，提升可靠性管理在规划设计、物资采购、计划安排、运行维护、供电服务等专业领域的决策权重，确保可靠性管理理念深入人心。

二是积极建立预算式可靠性管理体系。在建立可靠性管理体系中，首先要推进停电时户数量化管理，预安排停电执行“先算后报、先算后停”；强化停电计划审核，计划停电要逐项研判是否最大程度减少停电时户，提升可靠性管理人员、不停电作业室人员在各项业务中的参与度和话语权；完善不停电专业审核机制，坚持“能带不停、一停多用”原则，确保“停电次数最少、停电时户最优、不发生重复停电”。故障停电执行“即停即算”，重复跳闸停电要求有分析、有措施，严堵时户数“缺口”。

三是为公司各项业务提供可靠数据支撑。以可靠性管理为龙头，实现规划立项、建设改造、检修运维、数据治理、算法优化、坏点分析等各环节联动，确保供电可靠性数据“都能用、都好用、都想用”，实现供电可靠性管理水平及各项业务能力同步提升。

2019 年，结合可靠性梯队建设及供服系统可靠性模块部署，逐步建立时户数预算管理工作机制，实现系统化、智能化、可视化。按照供电可靠性管理规定，固化预算式管理流程；2020 年，进一步完善预算式管理方式，并实现常态化成熟应用。

（2）加强供电服务指挥体系建设。

一是深度参与可靠性预算式管控，开展停电时户数日监控，制定每周时户数预算并实行监督管控，发布月度时户数预算执行情况，通报年度时户数余额，提升停电计划管控水平。

二是加强配网停电计划执行管控，严格落实停电时户数管控要求，强化停电计划执行情况预警、督办，全面推广应用结构化停电报送及停电范围分析到户功能，构建全量停电信息池。

（3）加快构建供电可靠性综合管理模块。

建立时户数预算式管控功能。基于线路拓扑关系，实现停电时户数的自动计算，夯实预算管控基础。全年停电时户数预算总控；季度、月度时户数定期分析；每周、每日时户数逐条监控。计划停电“先算后停，停后验算”，非计划停电“即停即算”，精准纳入年、季、月、日时户数余额计算，实现全过程量化管理。

## 7.5 不停电作业化率提升

### 7.5.1 工作思路

在管理提升方面：坚持“能带不停”原则，以系统建设推动管理提升，加大数据管控分析力度，完善标准体系，引导省管产业单位不停电作业精益化管理，提高市场化运作效率。

在技术应用方面：运用新方法、新技术、新装备，打破传统作业理念的壁垒，推动三方面转变：

(1) 实现复杂不停电作业项目向简单化作业方式转变。

(2) 实现直接接触带电设备向不直接接触带电设备的更加安全的作业方式转变。

(3) 实现人工作业向机器辅助作业方式转变。

在人员能力方面：完善专业培训体系，扩大培训范围，对多部门、多专业、多岗位人员进行不停电作业理论宣贯和专业培训，编制多样化标准培训教材，开展人员多维数据评价管理。

### 7.5.2 工作目标

按照"安全第一，标准管理，统筹推进"原则，稳步有序开展配网不停电作业深化提升工作，到2020年底，实现全域不停电作业比例不低于90%，业扩不停电接火率达100%。复杂类项目作业次数较2019年增长80%以上，第四类项目作业占比不低于5%。

### 7.5.3 全面推进配网不停电作业相关要求

1) 加快专业化体系建设

确立供电公司不停电作业室施工停电管控和不停电作业质量考核主体作用。不停电作业室按照"能带不停"原则，全程参与所有配网工程项目可研、初设方案编制及审查，设计施工图纸及不停电作业概预算列支审验，组织开展施工项目不停电作业条件现场勘察。各供电公司应编制配网不停电作业考核管理办法，明确考核对象、考核范围、考核流程及考核标准等。考核对象原则上为本单位各部门、施工单位、设计单位的相关责任人员；考核范围主要涉及各类配网工程不停电作业方案设计、合同签订、现场勘查、计划管理、电网规划、安全作业、验收结算等环节。

2) 落实不停电计划源头管控

通过五方面的工作落实不停电计划源头管控，详细的工作细节参见本书6.3.1节关于配网不停电作业流程审核部分的内容。

3) 推动复杂作业常态化开展

一是针对大型工程开展不停电作业专项研究，按照"先转供，后带电，再保电"的原则，积极运用负荷转移、不停电作业和应急发电等技术手段，全力缩小停电范围。

二是大力开展带电立杆、带电开分段等作业项目，提升配网转供能力，为分时段、分区域开展不停电作业提供基础。

三是加大旁路作业法开展力度，积累现场应用经验。

四是针对 35 kV 和 10 kV 合杆线路，充分应用 26 m 绝缘斗臂车进行 35 kV 线路检修，实现 10 kV 线路不陪停；加快 10 kV 和 10 kV 合杆线路不停电作业可行性研究。

五是组织开展 0.4 kV 低压不停电作业试点应用。

4）全面加强人才队伍建设

人才队伍建设包括以下几个方面：

一是各单位积极发挥全民员工“传帮带”作用，加强现场带教和许可监护工作，帮助集体企业人员尽快熟悉工作流程、施工方法和安全措施。

二是公司将加强配网不停电作业技术研发实操中心人员配置，使其成为配网不停电作业主要支撑团队，定期跟踪和督查人员工作动态，对实际工作中不满足工作要求的人员及时进行回炉培训，落实淘汰机制。

三是加大配网不停电作业现场安全督查，查找现场作业隐患，提升安全管控水平。

四是制定作业人员培训和能力评价方案，加大复杂作业项目培训力度，组织参加中电联配网不停电作业技能竞赛，针对新招聘人员开展技能竞赛。

五是优化集体企业作业人员薪酬机制，提升人员作业积极性。

5）不断提升装备配置水平

编制配网不停电作业智能技术发展规划方案，运用物联网思维，推动不停电作业装备向智能化发展，降低作业人员劳动强度。

一是开展全套不停电作业冷却降温服、保温服和防电弧套装的研制生产，提升作业人员体感舒适度，降低安全风险。

二是开展集体企业作业装备摸底分析和增配工作，指导先进施工工具和旁路装备购置，提升集体企业装备水平。

三是开展配网不停电作业智能监控系统建设，对配网不停电作业工器具进行统一监管，对作业现场、人员装备和车辆定位等信息进行全过程管控，实现该系统与供服平台不停电作业管控模块系统对接。

四是开展不停电作业机器人研究。

五是依托“双创”基地建设，开展全系列（成套）小型化特种车辆研制。

6）加强不停电作业综合督查

一是依托不停电作业现场协作推进组，联合公司安保部开展不停电作业现场安全督查，查找现场作业隐患。

二是开展不停电作业管理督查，定期检查供电公司不停电作业周计划、《审核单》及施工方案。

三是组织开展停电计划抽查，每月组织检查 1～2 家供电公司，对未开展不停电作业的计划停电进行抽查，查明具体原因，对发现问题的单位进行通报，落实整改方案,并进行第二次检查,再次出现问题扣减当年绩效分。

四是对供电公司实际开展作业次数和旁路作业次数进行周通报。

7) 完善不停电作业标准规范

一是组织开展现有《不停电作业指导书》修编,增补更换柱上开关类设备等作业指导书。

二是完成《10 kV 不停电作业典型作业案例》编制工作,为大型工程中不停电作业开展提供作业指导。

### 7.5.4 重点任务

1) 进一步补齐短板,落实主体管理责任

建立公司配网不停电作业协作组,全面支撑公司配网不停电作业专业管理,落实周报与月度会议制度,实时掌握各项工作开展进度,确保工作取得实效并达到预期效果。

开展上海配网不停电作业内部评估,针对性地分析专业管理及作业能力现状,差异化指导各单位制定提升方案,落实整改措施。

完善配网不停电专业审核和源头管控,进一步强化审核单流转审批制度,将审核单作为工程项目可研评审、工程竣工、验收结算的必需材料,牢牢把控"能带不停"的源头,实行分层分级审核机制,严格把关未经审核项目不得列入生产计划。

深化合作交流,学习国内外同行配网不停电作业先进技术经验,调研南网及相关高新技术装备厂商,邀请不停电作业标委会专家开展技术讲座。结合东电对标工作开展,加大对成熟优秀电力不停电作业专业的研究学习力度。

2) 推广新技术新方法

相关部门为了推广新技术新方法开展配网不停电作业新技术、新方法指导书的编制,完成《绝缘短杆作业法作业指导书》、《桥接旁路作业法作业指导书》、《低压不停电作业法作业指导书》等作业规范文件,完成行业标准《配电线路旁路作业工具套装》编制任务。

深入调研绝缘短杆作业法、桥接旁路作业法、低压不停电作业等配网不停电作业新技术、新方法管理方式,围绕作业标准、人员培训、作业资质、项目管理、装备配置、检测试验和资料台账等方面,建立标准管理规范。并开展作业现场新技术的试点应用,选取浦东、市区、青浦公司,积累实际工作经验,以点带面,形成推广。

3) 提高市场化运作效率

优化完善配网不停电作业资金列支、结算机制,清除业扩工程不停电作业列资"死角",提高资金结算效率。

指导省管产业单位不停电作业能力深化发展,实现上海全域作业能力相对平衡，重点提升作业人员复杂类项目的理论及实操水平。

4）支撑中心城区高可靠性及重要工程建设

针对某供电公司开展不停电作业全方面评估，系统性地调研管理制度、作业能力、作业人员承载力等现状。以市区全域配网不停电作业全覆盖为目标，制定人员增配、能力提升培训等专项计划。

组织某供电公司逐步拓展三、四类复杂不停电作业项目，并开展绝缘短杆、桥接旁路作业等新研发项目试点应用，在中心城区打造一批具有示范效应的不停电作业项目。

开展某供电公司不停电作业装备专项摸底，调研装备需求，加强短缺工器具及车辆的增（调）配及研发，显著提升某供电公司装备技术水平和整体业务能力。

制定中心城区不停电负荷转移能力评估档案，对装置、设备情况以及是否具备不停电作业开展条件进行评估分析；针对所有单电源中压用户，制定“一户一案”旁路转供电方案；逐步完善中心城区配变应急发电接入条件。

在改善营商环境、架空线入地、沿海沿江地区防台差异化改造等重要工程中，全面推广应用配网不停电作业，通过旁路作业、发电车接入、低压不停电作业等技术手段，完善方案编制，提高不停电作业比例，减少时户数损失。

5）开展高新装备研发应用

为了更好地完成不停电作业，开展不停电作业冷却降温服、防电弧套装的研发升级，进一步提升作业人员体感舒适度；开展新技术、新工器具研发，重点研究适合上海现有设备的绝缘短杆、电动作业工具等，推动不停电作业专业从机械化向自动化转变；全面升级配网不停电作业机器人性能，推进“机器代人”工作机制，开展机器人在旁路不停电作业中技术应用研究，探索配网不停电作业机器人辅助作业体系；编制《配网不停电作业机器人作业指导书》、《配网不停电作业机器人辅助作业技术体系管理办法》等标准制度。

6）规范车辆工器具管理标准

在配网不停电作业技术研发中心建立配网不停电作业标准装备检测环境，固化检测流程；完成配网不停电作业装备标准配置，定期试验校核标准及报废标准；完成下一年工器具装备车辆零购计划方案编制。

7）提升人员技术技能水平

针对不同层级、不同岗位培训对象，组织开展配网不停电作业管理培训标准教材编制；组织开展作业人员技术水平再认定，定期抽选全民及省管产业单位人员开展技术水平检查，对实际工作中不满足工作要求的人员及时回炉培训，并经考试合格方可参加不停电作业；深入贯彻配网不停电理念，对多部门、多专业、多岗位的人员开展覆盖性的不停电作业理论宣贯和专业培训。

组织编制《上海配网不停电作业典型工程案例汇编》，全面推广各基层单位在作业方法、装备应用等方面的先进经验和优秀成果；建立配网不停电作业人员积分评价机制，结合人员年龄、工龄、作业次数、技能等级等多维度数据开展评价管理，实现人员精细化管理评价。

8）提升信息系统监控分析水平

以供电服务指挥平台为基础，研发部署配网不停电作业可视化监控模块，通过配置模拟操作、信息集成、工器具管理和施工现场影音资料实时传输等具体功能，提升配网检修作业现场管理及后台分析能力。

## 7.6 先进装备的应用

随着我国科技的迅猛发展，居民和企业对电力可靠性的要求越来越高，而配网线路不停电作业正是提高电网可靠性最有效的方式之一。在计算机、通信和增强现实等技术的推动下，自动化水平更高、安全性更强的先进装备先后配备到作业过程当中，以确保电网可靠运行，为广大员工提供了更好的安全保障。

### 7.6.1 个人电弧防护用品

电气设备应用广泛，正确使用电气设备，防止人身伤害和设备损坏事故的发生，是安全生产的基本要求。

据统计，在使用电气设备过程中发生的伤害事故，电弧事故占比超过75%，直接造成的永久残疾和死亡事故也是居高不下。可见，电弧事故已经成为电气事故中的头号杀手。因此，有必要认真分析电弧在实际工作中发生的可能性并做好防范工作，要求作业人员穿戴电弧防护用品，加强电弧防护。

1）电弧防护的必要性

（1）电弧危害的定义。

所谓电弧危害，是指因电弧释放大量能量对人身的伤害或对设备造成的损坏。

从实践中看，电弧对人身的伤害，主要是由于电弧燃烧时产生的高温引发的人体组织的灼伤。另外，由于这种高温燃弧引发的瞬间金属熔粒或蒸气、巨大的压力波等作用于人体，对人的视力、听力、呼吸道等产生伤害，以及物体打击给作业人员等形成的机械类伤害。

（2）电弧的能量。

电弧产生的能量可高达8～60 MW，它主要与电弧的燃烧时间以及短路电流的平方值成正比，其他因素则包括柜体几何尺寸以及所使用的材料，等等。电弧燃烧持续时间超过100 ms，所释放的能量开始急剧增加，大约150 ms后电缆开始燃烧，

200 ms 左右铜排燃烧,到了 250 ms 左右钢材开始燃烧。

电弧灼伤是电气工作者除感电以外最可能受到伤害的原因,因为严重电弧发生点的温度是太阳表面温度的 4 倍,周围的材料物质被气化或烧熔后高温喷出,也有电弧强光、气浪推力与爆炸声响等伤害。其中,如果工作者衣服被点燃则会造成身体更大面积的烧烫伤,而更易致命。因此,如何避免在电弧事故发生时被灼伤,特别是衣服被点燃或熔化已成为防范电弧伤害的重点之一。除直接烧伤致命以外,电弧气浪压力或推力是可能致命的其次原因,或造成坠落,严重电弧事故也可能使作业人员遭受视力损害、听力损害以及神经系统损伤,所以对电弧伤害的完整防护应该是从头到脚的全身性保护。

2) 常规的个人防护

《电业安全工作规程第 1 部分:热力和机械》(GB 26164.1—2010)中 3.3.9 规定,“进入生产现场必须穿着材质合格的工作服,工作服禁止使用尼龙、化纤或棉、化纤混纺的衣料制作,以防遇火燃烧加重烧伤程度,接触带电设备工作,必须穿绝缘鞋。”

《电力安全工作规程发电厂和变电站电气部分》(GB 26860—2011)中 6.3.2 规定,“高压验电应戴绝缘手套”;7.1.3 规定,“高压设备发生接地故障时,室内人员进入接地点 4 m 以内,室外人员进入接地点 8 m 以内,均应穿绝缘靴;接触设备的外壳和构架时,还应戴绝缘手套”;7.2.2 规定,“雷雨天气巡视室外高压设备时,应穿绝缘靴”;7.3.6.4 规定,“用绝缘棒拉合隔离开关、高压断路器,或经传动机构拉合断路器和隔离开关,均应戴绝缘手套”;7.3.6.6 规定,“装卸高压熔断器时,应戴护目眼镜和绝缘手套,必要时使用绝缘夹钳,并站在绝缘物或绝缘台上”。

由上述规范可知,常规的电力安全防护中,仅从绝缘方面提出了防护要求,并对防止烧伤加重考虑,要求衣物材质合格,但并没有特别提出防止电弧伤害的衣着要求。

3) 个人电弧防护用品配置

0.4~35 kV 个人电弧防护用品按照“可高配低用,严禁低配高用”的原则进行配置,详细要求见表 7-1~表 7-3 所示。

**表 7-1　35 kV 线路及设备上工作个人电弧防护用品配置**

| 序号 | 个人电弧防护用品配置 | 工作场合 |
| --- | --- | --- |
| A | 分体式防电弧服 | 35 kV 设备与线路的停电检修工作、线路与站内设备巡视检查,在巡视过程中采用红外测温等非接触运行设备检测工作;<br>使用第二种工作票的维护工作;<br>邻近或交叉 35 kV 高压电力线路的维护工作 |

(续表)

| 序号 | 个人电弧防护用品配置 | 工 作 场 合 |
|---|---|---|
| B | 分体式防电弧服,配置相应防护等级的防电弧手套 | 35 kV 架空线路开展(绝缘杆作业法)的不停电作业 |
| C | 连体式防电弧服,配置相应防护等级的防电弧头罩、防电弧手套、鞋罩 | 35 kV 室内开关柜上进行倒闸操作 |

**表 7-2 10(20) kV 线路及设备上工作个人电弧防护用品配置**

| 序号 | 个人电弧防护用品配置 | 工 作 场 合 |
|---|---|---|
| A | 分体式防电弧服 | 10(20) kV 设备与线路上装设、拆除接地线,停电检修工作、线路与站内设备巡视检查,或在巡视过程中、验电、测流红外测温等检测工作;<br>使用第二种工作票的维护工作;<br>邻近或交叉 10(20) kV 高压电力线路的维护工作 |
| B | 8 防电弧服,配相应防护等级的防电弧面屏和防电弧手套 | 临近带电体作业与绝缘杆作业法不停电作业<br>绝缘手套作业法不停电作业 |
| C | 连体式电弧服装,配置相应防护等级的防电弧头罩、防电弧手套、鞋罩 | 操作 10(20) kV 开关柜<br>操作 10(20) kV 柱上开关、隔离开关、跌落式熔断器等设备,以及户外架空线路挂设接地线 |
| D | 25 电弧服装,配置相应防护等级的防电弧头罩、防电弧手套、鞋罩 | 电缆不停电作业(包括高压配电柜、环网箱、旁路负荷开关等的倒闸操作及对运行中的电缆及设备进行检测等) |

**表 7-3 0.4 kV 线路及设备上工作个人电弧防护用品配置**

| 序号 | 个人电弧防护用品配置 | 工 作 场 合 |
|---|---|---|
| A | 8 分体式防电弧服,配置护目镜和相应防护等级的防电弧手套 | 0.4 kV 室内设备与线路的停电检修工作<br>0.4 kV 户外架空线路的停电检修工作<br>0.4 kV 室外巡视、检测和在低压架空线路上的测量工作<br>邻近或交叉 0.4 kV 线路的维护工作 |
| B | 8 分体式防电弧服,配置相应防护等级的防电弧面屏、防电弧手套 | 0.4 kV 架空线路采用绝缘杆作业法进行不停电作业<br>0.4 kV 架空线路采用绝缘手套作业法进行不停电作业 |

(续表)

| 序号 | 个人电弧防护用品配置 | 工 作 场 合 |
| --- | --- | --- |
| C | 25 电弧服,配置相应防护等级的防电弧面屏和防电弧手套 | 0.4 kV 室内巡视、检测和直接在户内配电柜内的测量工作 |
| D | 40 电弧服装,配置相应防护等级的防电弧头罩、防电弧手套、鞋罩 | 0.4 kV 配电柜内倒闸操作<br>0.4 kV 配电柜内进行不停电作业 |

例如,某生产单位运检班共有 5 人,则可购置上表中序号为“A”的防电弧服 5 套作为运检班工作人员日常穿戴的制式服装(工作服);如不停电作业班 5 人,则可购置上表中序号为“B”的防电弧服 5 套作为不停电作业班组人员日常穿戴的制式服装;如有需要可分别购置“C”、“D”各 1 套在跌落式熔断器操作、电缆不停电作业时使用。

穿着个人电弧防护服时的作业情况如图 7-5 和图 7-6 所示。

图 7-5 高空作业着个人电弧防护服照片

### 7.6.2 履带式自走式绝缘平台

履带式绝缘斗臂车俗称蜘蛛车,是一种新式不停电作业神器。该履带式斗臂车属于自走式轻量化装备,橡胶履带式底盘,可垂直升降、水平伸缩,作业高度可达 15 m,特别适合于乡村区域复杂线路、厂区、丘陵田地、绿化带或者鱼塘基围通道狭窄处等大型不停电作业车不易进入的区域使用,室内室外皆可使用。

**图 7-6 地面作业着个人电弧防护服照片**

1）现有不停电作业检修方式

（1）绝缘斗臂车不停电作业。

绝缘斗臂车作工作平台的作业方式广泛应用于不停电检修工作中，此种方式具有作业时间短、安全可靠、方式灵活等优点。在制定不停电方案时，尤需考虑现场条件和周边环境，比如装置附近有无影响绝缘斗臂车作业的障碍物（如低压线、树木、通信线路、路灯、广告牌等），现场道路是否便于绝缘斗臂车停放（硬化路面为宜、宽度不小于 4 m、坡度不大于 7°），绝缘斗是否可延伸至作业点等，如存在影响绝缘斗臂车作业的因素，应在线路施工时一并处理掉或暂时移除，若现场环境不符要求，可通过铺设钢板、开挖便道等方式用于绝缘斗臂车停放（见图 7-7）。

（2）绝缘平台或地电位不停电作业。

若作业位置无法满足绝缘斗臂车停放要求（如杆塔位于农田、杆塔周围设有围墙等），为避免停电作业对供电可靠性产生不利影响，则需考虑其他作业方式予以补充。目前，通用的办法是在杆上搭设绝缘平台和采取地电位作业，如图 7-8、图 7-9 所示。但这两种作业方式存在明显局限性，无法满足各类装置、设备的不停电检修工作。如搭设绝缘平台要求杆塔不影响平台安装的附着物，常用于熔丝搭头和支接搭头等作业项目，难以大规模推广应用；地电位作业随着线路绝缘化水平提高，应用场景越来越少，主要适用于剪短引流线的作业。

图 7－7　绝缘斗臂车作业图

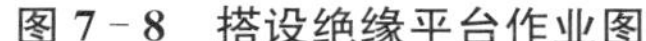

图 7－8　搭设绝缘平台作业图

图 7－9　地电位作业图

2）履带式自行式绝缘平台作业

履带式自行式绝缘平台在一定程度上可作为绝缘斗臂车、绝缘平台及脚扣登杆进入不停电作业区域的一种补充办法，受地形条件限制小，甚至可承担部分复杂作业任务。履带式斗臂车属于非机动车辆，采用橡胶履带式底盘，虽然使用柴油，但无环保排放要求，无需上牌。采用轻量化设计，出行与布置方便，对地面承重要求低，可满足丘陵、狭窄地带的特殊使用，对坡度要求低。相比常规型不停电作业车，蜘蛛履带式斗臂车具有更高的机动性和灵活性，解决了目前绝缘斗臂车无法到达作业现场的困难，扩大了不停电作业范围，提高了不停电作业能力，保障了供电可靠性。

(1) 基本参数。

当前，公司使用的履带式自行式绝缘平台产自美国 TIME 公司，型号为 VST-52-1，主要参数如表 7-4 所示。

**表 7-4 作业平台主要参数表**

| | | | |
|---|---|---|---|
| ➤ 最大平台高度 | ➤ 15 m | ➤ 整车尺寸 | ➤ 7.19 m×1.3 m×2.3 m |
| ➤ 最大作业高度 | ➤ 17 m | ➤ 工作斗承载 | ➤ 200 kg(2 人+40 kg 工具) |
| ➤ 最大作业半径 | ➤ 11 m | ➤ 液压系统操作压力 | ➤ 185 kg/cm$^2$ |
| ➤ 最小车辆稳定质量 | ➤ 3.645 t | ➤ 底盘最大倾角横向/纵向 | ➤ 10°/10° |
| ➤ 额定电压 | ➤ 46 kV | ➤ 绝缘上臂长 | ➤ 1.07 m+1.0 m |
| ➤ 最大支撑投影面积 | ➤ 4.6 m×4.6 m | ➤ 绝缘下臂长 | ➤ 0.305 m |

如图 7-10 所示，履带式自行式绝缘作业平台的履带轮高 34 cm，轮宽 24 cm，轮长 210 cm，履带轮可进行伸缩调节，幅度为 97～147 m，满足不同地形宽度要求，支腿采用万向球结构，设计成蛙式支撑腿，具有一键自动找平作业平台的功能。考虑该履带式自行式作业平台为折叠臂式，现场作业空间应能够保证高架装置移动、工作位置转移等要求，因此车辆支撑平面投影面积不宜小于 7.5 m×5.0 m，移动过程中还需对临近带电线路及障碍物保持足够间隔裕度。

**图 7-10 履带式自行式绝缘作业平台**

(2) 平台转运。

实践过程中采用平板车转运作业平台至施工现场附近，之后可通过控制器操控作业平台穿越农田、草地或者狭小地段等非铺装路面到达作业位置。平板拖车要求载重能力不小于 5 t，长度不小于 7 m，通过绑带与作业平台可靠固定。车辆的装卸主要有叉车叉装、吊车吊装、爬梯平板车自行走三种方式，装卸过程均需专人统一指挥。

随车控制器相当于汽车的驾驶盘，可实现作业平台发动机启停，前后行进，左右转向，支腿伸缩，履带宽度调节等功能，可悬挂于胸前方便操作。需要注意的是，作业平台转运过程中，必须明确人员分工，车辆行进通道及作业半径内，禁止无关人员在内活动，强化作业全过程管控。

(3) 工作斗操作。

该履带自行式作业平台与常规“爱知牌”绝缘斗臂车类似，具有上部操作台和下部控制台一键切换装置，待支腿找平后，可放平绝缘上臂支撑架，通过下部操作将工作斗移至地面，方便作业人员进斗；场地受限时，也可摆放踩凳或从车身进入。

(4) 安全装置。

具有紧急制动装置，防止意外操作，工作臂和支腿设有互锁装置，以确保车辆不因误操作而引起倾翻；具有上臂角度限位及自动停止装置，备有应急泵，在发动机和泵出现意外时，操作应急泵使工作斗内的工作人员安全降落。

履带式自走式绝缘平台不停电作业的典型案例详见本书附录 8.3 节部分内容。

### 7.6.3 配网不停电作业机器人

不停电作业具有较大的作业难度和安全风险，对作业人员的技能和体能要求较高，研发配网不停电作业机器人已成为在物联网建设阶段和配网施工检修中亟待突破的重点工作。

1) 不停电作业机器人发展现状

当前，国内外不停电作业机器人的研究应用历程，大体上可以分为三个阶段：

第一个阶段，主从控制研究阶段。这是国外研发比较成熟的阶段，目前已经广泛应用于不停电作业生产实践。机器人末端平台安装两个机械臂，操作人员通过操作对应主手来控制机械臂完成作业任务。

第二个阶段，半自主控制研究阶段。这个视觉测试技术已经开始应用，操作人员在地面控制机器人作业，提高了操作人员的安全性。

第三个阶段，全自主控制研究阶段。这个具有对环境的三维识别能力，机器人根据视觉测试到的目标数据自动完成控制程序的编写，控制系统稳定，机器人反应灵敏，可靠性高。

2）研发亮点

（1）现阶段国内外研究的重点主要是人机一体的主从式机械抓手机器人，对于人员的操作技巧和机器人本身的绝缘性能都提出了较高的要求。上海公司此次设计研发的配网不停电作业机器人，是国内首台基于绝缘杆作业方式的不停电作业机器人，通过运用机械臂前端的绝缘杆作为操作主绝缘，大大提升了机器人作业时的绝缘水平，减少了绝缘遮蔽时间，保障了相间及相对地安全距离，人员仅在地面进行操作，实现信息确认和校验，机器人就可完成视觉识别、环境建模和路径规划等近80%的自主作业。

（2）所设计不停电作业机器人重约170 kg，小于绝缘斗250 kg的额定载重，因此将机器人安装于绝缘斗臂车的工作斗内，在机器人与车辆组装结合时无需对现有工作斗进行改装，机器人能适配市面上大部分绝缘斗臂车，具有良好的装载适配性。

（3）机器人前部集成了组合式工具台，已完成了3个工器具的研发，用于开展10 kV带电搭接引线项目，可完成包括导线剥皮、引线抓取、夹线安装和金具紧固在内的全流程作业，约占总作业量的80%，可大幅降低不停电作业人员劳动强度；斗内集成了充电锂电池，实际作业时可接入车载用电，最大续航时间约8小时。

（4）机器人共有6个视觉传感器，主要负责工器平台、工作环境和作业全景的视觉监控，将在后续进行技术升级，进一步增加传感器数量、提高定位精度；机器人的2个机械臂作业时臂展约3 m，单臂承重达10 kg，具备6关节自由度，自带电机结构；整套线路装置也是根据现场实际环境模拟搭建的。

3）不停电作业机器人系统组成

不停电作业机器人由6大系统组成：控制系统、机械系统、通信系统、绝缘系统、虚拟图像系统、人机交互系统。其中，软件系统主要包含控制系统、图像处理系统及人机交互系统。

控制系统：控制系统主要负责机器人作业过程，控制机械手臂运动及指导升降台（斗臂车升降臂）运动。

机械系统：机械系统包含末端工器具、工具台、相机及云台。

通信系统：机器人采用无线通信，同时，具备光纤辅助通信能力。

绝缘系统：采用绝缘杆、绝缘斗及斗臂车绝缘臂多级绝缘防护。

虚拟图像系统：通过3D模型和实时图片结合，增加临场视觉能力。

人机交互系统：控制终端通过触摸屏、实体按键、摇杆等设备对机器人进行操作；机器人通过传感器反馈实时环境、操作过程、状态信息。

4）不停电作业机器人关键技术

（1）基于ROS的机械臂控制技术。

基于ROS操作系统设计的不停电作业机器人运动控制系统，在机械臂的运动学建模、轨迹规划的基础上，加入人机交互接口、通信、监控、传感器等模块。

（2）基于机器视觉的机器人自主作业技术。

机器人通过虚拟图像系统，将现场3D环境模型与相机所得实时图像进行融合分析，计算实际作业中的手臂运动规划，完成机器人自主作业。

5）不停电作业机器人研发难点

（1）电力系统内，非结构化的工作环境。线路环境复杂多样，线缆品牌多，线径不标准，造成机器人末端执行器设计困难，一种执行器难以满足多样化的作业需求，而能够自适应的执行器研究进展缓慢。

（2）气候环境对机器人高空作业影响。强光或者弱光状态下，机器人相机成像以及3D建模数据获取都无法达到理想状态，造成数据不完整，影响机械臂运动规划。在高空中，线路以及斗臂车的斗臂都会受到风力的影响，造成轻微晃动，影响机械臂目标定位。

（3）虚拟图像处理受技术发展限制。3D模型建立需要精确的激光或者相机，业内缺乏能够进行实时环境跟踪的设备，且精度很难精确到毫米级。同时，大量的图像处理，也需要专业的硬件设备进行计算，需求越精确，计算时间越长，影响机器人作业效率。

（4）搭接火线作业中，机器人无法对引线进行处理。搭接火线作业中，人工对于引线需要进行测量、截断、线头剥线等工作，目前机器人作业时，无法做到以上工作，需要人工对不带电的引线进行预处理。

6）重点工作及取得的成果

（1）重点工作。

一是加强不停电作业机器人入网管理，编制入网管理规定和指导意见；二是编制不停电作业机器人入网检测标准，组织开展机器人机械、电气试验和入网检测；三是加快作业人员理论和操作培训，开展现场高空模拟工作实训，编制作业指导书，组织试点单位开展现场试点应用；四是增强不停电作业机器人视觉传感技术融合，实现基于激光和图像的高精度环境和自主3D建模，不断优化机械臂轨迹规划与避碰算法，加快绝缘短杆工器具、专用线夹和绝缘罩壳研制。

（2）取得成果。

目前，上海电力公司研发的机器人为国内首台基于绝缘杆作业方式的不停电作业机器人，已具备支接引线搭接能力，机械臂可完成自主路径规划、导线剥皮、氧化层清除、引线抓取、夹线安装和金具紧固等全套引线搭接流程，三相作业时长约45 min，通过运用机械臂前端的绝缘杆作为操作主绝缘，大幅提升了作业时绝缘水平，减少了绝缘遮蔽时间，保障了相间及相对地安全距离；机器人安装于绝缘斗臂车工作斗内，具有良好的装载适配性，能适配市面上大部分绝缘斗臂车，目前可开展10 kV带电搭接引线全流程作业，完成视觉识别、环境建模和路径规划等近80%的自主作业。

2020年起，上海电力公司通过不断优化不停电作业机器人视觉处理技术、系统自动化程度和关节自由度控制算法，丰富绝缘短杆工器具研发设计，已逐步实现一、二类作业项目全流程操作，具备三、四类作业项目（主要为带电调换电杆、变压器等工作）辅助作业能力。

### 7.6.4 其他先进装备

(1) 蜂巢式应急充电子母方舱。该系统可在180 s内完成装车或卸车（包括自装卸）；具备多种输出方式（插座、交直流、USB、USV、点烟器），功率为5 kW的子母分离式充电方舱、母舱具备五孔插座及USB输出；子舱具备交直流输出、USV输出、点烟器输出，子舱充电方式为市电、太阳能、发电机三种充电方式。

(2) 小型化移动箱变车方仓1型。将小型化配变箱进行改装设计，使其具备液压支撑和机动通行能力，通过搭配拖车和布缆机器人，可实现移动配电设备现场运输和快速组装；具备自动行走功能，液压支撑可离地800 mm，配备630 kVA干式变，具有高低压柜集成断路器功能，1进2出，可以进行快速插拔头连接，同时配备自动化装置。

(3) 线路巡检用多旋翼无人机。运行人员操作无人机时，利用机载镜头从平视、俯视等角度对架空线路开展巡视，以便更全面地掌握线路运行情况，及时发现设备缺陷和隐患。

(4) 高空照明系留无人机。其适合夜间大范围抢修现场、施工现场作业照明，满足复杂环境下的抢修需求，确保人身安全及设备安全。当它的悬停高度为20 m时，其最佳照明范围为3 000 $m^2$、悬停高度为50 m，有效照明范围7 000 $m^2$，持续飞行时间12 h。

(5) 全方位大型照明升降灯塔。其适合在特大型事故灾害、自然灾害等大型活动现场，作为应急保电照明使用，采用4个1 000 W高效节能灯头，实现气动升降调节，最大升起高度为10 m；4个灯头可单独上下左右调节照明角度，灯光覆盖半径可达200～500 m，发电机组一次注满可连续工作69 h以上，也可接通220 V交流电源实现长时间照明。

(6) 100 kW静音发电机。相对于开放式发电机而言，在其基础上增加了一个装置，使其有隔音和防雨功能，输出功率为100 kW，输出电流为180 A。

(7) 智能机器人布缆车。智能机器人布缆车可灵活装载高、低压线缆，采用无线遥控控制方式，具有自动收放线、自动排线、路障识别、防撞保护、寻迹导航等功能特点；实现了边行走边放线，极大地提高了收放线的速度，其体积小巧，机动灵活，非常适合老旧城区和小区道路。

# 第8章　案例：不停电作业管理提升典型项目

## 8.1　带电拆开10 kV沙13上海水泵出线双拼电缆作业

2016年4月，某供电公司完成了带电拆开10 kV沙13上海水泵出线双拼电缆。

现场勘查发现，该出线电缆采用了双拼电缆（站内同一出线开关分别从两路到♯1杆处连接到沙13架空线上），电缆所在位置1号杆为终端杆，如图8-1所示。图中右侧一路出线电缆绕过横档，与长路导线的耐张线夹的枪头，通过安普线夹头对头的方式连接，带电拆开时需要与地电位、相间保持安全距离，作业流程细节需严格执行到位。

图8-1　沙13♯1杆实际装置图

数据分析可知，沙13整条线路共有高压用户24户，带电拆电缆头可以减少停电时户数194时户左右。该线路白天平均电流值为72 A，带电拆电缆头可以多供电大约9 876 kW·h，在提高供电可靠率和用户服务质量的同时也能带来极大的经济效益。

本次作业某公司采用的作业方式是两辆绝缘斗臂车、绝缘手套法进行带电拆开双拼电缆引线。考虑到相同距离长度时，双拼电缆的容抗值是单根电缆的两倍，在作业前要保证拆除的双拼电缆单条长度不可超过1.5 km，此次作业电缆长度满足要求。作业过程严格执行了标准化双车拆双拼电缆作业书，并根据实际装置特点，增加右侧的绝缘措施。

### 8.1.1　项目设计电系图

本项目设计电系图如图 8－2、图 8－3 所示。

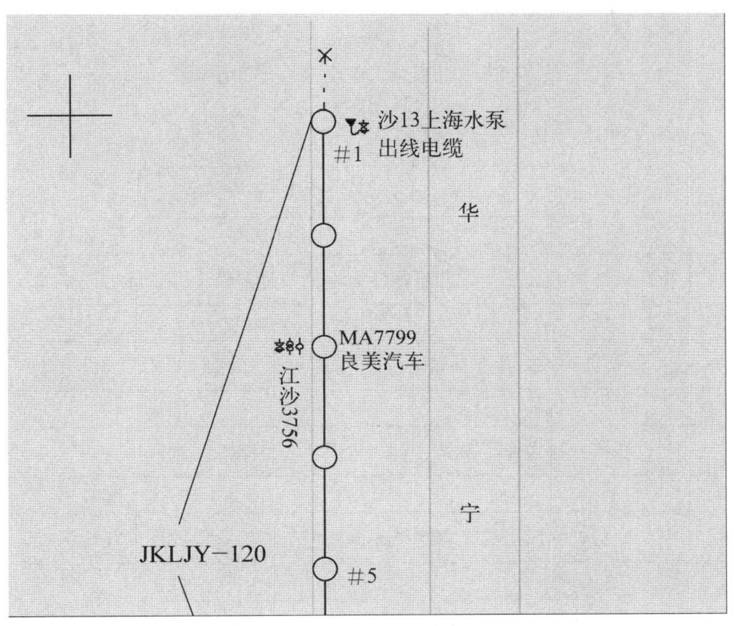


图 8－2　沙 13 电 系 图

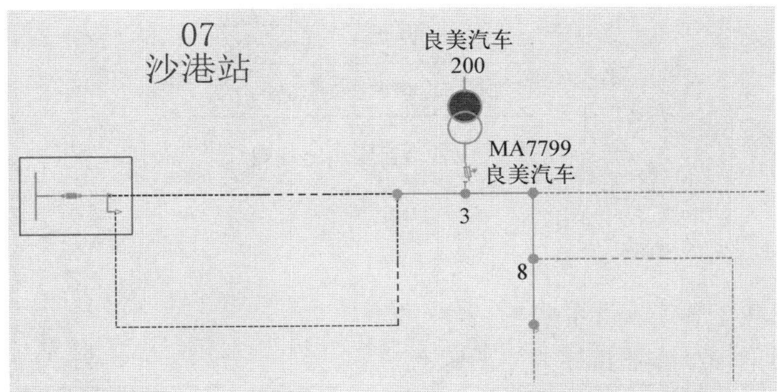


图 8－3　沙 13 线路走向图

### 8.1.2　项目实施流程图

本项目实施流程图如图 8－4 所示。

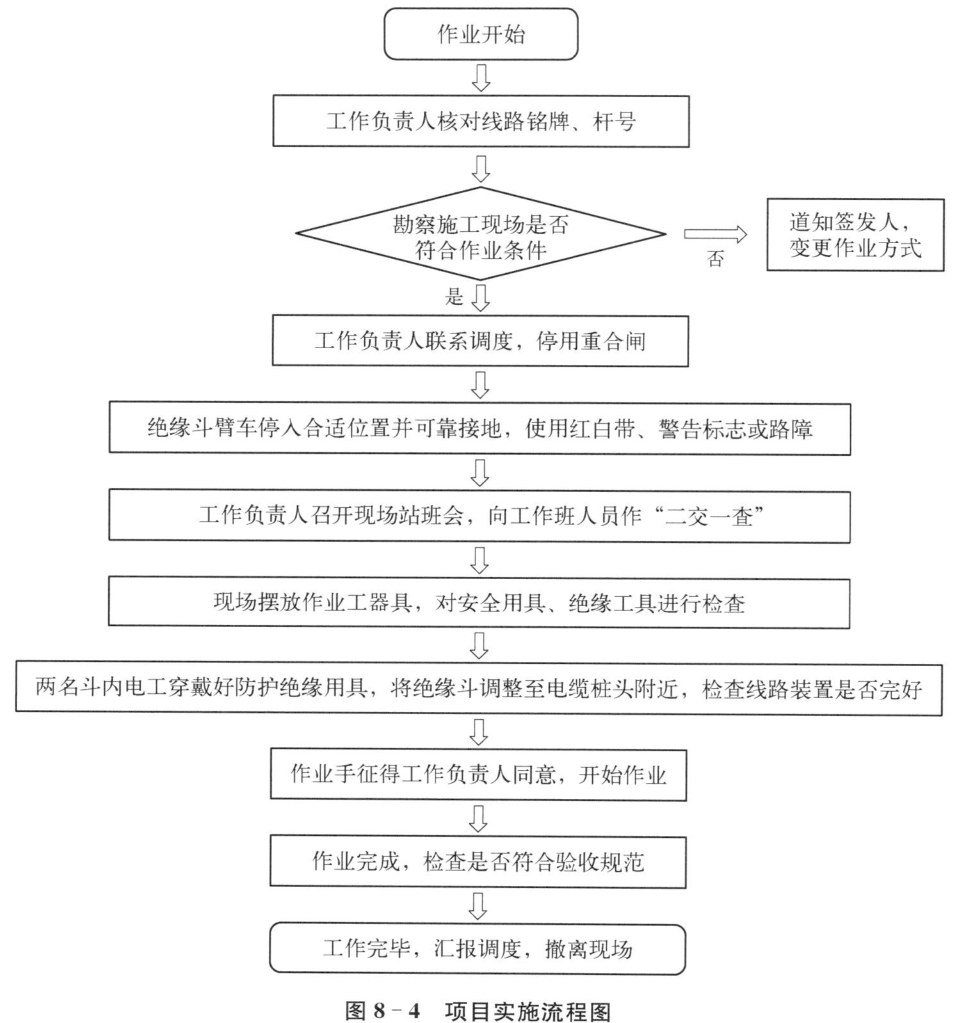


**图 8-4　项目实施流程图**

### 8.1.3　项目作业规范

一、项目标准作业指导书

本项目的标准作业指导书如下所示。

**10 kV 线路带电拆除双拼电缆引线**

**作业指导书**

（绝缘斗臂车、绝缘手套作业法）

1　范围

1.1　本作业指导书规定了 10 kV 线路带电拆除出线电缆头引线的操作步骤；电缆长度不

超过 1.5 km，电容电流不超过 5 A。

1.2　本项目使用绝缘手套作业法；

1.3　本项目使用绝缘斗臂车作为工作平台；

1.4　本项目适用于 10 kV 典型线路杆型装置的带电拆除出线电缆头引线的工作。

2　规范性引用文件

下列文件中的条款通过本作业指导书的引用而成为本指导书的条款，凡是注日期的引用文件，其随后所有的修改单(不包括勘误的内容)或修订版均不适用于本指导书，然后，鼓励根据本标准达成协议的各方研究是否可使用这些文件的最新版。凡是不注日期的引用文件，其最新版本适用于本指导书。

《不停电作业用遮蔽罩》(GB 12168—1990)

《不停电作业术语》(GB/T 14286—2002)

《不停电作业用绝缘手套》(GB 17622—1998)

《不停电作业用绝缘绳索》(GB 13035—1991)

《35 kV 及以下架空电力线路施工及验收规范》(GB 50173—1992)

《不停电作业绝缘杆通用技术条件》(GB 13398—1992)

《电业安全工作规程(电力线路部分)》(DL 409—1991)

《不停电作业用绝缘斗臂车》(IEC 61057)

《国家电网公司电力安全工作规程》(国家电网安监[2009]664 号)

3　人员组合

本项目需要 4 人，具体分工：

3.1　工作负责人(兼工作监护人)：1 人。

3.2　作业电工：3 人。

3.2.1　1 号、2 号电工为斗内电工；

3.2.2　3 号电工地面电工；

4　特种车辆、工器具配备

4.1　特种车辆

绝缘斗臂车 2 辆。

4.2　个人防护绝缘工具

10 kV 绝缘手套 2 副；

防护手套 2 副；

斗内安全带 2 副；

绝缘披肩 2 件；

护目镜 2 付。

4.3　绝缘遮蔽用具

绝缘布 4 块；

绝缘隔离挡板 2 块；

避雷器遮蔽罩 2 只。

4.4　绝缘工器具

美式消弧器 1 套；

钳形引流线 1 根；

小闸刀操作杆 1 根；

绝缘绳(Φ12 mm×25 m)2 根；

4.5　其他工具及材料

钳形电流表 2 套；

绝缘导线剥线刀 2 把；

绝缘绑扎线 1 卷；

防潮帆布 1 块；

红白带、路障若干；

医药箱 2 只。

5　作业程序

5.1　工具储运和检测

5.1.1　在工器具库房领用绝缘工具、安全用具及辅助器具，应核对工器具的使用电压等级和试验周期。

5.1.2　领用绝缘工器具应检查外观完好无损。

5.1.3　工器具运输前，各种工器具应存放在工具袋或工具箱内，金属工具和绝缘工器具应分开装运，以防止相互碰擦造成外表损坏，降低绝缘工器具的水平。

5.2　现场操作前的准备

5.2.1　工作负责人核对线路铭牌、杆号，勘察施工现场是否符合作业条件。

5.2.2　工作负责人应按不停电作业工作票内容联系当值调度。

5.2.3　绝缘斗臂车进入合适位置并可靠接地，根据道路情况使用红白带、警告标志或路障。

5.2.4　工作负责人召开现场站班会，向工作班人员作“二交一查”，并对站班会内容进行抽查、问答。

5.2.5　根据分工情况整理材料，对安全用具、绝缘工具进行检查，绝缘工具应使用 2 500 V 兆欧表进行分段绝缘检测，绝缘电阻值不低于 700 MΩ(出库前如已测试过的可省去现场测试步骤)。

5.3　操作步骤

5.3.1　1 号电工、2 号电工系好安全带，戴好绝缘手套、防护手套，进入绝缘斗。将绝缘斗调整至距内侧导线两米处。将绝缘斗臂车的油门调至低档。目测检查线路装置是否完好。

5.3.2　1 号电工、2 号电工向工作负责人汇报后并征得同意，将绝缘斗调整至电缆桩头下方合适位置，用钳形电流测试电缆引线电流，应低于 5 A。

5.3.3　1 号电工、2 号电工向工作负责人汇报后并征得同意，调整绝缘斗至内侧导线下方合适位置，使用绝缘隔离挡板、避雷器遮蔽罩对内侧相避雷器做绝缘隔离措施。

5.3.4　1 号电工向工作负责人汇报后并征得同意，若拆除点导线上无接地环，使用剥线刀逐相在导线上合适位置去除合适长度的绝缘层，准备安装消弧器。

5.3.5 1号电工将绝缘斗调整至内侧导线下，检查美式消弧器处于拉开位置，将消弧器挂在内侧导线上，并将钳式引流线两端分别固定在美式消弧器接地梗与同相位电缆过渡支架上接地梗上，检查无误，经工作监护人确认同意后，用绝缘操作杆合上美式消弧器，并对其闭锁。

5.3.6 1号电工、2号电工向工作负责人汇报后并征得同意，同步拆除内侧相避雷器上桩头引线，并使用绝缘绑扎线固定在上方导线上。（注意：此时已断开引线的电缆避雷器过桥牌仍带原来的电压）

5.3.7 1号电工、2号电工向工作负责人汇报后并征得同意后在内侧相导线和引线上用绝缘布进行绝缘遮蔽。

5.3.8 1号电工将绝缘斗调整至消弧器下面合适位置，打开消弧器闭锁装置，拉开消弧器，随后取下钳式引流线，再将消弧器从导线上取下。

5.3.9 1号电工、2号电工向工作负责人汇报后并征得同意，然后拆除内侧相避雷器上的绝缘遮蔽措施。

5.3.10 1号电工、2号电工向工作负责人汇报，得到同意后进行其他两相引线拆除，步骤次序与内侧相一致，1号、2号电工在电杆两侧配合作业应遵循以下原则：

1）两人同时只对同一相作业；

2）安装、拆除遮蔽措施，断开引线过程，两人应同步进行；

3）对于一相引线的拆除过程，应确认消弧器接通后，才能开始拆除引线；在电杆两侧的同一相引线都拆除后，才可以退出消弧器。

5.3.11 三相引线拆除顺序根据现场情况，也可先拆除两边相，最后中相，遵循“先易后难”原则；

5.3.12 工作结束。如拆除前去除导线绝缘层，应使用绝缘包带恢复导线绝缘。检查杆上是否有遗留物，安全距离等是否符合运行标准。

5.3.13 1号电工向工作负责人汇报。绝缘斗返回台架。所有斗内材料、工器具清理干净。1号、2号电工出斗。

5.3.14 工作负责人对完成的工作做一个全面的检查，符合验收规范要求后记录在册，并召开收工会进行工作点评后，宣布工作结束。

5.3.15 工作完毕后，汇报当值调度工作已经结束，工作班撤离现场。

6 安全注意事项及措施

6.1 作业环境

6.1.1 作业现场和绝缘斗臂车两侧应根据道路情况使用红白带、警告标志或路障，防止外人进入工作区域；如在车辆繁忙地段还应与交通管理部门取得联系，以取得配合。

6.1.2 夜间进行不停电作业应有足够的照明。

6.2 安全距离及有效绝缘长度

6.2.1 作业用绝缘工具都应经过摇测，绝缘电阻应不低于700 MΩ(电极间距2 cm)。

6.2.2 在不停电作业时，应保持对地不少于0.4 m，对邻相导线不少于0.6 m的安全距离；如不能确保安全距离时，应采用绝缘挡板、管、布及其他绝缘遮蔽措施。

6.2.3 工作时绝缘斗臂车的绝缘臂有效长度应保持大于等于1 m。

6.2.4 绝缘手套仅作为辅助绝缘,不能作主绝缘使用。

6.3 遮蔽措施

6.3.1 本项目在固定中相引线时,与边相导线安全距离不够,应对内侧相导线及引线进行绝缘遮蔽。

6.3.2 对于电缆过渡支架应使用避雷器绝缘罩进行绝缘隔离。

6.3.3 对于三相避雷器中,距离较近的两相之间应该使用绝缘隔离挡板进行绝缘隔离。

6.3.4 作业线路下层有低压线路合杆时,如妨碍作业,应对相关低压线路加绝缘套管或绝缘布遮蔽。

6.4 重合闸

本项目需停用线路重合闸。

6.5 关键点

6.5.1 工作前应得到调度许可,被拆除电缆的线路出线开关、母刀、线刀处于拉开位置;拆除前应测试电缆引线电流,应无电流。严禁带负荷拆除电缆引线。

6.5.2 送电架空线路的开关重合闸已停用。

6.5.3 在接触有电导线前应得到工作负责人(工作监护人)的认可。

6.5.4 消弧器安装前应检查消弧开关、闸刀均处于拉开位置,消弧器挂上导线连接完毕后,先将闸刀合上,然后将消弧器开关合上;拆除完成后,先将消弧器开关拉开,然后再拉开闸刀,将消弧器跨接线从电缆头上取下,并挂在消弧器上,最后将消弧器操作杆从导线上取下。

6.5.5 注意防止消弧器的操作绳索被设备或人体勾住等引起的误操作。人体、绝缘斗等移动过程中防止触碰消弧器引线。

6.5.6 在1号电工或者2号电工拆除上一相引线后,另一侧同相的避雷器桩头就会带电,还未搭上引线的电工不宜再对电缆上桩头进行清洁等过多操作。

6.5.7 在第一相搭头与有电导线连接后,其余引线(包括导线)应视为有电。

6.5.8 在作业时,严禁人体同时接触两个不同的电位。

6.5.9 应遵守不停电作业有关断、接引搭头的有关规定,双拼电缆引线均已拆除,在电缆引线拆开后未挂接地线前,在拆除绝缘遮蔽工具时,应视电缆过渡支架均有电。

6.6 其他安全注意事项

6.6.1 开工前由工作负责人持不停电作业工作票与当值调度取得联系,工作负责人应核对工作票中工作任务与现场工作线路名称、杆号及电缆铭牌是否一致。

6.6.2 绝缘斗臂车应可靠接地,在作业前应进行操作检查。

6.6.3 当斗臂车绝缘斗距有电线路2 m或工作转移时应缓慢移动,动作要平稳,严禁使用快速档;绝缘斗臂车在作业时,发动机一般不能熄火(静音车除外),以保证液压系统随时处于工作状态。

6.6.4 在操作绝缘斗移动时,应防止与电杆、导线、周围障碍物、邻近绝缘斗臂车碰擦。

6.6.5 在合杆线路上工作与上层线路小于安全距离规定,且无法采取安全措施时不得进行该项工作。

6.6.6　上、下传递工具、材料均应使用绝缘绳，且使用过程中，绝缘绳不得接触地面，严禁抛、扔。

6.6.7　本项目工作不少于4人。

7　质量检查要求及记录

7.1　拆除引线前，作业人员要认真检查电缆登杆装置附件完好无损，相间距离符合要求，安装牢固可靠。

7.2　三相引线在导线上固定应牢固。

7.3　做好该项目的不停电作业记录。

### 8.1.4　沙13电缆拆开关键操作步骤

先将沙13上海水泵出线双拼电缆拆开，实际工作现场装置如图8-1所示：一侧直线装置，一侧为尽头大花转。

如图8-1所示，本次作业，决定在直线杆一侧设1号斗内电工，尽头侧设2号斗内电工。

1）钳形电流测试电缆引线电流

1号电工、2号电工分别测量引线电流。

要求：引线电流应小于5A。

2）绝缘措施

1号电工、2号电工调整绝缘斗至内侧导线下方合适位置，使用绝缘隔离挡板、避雷器遮蔽罩对内侧相避雷器做绝缘隔离措施，尽头一侧需对中相引线遮蔽。作业现场如图8-5所示。

要求：

（1）双拼电缆两侧，边相与中相之间，使用绝缘隔离挡板。

（2）避雷器遮蔽罩对内侧相避雷器做绝缘隔离措施。

（3）尽头侧绝缘布对中相引线遮蔽。

3）安装并合上消弧器

1号电工将绝缘斗调整至内侧导线下，检查美式消弧器是否处于拉开位置，将消弧器挂在内侧导线上，安装并合上消弧器（见图8-6）。

要求：

（1）将消弧器挂在内侧导线上。

图8-5　采用绝缘遮蔽措施实图

（2）钳式引流线两端分别固定在美式消弧器接地梗与同相位电缆过渡支架上接地梗上。

（3）检查无误，用绝缘操作杆合上美式消弧器。

（4）对其闭锁。

图 8-6　消弧器安装完毕后的照片

4）同步拆开内侧相，并固定引线并绝缘遮蔽

1 号电工、2 号电工向工作负责人汇报后并征得同意，同步拆除内侧相避雷器上的桩头引线，并使用绝缘绑扎线固定在上方导线上，进行遮蔽。作业现场如图 8-7 所示。

图 8-7　内侧引线同步拆开操作照片

拆开引线时，要求：

（1）两侧电工同步拆除。

（2）拆除的引线端头、电缆避雷器过桥牌仍带有原来的电压，故仍需保持安全距离。

（3）直线侧引线与上方导线绑扎牢靠不让其松脱。

（4）尽头侧引线应圈好，并绑扎不松脱。

遮蔽要求：

（1）直线侧，引线与上方导线绑扎应用绝缘布遮蔽。

（2）尽头侧，导线端头应用绝缘布全部包住。

**图8-8 引线端头和导线绝缘遮蔽操作实图**

5）拉开并拆除消弧器

1号电工将绝缘斗调整至消弧器下面合适位置，打开消弧器闭锁装置，拉开消弧器，随后取下钳式引流线，再将消弧器从导线上取下。

要求：

（1）将绝缘斗调整至消弧器下面合适位置，打开消弧器闭锁装置。

（2）拉开消弧器。

（3）取下钳式引流线，再将消弧器从导线上取下。

6）以同样步骤拆除B相、C相

1号电工、2号电工向工作负责人汇报，得到同意后进行其他两相引线拆除。

要求：

(1) 两人同时只对同一相作业。

(2) 安装、拆除遮蔽措施，断开引线过程，两人应同步进行。

(3) 对于一相引线的拆除过程，应确认消弧器接通后，才能开始拆除引线；在电杆两侧的同一相引线都拆除后，才可以退出消弧器。

图 8-9　三相拆开图

7) 导线绝缘层恢复

安装消弧器时应去除导线绝缘层，作业结束后应使用绝缘包带恢复导线绝缘。

8) 工作结束

## 8.2　10 kV 配网不停电作业-负荷切割

### 8.2.1　工作背景及意义

近年来，随着上海经济社会的高速发展，各地区用电量逐年增长，尤其是嘉定、青浦、松江等区域人口大量导入，部分地区出现用电紧张、线路和变压器出现超载、重载等情况，不利于电网运行安全。近年来，国网上海市电力公司下属各个供电公司，已完成了多条超载、重载线路和存在超载、重载变压器负荷切割转移，为保障广大用户的用电安全和电能质量奠定了扎实的基础。

当前各供电公司积极进行电网建设，新建变、配电站，从技术的可操作性、负荷分割的合理性、变压器和周围的安全性，结合环境的美观协调等方面，制定出最佳的工作方案，并对现有运行线路和用户进行负荷转移，合理分配负荷需求。

在电网建设和发展过程中，XX 公司优先通过配网不停电作业的方式，来进行负荷转移和其他各项工作。在保证用户用电需求的前提下，优先采用开展带负荷开分段、带电安装柱上断路器、带电断、接 10 kV 架空线路与空载电缆连接引线以及采用应急电源车供电等多种作业方式，以实现配网不停电作业，减少在电网建设过程中对用户的影响，同时满足社会经济发展和百姓生活水平日益提高对电力供应的需求，解决局部地区配电网“有电供不进”的瓶颈矛盾。

### 8.2.2　现状及作业范围

本案例中，某地区用电紧张，夏季高峰时期，35 kV 甲站两台主变最大负载率超过 70%，对主变运行造成影响。新建成的 110 kV 乙变电站的投运大大缓解了该地区用电紧张的现状，并通过转移部分甲站负荷至乙站来减轻甲站主变的运行压力。本次工作中，110 kV 乙变电站已经投入运行，其中乙站 10 kV 出线乙 12 和谐线负荷率较低，故决定将 35 kV 甲站 10 kV 出线甲 9 幸福线的所有负荷转移至乙站 10 kV 出线乙 12 和谐线供电。

本次作业中，涉及甲 9 幸福线负荷转移至乙 12 和谐线。甲 9 幸福线上公变和专变数量共计 37 台，容量 1.5 万 kVA。作业现场设备照片如图 8-10～8-12 所示，作业涉及的作业点如图 8-13 所示。

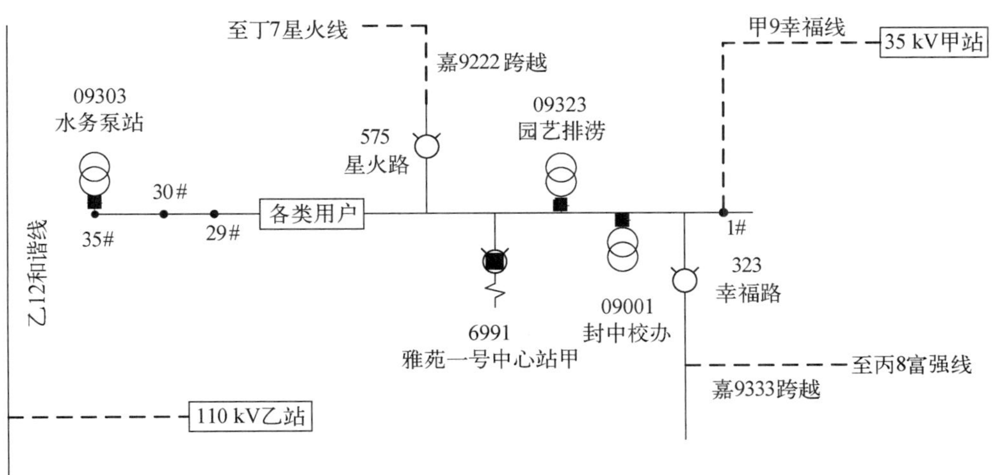


图 8-10　施工前工程电系图

图 8－11　29＃杆现场设备照片

图 8－12　30＃杆现场设备照片

图 8－13　1＃杆现场设备照片

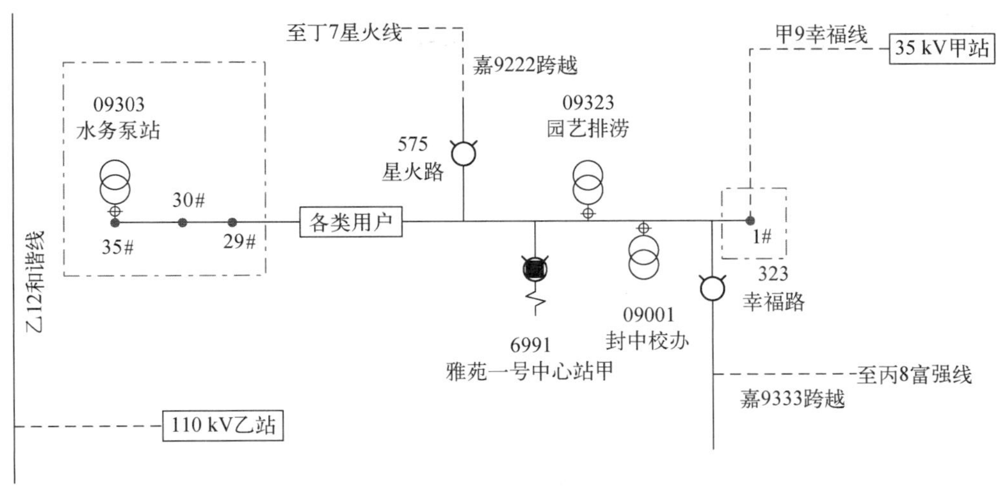


图 8－14　本次作业涉及的作业点示意图

## 8.2.3　不停电作业施工方案

在确定施工方案前，不停电作业技术人员介入前期施工方案制定环节，会同相关人员一同确定施工方案，优先采用不停电作业方式，提升供电服务水平。现场勘察包括但不局限于以下内容：现场施工作业需要停电的范围、保留的带电部位和作业现场的条件、环境及其他危险点等。根据现场勘察结果，对危险性、复杂性和困难程度较大的作业项目，编制组织措施、技术措施、安全措施，经单位批准后执行。

根据现场勘察结果，甲 9 幸福线 31＃杆至 35＃杆位于农田中，不适合开展不停电作业，30＃杆之后仅有 09303 水务泵站一家用户，综合现场交通条件、作业环境、用户因素等，决定实施以下工作：在甲 9 幸福线 29＃杆上带负荷直线杆改耐张杆并加装柱上开关，在甲 9 幸福线 30＃杆上进行跨越电缆登杆，通过跨越电缆与乙 12 和谐线连接，通过热倒负荷方式实行翻电，将甲 9 幸福线负荷全部转移至乙 12 和谐线供电，最后将甲 9 幸福线退出运行。

不停电作业技术人员根据现场勘察结果，确认此方案安全、可靠，符合不停电作业标准后，准备各种材料和工器具，完成前期准备工作。

## 8.2.4　不停电作业施工要点

1）施工要点一：带负荷直线杆改耐张杆并加装柱上开关

根据现场勘查结果，结合工程需要分析，选取甲 9 幸福线 29＃作为施工电杆。带电班进行带负荷直线杆改耐张杆并加装柱上开关。不停电作业人员完成带负荷开分段工作后，再安装柱上断路器。具体作业流程见作业指导书。作业结束，593民主村柱上断路器处于合闸位置，而在作业期间，供电正常，无用户受到影响。施工结束通过验收后，593民主村柱上断路器安装铭牌。

作业注意事项如下：

(1) 新装柱上负荷开关带有取能用电压互感器时，电源侧应串接带有明显断开点的设备，防止带负荷接引，并应闭锁其自动跳闸的回路，开关操作后应闭锁其操作机构，防止误操作。

(2) 使用斗臂车起吊开关要注意吊臂角度，防止超载倾翻。

(3) 作业人员在接触带电导线和进行换相作业转移前，应得到监护人的许可。

(4) 作业人员在绝缘斗内传递工具时应确认两人同时脱离带电设备，绝缘斗内双人工作时禁止两人同时接触不同电位体。作业时严禁人体同时接触两个不同的电位。

(5) 断、接引流线时要保持带电体与人体、相间及对地的安全距离。应注意相位，搭连接点应接触可靠。

(6) 组装、拆除绝缘引流线以及紧线、开断导线时应同相同步进行。

(7) 在开断导线前，应有防导线脱落的后备保护措施。

(8) 如使用吊车起吊耐张横担、柱上负荷开关时，应在吊索起吊范围内对带电体进行双重绝缘遮蔽，吊车车体应良好接地。

2) 施工要点二：拉开甲9幸福线593民主村柱上断路器时，应使用应急电源车对用户进行供电

在本案例中，受施工现场环境因素影响，在35#杆仍有一户09303水务泵站用户，为减少对用户的影响，确保用户能够正常用电，故对该用户进行短时停电，并启用应急电源车对用户进行应急供电。

施工当天，593民主村柱上断路器拉开后，甲9幸福线29#-35#杆区间停电，1#-28#杆区间用户仍由甲站送电，不受影响。此时09303水务泵站用户将短时停电，在拉开09303水务泵站柱上负荷开关并在用户侧做好安全措施防止倒送电。

在甲9幸福线29#-35#杆区间停电施工期间，利用应急电源车对用户持续供电，确保其用电正常。

应急电源车作业注意事项如下：

(1) 机组每次开机前，检查机油面是否在油标尺两刻度之间，防冻液的容量是否足够，必要时添加。

(2) 检查发电机输出电路接法是否正确，确保空气开关在“OFF”位置，手柄向下。

(3) 机组开机前打开车厢两侧贴有百叶窗标志的裙部门，利用拉杆打开百叶

窗，机组运行时，进风百叶窗及排风百叶窗绝对不可以关闭。

(4) 每次使用时，电缆盘上的电缆需要全部拉出，并防止电缆相互叠绕，以免通电时发热而损害电缆绝缘发生事故。

(5) 机组运行时要按照要求检查和记录机组运行情况。

(6) 使用过程中注意总负载电流不能超过机组的额定输出电流。

(7) 在运行停止时，应将蓄电池切换开关切到关段“OFF”状态。

(8) 电源车停用后，将所有门窗关闭，锁好。

(9) 当电源车停放室外时，应检查排烟口罩是否复位，防止雨水流入到排烟管内。

(10) 应定期对水箱进行保养，在冬天应加防冻液，必要时进行加热保暖，以防冻裂水箱或机体。

3) 施工要点三：停电线路上进行施工

施工前期，停电施工班组已经完成乙 12 和谐线 12＃杆至甲 9 幸福线 30＃杆之间跨越电缆的埋设和登杆电缆安装工作。

施工当天，593 民主村柱上断路器拉开后，停电施工班组在甲 9 幸福线 30＃杆上进行施工，对电缆进行测试合格后，完成架空线路与空载电缆连接引线搭头工作。

4) 施工要点四：带电搭接 10 kV 架空线路与空载电缆连接引线

完成上述施工并通过验收、悬挂铭牌和相位牌后，带电班在乙 12 和谐线 12＃杆上进行带电搭接 10 kV 架空线路与空载电缆连接引线，具体作业流程见作业指导书。作业结束后，甲 9 幸福线 29＃－35＃杆区间将由乙 12 和谐线供电。

上述施工完成后，退出 09303 水务泵站用户应急电源车，待做好安全措施后，合上 09303 水务泵站柱上负荷开关，对 09303 水务泵站用户恢复正常供电。

带电搭接 10 kV 架空线路与空载电缆连接引线工作注意事项如下：

(1) 工作前，应确认电缆负荷侧开关(断路器或隔离开关等)处于断开位置。空载电缆长度应不大于 3 km。

(2) 斗内电工对电缆引线验电后，应使用绝缘电阻检测仪检查电缆是否空载且无接地。

(3) 斗内电工在接触带电导线进行换相工作转移前应得到监护人的许可。

(4) 使用消弧开关前应确认消弧开关在断开位置并闭锁，防止其突然合闸。

(5) 合消弧开关前应再次确认接线正确无误，防止相位错误引发短路。

(6) 消弧开关的状态，应通过其操作机构位置(或灭弧室动静触头相对位置)以及用电流检测仪测量电流的方式进行综合判断。

(7) 拆除消弧开关和电缆终端间绝缘引流线，应先拆有电端、再拆无电端。

(8) 作业时，严禁人体同时接触两个不同的电位体；绝缘斗内双人工作时禁止两人接触不同的电位体。

(9) 未接通相的电缆引线应被视为带电。

5) 施工要点五：热倒负荷

本案例中，甲变电站、乙变电站同属一个 500 kV 分区，在确认柱上断路器两侧相位无误、调整两侧电压差在一定范围内后，可实行热倒负荷。操作班合上柱上断路器后，中心站人员将甲站内甲 9 幸福线改为冷备用，此时线路完全由乙站供电。

如两个变电站分属不同 500 kV 分区，则需冷倒负荷。

有关执行标准和步骤参见调度专业相关规章制度。

6) 施工要点六：甲 9 幸福线退出运行

甲 9 幸福线改为冷备用后，甲 9 幸福线退出运行，挂标识牌。带电班带电断开 10 kV 架空线路与空载电缆连接引线后，施工班组拆除登杆电缆及相关设备。此时，乙 12 和谐线已经实现供电，甲 9 幸福线全部负荷转移至乙 12 和谐线，运检部相关运行人员对线路杆号名称进行变更，对系统资料进行整理。

带电断开 10 kV 架空线路与空载电缆连接引线工作注意事项如下：

(1) 工作前，应确定电缆负荷侧开关(断路器或隔离开关等)处于断开位置。

(2) 斗内电工进入有电区域后，测量电缆引线空载电流确认应不大于 5 A。当空载电流大于 0.1 A 小于 5 A 时，应用消弧开关断架空线路与空载电缆线路引线。

(3) 斗内电工在接触带电导线、进行换相工作转移前应得到监护人的许可。

(4) 使用消弧开关前应确认消弧开关在断开位置并闭锁，防止其突然合闸。

(5) 合消弧开关前应再次确认接线正确无误，防止相位错误引发短路。

(6) 消弧开关的状态，应通过其操作机构位置(或灭弧室动静触头相对位置)以及用电流检测仪测量电流的方式进行综合判断。

(7) 在消弧开关和电缆终端间安装绝缘引流线时，应先接无电端，再接有电端。

(8) 作业时，严禁人体同时接触两个不同的电位体；绝缘斗内双人工作时禁止两人接触不同的电位体。

(9) 已断开相的电缆引线应被视为带电。

### 8.2.5 不停电作业施工成果

本次不停电作业施工成果如下。

(1) 本次作业过程中，仅 09303 水务泵站用户短时停电，其他用户均无影响。经过本次施工后，甲站主变负载率降低到 50%以下，同时提高了乙站的负荷使用率，该地区的用电紧张情况得到大幅缓解，运行状况趋于良好。相较于原本的停电作业，开展不停电作业避免了沿线用户停电，维护了经济社会和谐稳定发展，提升了供电服务水平。本次施工后工程电系图如图 8-15 所示，施工后的现场照片如图 8-16、图 8-17 所示。

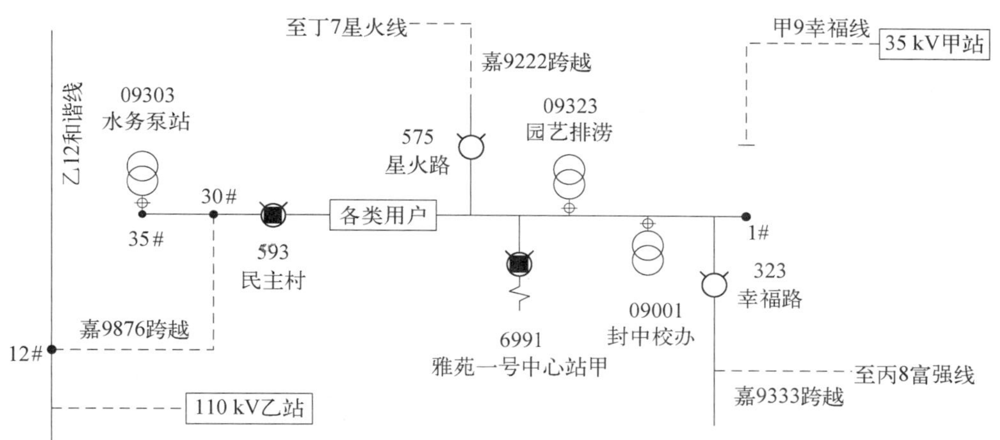


图 8-15　施工后工程电系图

图 8-16　施工后 29＃杆现场设备照片

(2) 不停电作业人员的技能训练成果得以展现，在实际工作中检验训练成效。本次施工中涉及第三、第四类作业，步骤多、工序杂、对人员技能水平要求高。积极开展第三、第四类作业将积累不停电作业经验，通过各种不停电作业技术的组合应用，来丰富电网建设中的施工方案，有效提升配网供电可靠性。

图 8-17　施工后 30#杆现场设备照片

(3) 工作中，各部门、各专业相互沟通协作，针对相关技术难题进行技术攻关，整体工作高度统一，严格贯彻“用户不停电、少停电”的工作指导思想，加快推进世界一流城市配网建设，助力改善营商环境，实现配网不停电作业全覆盖目标。

### 8.2.6　不停电作业项目标准化作业指导书

1) 带电断空载电缆线路与架空线路连接引线

(1) 人员组合。

本项目需要 4 人，具体分工见表 8-1。

表 8-1　人员分工

| 人员分工 | 人　数 |
| --- | --- |
| 工作负责人(兼工作监护人) | 1 人 |
| 斗内电工 | 2 人 |
| 地面电工 | 1 人 |

(2) 作业方法。

绝缘手套作业法、绝缘杆作业法(以高空作业车为移动平台)。

(3) 主要工器具配备一览表。

2）主要工器具配备一览表见表 8-2

表 8-2　主要工器具配备一览表

| 序号 | 工器具名称 | | 规格、型号 | 数量 | 备注 |
|---|---|---|---|---|---|
| 1 | 特种车辆 | 绝缘斗臂车 | 10 kV | 1 辆 | |
| 2 | 绝缘防护用具 | 绝缘手套 | 10 kV | 2 双 | 带防护手套 |
| 3 | | 绝缘安全帽 | 10 kV | 2 顶 | |
| 4 | | 绝缘服 | 10 kV | 2 套 | |
| 5 | | 绝缘安全带 | 10 kV | 2 副 | 登杆应选用双重保护绝缘安全带 |
| 6 | 绝缘遮蔽用具 | 导线遮蔽罩 | 10 kV | 4 根 | |
| 7 | | 导线端头遮蔽罩 | 10 kV | 3 个 | |
| 8 | | 绝缘挡板 | 10 kV | 1 块 | |
| 9 | 绝缘工具 | 绝缘锁杆 | — | 1 副 | 可同时锁定 2 根导线 |
| 10 | | 绝缘操作杆 | — | 1 副 | 操作消弧开关用 |
| 11 | | 绝缘传递绳 | 12 mm | 1 根 | 15 m |
| 12 | | 消弧开关 | — | 1 套 | 带绝缘引流线 |
| 13 | | 绝缘杆用消弧开关 | — | 1 套 | |
| 14 | | 放电杆 | — | 1 根 | |
| 15 | 其他 | 电流检测仪 | 高压 | 1 套 | |
| 16 | | 绝缘测试仪 | 2 500 V 及以上 | 1 套 | |
| 17 | | 验电器 | 10 kV | 1 套 | |
| 18 | | 护目镜 | — | 2 副 | |

## 8.2.7　作业步骤

1）工具储运和检测

（1）领用绝缘工具、安全用具及辅助器具，应核对工器具的使用电压等级和试验周期，并检查外观完好无损。

(2) 工器具运输过程中，各种工器具应存放在专用工具、工具箱或工具车内，以防受潮和损伤。

2) 现场操作前的准备

(1) 工作负责人核对线路名称、杆号。

(2) 工作负责人与运行单位共同确认电缆负荷侧的开关或隔离开关等已断开、电缆线路已空载且无接地，检查作业装置和现场环境符合不停电作业条件。

(3) 工作负责人按配电不停电作业工作票内容与值班调控人员联系，申请停用线路重合闸。

(4) 绝缘斗臂车进入合适位置，并可靠接地，根据道路情况设置安全围栏、警告标志或路障。

(5) 工作负责人召集工作人员交待工作任务，对工作班成员进行危险点告知，交待安全措施和技术措施，确认每一个工作班成员都已知晓，检查工作班成员精神状态是否良好，人员是否合适。

(6) 整理材料，对安全用具、绝缘工具进行检查，对绝缘工具应使用绝缘测试仪进行分段绝缘检测，绝缘电阻值不低于 700 MΩ。检查绝缘臂、绝缘斗良好，调试斗臂车。

3) 操作步骤

(1) 绝缘手套作业法。

绝缘手套作业法的操作步骤为：

① 斗内电工穿戴好绝缘防护用具，进入绝缘斗，挂好安全带保险钩。

② 斗内电工将工作斗调整至带电导线横担下侧适当位置，使用验电器对绝缘子、横担进行验电，确认无漏电现象。

③ 斗内电工使用电流检测仪测量三相出线电缆的电流，确认待断电缆连接线无负荷。

④ 斗内电工按照“从近到远、从下到上、先带电体后接地体”的遮蔽原则对作业范围内的所有带电体和接地体进行绝缘遮蔽。三相可按由近到远或先两边相再中间相的顺序进行。

⑤ 斗内电工确认消弧开关在断开位置后，将消弧开关挂接到近边相架空导线。恢复绝缘遮蔽。然后在消弧开关下端的横向导电杆上安装绝缘引流线引流线夹，最后将绝缘引流线的另一端连接到同相电缆终端接线端子上(即电缆过渡支架处电缆终端与过渡引线的连接部位)。逐点完成后恢复绝缘遮蔽。

⑥ 斗内电工用绝缘操作杆合上消弧开关，确认分流正常，绝缘引流线每一相分流的负荷电流应不小于原线路负荷电流的 1/3。

⑦ 斗内电工用绝缘锁杆将电缆引线接头临时固定在架空导线后，在架空导线处拆除线夹。引线应妥善固定，并对接头处恢复绝缘遮蔽措施。（如过渡引线从耐张线夹处穿出，可在电缆过渡支架处拆引线，并用锁杆固定在同相位架空导线上）。

⑧ 斗内电工用绝缘操作杆断开消弧开关。

⑨ 斗内电工将绝缘引流线从电缆过渡支架处取下，挂在消弧开关上，将消弧开关从近边相导线上取下。如导线为绝缘线应恢复导线的绝缘及密封。完成后恢复绝缘遮蔽。

⑩ 其余两相引线断开按相同的方法进行。三相引流线全部断开后，应使用放电棒进行充分放电。三相引线拆除，可按由先近后远，或根据现场情况先两侧、后中间的顺序进行。

（2）绝缘杆作业法（以高空作业车为移动平台）。

绝缘杆作业法（以高空作业车位移动平台）的操作步骤为：

① 斗内电工穿戴好绝缘防护用具，进入绝缘斗，挂好安全带保险钩。

② 斗内电工将工作斗调整至带电导线横担下侧适当位置，使用验电器对绝缘子、横担进行验电，确认无漏电现象。

③ 斗内电工使用电流检测仪测量三相出线电缆，确认待断电缆连接线无负荷。

④ 斗内电工用绝缘操作杆按照“从近到远、从下到上、先带电体后接地体”的遮蔽原则对不能满足安全距离的带电体和接地体进行绝缘遮蔽。

⑤ 斗内电工在选定的位置，使用绝缘杆式导线剥皮器剥除主导线及电缆连接引线上的绝缘皮；斗内电工确认消弧开关在断开位置，且锁好锁销后，将绝缘杆式消弧开关一端挂接到近边相架空导线上，然后将绝缘杆式消弧开关的另一端连接到同相电缆连接引线上。

⑥ 斗内电工用绝缘操作杆合上消弧开关，确认分流正常，绝缘引流线每一相分流的负荷电流应不小于原线路负荷电流的1/3。

⑦ 斗内电工用绝缘锁杆将电缆引线接头临时固定在架空导线后，在架空导线处拆除线夹。引线应妥善固定，恢复绝缘遮蔽。（如过渡引线从耐张线夹处穿出，可在电缆过渡支架处拆引线，并用锁杆固定在同相位架空导线上）。

⑧ 斗内电工使用绝缘操作杆拉开消弧开关。

⑨ 斗内电工将绝缘杆式消弧开关一端从电缆连接引线处取下，挂在消弧开关上，将消弧开关从近边相导线上取下。如导线为绝缘线应恢复导线的绝缘及密封。

⑩ 其余两相引线断开按相同的方法进行。三相引线拆除，可按由先近后远，或根据现场情况先两侧、后中间的顺序进行。

(3) 绝缘杆作业法(以高空作业车为移动平台)。

绝缘杆作业法(以高空作业车位移动平台)的操作步骤为:

① 斗内电工穿戴好绝缘防护用具,进入绝缘斗,挂好安全带保险钩。

② 斗内电工将工作斗调整至带电导线横担下侧适当位置,使用验电器对绝缘子、横担进行验电,确认无漏电现象。

③ 斗内电工使用电流检测仪测量三相出线电缆,确认待断电缆连接线无负荷。

④ 斗内电工用绝缘操作杆按照"从近到远、从下到上、先带电体后接地体"的遮蔽原则对不能满足安全距离的带电体和接地体进行绝缘遮蔽。

⑤ 斗内电工在选定的位置,使用绝缘杆式导线剥皮器剥除主导线及电缆连接引线上的绝缘皮;斗内电工确认消弧开关在断开位置,且锁好锁销后,将绝缘杆式消弧开关一端挂接到近边相架空导线上,然后将绝缘杆式消弧开关的另一端连接到同相电缆连接引线上。

⑥ 斗内电工用绝缘操作杆合上消弧开关,确认分流正常,绝缘引流线每一相分流的负荷电流应不小于原线路负荷电流的 1/3。

⑦ 斗内电工用绝缘锁杆将电缆引线接头临时固定在架空导线后,在架空导线处拆除线夹。引线应妥善固定,恢复绝缘遮蔽。(如过渡引线从耐张线夹处穿出,可在电缆过渡支架处拆引线,并用锁杆固定在同相位架空导线上)。

⑧ 斗内电工使用绝缘操作杆拉开消弧开关。

⑨ 斗内电工将绝缘杆式消弧开关一端从电缆连接引线处取下,挂在消弧开关上,将消弧开关从近边相导线上取下。如导线为绝缘线应恢复导线的绝缘及密封。

⑩ 其余两相引线断开按相同的方法进行。三相引线拆除,可按由先近后远,或根据现场情况先两侧、后中间的顺序进行。

(4) 按照"从远到近、从上到下、先接地体后带电体"的原则拆除绝缘遮蔽。工作斗退出有电工作区域,作业人员返回地面。

4) 工作终结

(1) 工作负责人组织工作人员清点工器具,并清理施工现场。

(2) 工作负责人对完成的工作进行全面检查,符合验收规范要求后,记录在册并召开现场收工会进行工作点评,宣布工作结束。

(3) 汇报值班调控人员工作已经结束,恢复线路重合闸,工作班撤离现场。

### 8.2.8 安全措施及注意事项

1) 气象条件

不停电作业应在良好天气下进行,风力大于 5 级,或湿度大于 80%时,不宜不停电作业。若遇雷电、雪、雹、雨、雾等不良天气,禁止不停电作业。不停电作业过程中若遇天气突然变化，有可能危及人身及设备安全时，应立即停止工作，撤离人员，恢复设备正常状况，或采取临时安全措施。

2）作业环境

在车辆繁忙地段应与交通管理部门联系以取得配合。

3）安全距离及有效绝缘长度

（1）作业中，绝缘斗臂车绝缘臂的有效绝缘长度应不小于 1.0 m，绝缘杆的有效绝缘长度应不小于 0.7 m。

（2）作业中，人体应保持对地不小于 0.4 m、对邻相导线不小于 0.6 m 的安全距离，如不能确保该安全距离时，应采用绝缘遮蔽措施，遮蔽用具之间的重叠部分不得小于 150 mm。

4）重合闸

本项目需停用架空线路重合闸。

5）关键点

（1）工作前，应与运行部门共同确定电缆负荷侧开关（断路器或隔离开关等）处于断开位置。

（2）斗内电工进入有电区域后，测量电缆引线空载电流确认应不大于 5 A。当空载电流大于 0.1 A 小于 5 A 时，应用消弧开关断架空线路与空载电缆线路引线。

（3）斗内电工在接触带电导线、进行换相工作转移前应得到监护人的许可。

（4）使用消弧开关前应确认消弧开关在断开位置并闭锁，防止其突然合闸。

（5）合消弧开关前应再次确认接线正确无误，防止相位错误引发短路。

（6）消弧开关的状态，应通过其操作机构位置（或灭弧室动静触头相对位置）以及用电流检测仪测量电流的方式综合判断。

（7）在消弧开关和电缆终端间安装绝缘引流线，应先接无电端、再接有电端。

（8）作业时，严禁人体同时接触两个不同的电位体；绝缘斗内双人工作时禁止两人接触不同的电位体。

（9）已断开相的电缆引线应视为带电。

6）其他安全注意事项

（1）作业前应进行现场勘察。

（2）当斗臂车绝缘斗在有电区域转移时，应缓慢移动，动作要平稳，严禁使用快速挡；绝缘斗臂车在作业时，发动机不能熄火（电能驱动型除外），以保证液压系统处于工作状态。

（3）作业线路下层有低压线路同杆并架时，如妨碍作业，应对作业范围内的相关低压线路采取绝缘遮蔽措施。

（4）在同杆架设线路上工作，与上层线路小于安全距离规定且无法采取安全措施时，不得进行该项工作。

(5) 上、下传递工具、材料均应使用绝缘传递绳绑扎，严禁抛掷。

(6) 作业过程中禁止摘下绝缘防护用具。

### 8.2.9 带电接空载电缆线路与架空线路连接引线

1) 人员组合

本项目需要 4 人，具体分工见表 8-3。

**表 8-3 人员分工**

| 人员分工 | 人数 |
|---|---|
| 工作负责人(兼工作监护人) | 1 人 |
| 斗内电工 | 2 人 |
| 地面电工 | 1 人 |

2) 作业方法

绝缘手套作业法、绝缘杆作业法(以高空作业车为移动平台)。

3) 主要工器具配备一览表

主要工器具配备一览表见表 8-4。

**表 8-4 主要工器具配备一览表**

| 序号 | 工器具名称 | | 规格、型号 | 数量 | 备注 |
|---|---|---|---|---|---|
| 1 | 特种车辆 | 绝缘斗臂车 | 10 kV | 1 辆 | |
| 2 | 绝缘防护用具 | 绝缘手套 | 10 kV | 2 双 | 带防护手套 |
| 3 | | 绝缘安全帽 | 10 kV | 2 顶 | |
| 4 | | 绝缘服 | 10 kV | 2 套 | |
| 5 | | 绝缘安全带 | 10 kV | 2 副 | 登杆应选用双重保护绝缘安全带 |
| 6 | 绝缘遮蔽用具 | 导线遮蔽罩 | 10 kV | 4 根 | |
| 7 | | 导线端头遮蔽罩 | 10 kV | 3 个 | |
| 8 | | 绝缘挡板 | 10 kV | 1 块 | |

（续表）

| 序号 | 工 器 具 名 称 | | 规格、型号 | 数量 | 备 注 |
|---|---|---|---|---|---|
| 9 | 绝缘工具 | 绝缘锁杆 | 10 kV | 1副 | 可同时锁定2根导线 |
| 10 | | 绝缘操作杆 | 10 kV | 1副 | 操作消弧开关用 |
| 11 | | 绝缘传递绳 | 12 mm | 1根 | 15 m |
| 12 | 其他 | 消弧开关 | — | 1套 | 带绝缘引流线 |
| 13 | | 绝缘杆用消弧开关 | — | 1套 | |
| 14 | | 放电杆 | — | 1根 | |
| 15 | 其他 | 电流检测仪 | 高压 | 1套 | |
| 16 | | 绝缘测试仪 | 2 500 V及以上 | 1套 | |
| 17 | | 验电器 | 10 kV | 1套 | |
| 18 | | 护目镜 | — | 2副 | |

### 8.2.10 作业步骤

1）工具储运和检测

（1）领用绝缘工具、安全用具及辅助器具，应核对工器具的使用电压等级和试验周期，并检查外观完好无损。

（2）工器具运输过程中，各种工器具应存放在专用工具、工具箱或工具车内，以防受潮和损伤。

2）现场操作前的准备

（1）工作负责人核对线路名称、杆号。

（2）工作负责人应与运行部门共同确认电缆线路已空载、无接地，出线电缆符合送电要求，检查作业装置和现场环境符合不停电作业条件。

（3）工作负责人按配电不停电作业工作票内容与值班调控人员联系，申请停用线路重合闸。

（4）绝缘斗臂车进入合适位置，并可靠接地；根据道路情况设置安全围栏、警告标志或路障。

（5）工作负责人召集工作人员交待工作任务，对工作班成员进行危险点告知，交待安全措施和技术措施，确认每一个工作班成员都已知晓，检查工作班成员精神状态是否良好，人员是否合适。

(6) 整理材料，对安全用具、绝缘工具进行检查，对绝缘工具应使用绝缘测试仪进行分段绝缘检测，绝缘电阻值不低于 700 MΩ。检查绝缘臂、绝缘斗良好，调试斗臂车。

3) 操作步骤

(1) 绝缘手套作业法。

绝缘手套作业法的操作步骤为：

① 斗内电工穿戴好绝缘防护用具，进入绝缘斗，挂好安全带保险钩。

② 斗内电工将绝缘斗调整至线路下方与电缆过渡支架平行处，并与带电线路保持 0.4 m 以上安全距离，检查电缆登杆装置应符合验收规范要求。

③ 斗内电工用绝缘电阻检测仪检测电缆对地绝缘，确认无接地情况，检测完成后应充分放电。若发现电缆有电或对地绝缘不良，禁止继续作业。

④ 斗内电工将工作斗调整至带电导线横担下侧适当位置，使用验电器对绝缘子、横担进行验电，确认无漏电现象。

⑤ 斗内电工调整绝缘斗位置，按照“从近到远、从下到上、先带电体后接地体”的遮蔽原则对作业范围内的所有带电体和接地体进行绝缘遮蔽。三相的绝缘遮蔽隔离措施可按先两边相、再中间相或由近到远顺序进行设置。

⑥ 斗内电工用绝缘测量杆测量三相引线长度，然后将地面电工制作的引线安装到过渡支架上。并对三相引线与电缆过渡支架设置绝缘遮蔽措施。

⑦ 斗内电工确认消弧开关处于断开位置后，将消弧开关挂在中间相导线上，然后用绝缘引流线连接消弧开关下端导电杆和同相电缆终端(过渡支架接线端子处)。

⑧ 斗内电工用绝缘操作杆合上消弧开关。

⑨ 斗内电工用锁杆将引线接头临时固定在同相架空导线上，调整工作位置后将电缆引线连接到架空导线。

⑩ 斗内电工用绝缘操作杆断开消弧开关。

⑪ 斗内电工依次从电缆过渡支架和消弧开关导线杆处拆除绝缘引流线线夹，然后从架空导线上取下消弧开关。

⑫ 其余两相引线搭接按相同的方法进行。三相引线搭接，可按先远后近或根据现场情况先中间、后两侧的顺序进行。

⑬ 工作结束后，按照“从远到近、从上到下、先接地体后带电体”的原则拆除绝缘遮蔽，绝缘斗退出带电工作区域，斗内电工返回地面。

(2) 绝缘杆作业法(以高空作业车为移动平台)。

绝缘杆作业法(以高空作业车位移动平台)的操作步骤为：

① 斗内电工穿戴好绝缘防护用具，进入绝缘斗，挂好安全带保险钩。

② 斗内电工在保证安全距离的基础上，检查电缆登杆装置应符合验收规范要求。

③ 斗内电工用绝缘电阻检测仪检测电缆对地绝缘，确认无接地情况，检测完成后应充分放电。若发现电缆有电或对地绝缘不良，禁止继续作业。

④ 斗内电工将工作斗调整至带电导线横担下侧适当位置，使用验电器对绝缘子、横担进行验电，确认无漏电现象。

⑤ 斗内电工使用绝缘操作杆按照“从近到远、从下到上、先带电体后接地体”的遮蔽原则对不能满足安全距离的带电体和接地体进行绝缘遮蔽。

⑥ 斗内电工用绝缘测量杆测量三相引线长度，然后将地面电工制作的引线安装到过渡支架上。

⑦ 斗内电工在选定的位置，使用绝缘杆式导线剥皮器剥除主导线和电缆连接引线上的绝缘皮；斗内电工确认消弧开关在断开位置，且锁好锁销后，将绝缘杆式消弧开关一端挂接到近边相架空导线上，然后将绝缘杆式消弧开关的另一端连接到同相电缆连接引线上。

⑧ 斗内电工用绝缘操作杆合上消弧开关，确认分流正常，绝缘引流线每一相分流的负荷电流应不小于原线路负荷电流的 1/3。

⑨ 斗内电工用绝缘锁杆将电缆引线接头临时固定在架空导线后，在架空导线处搭接电缆引线。

⑩ 搭接完成后，斗内电工用绝缘操作杆断开消弧开关。

⑪ 斗内电工将绝缘杆式消弧开关一端从电缆连接引线处取下，挂在消弧开关上，将消弧开关从近边相导线上取下。如导线为绝缘线应恢复导线的绝缘及密封，恢复绝缘遮蔽。

⑫ 其余两相引线连接按相同的方法进行。

⑬ 按照“从远到近、从上到下、先接地体后带电体”的原则拆除绝缘遮蔽。工作斗退出有电工作区域，作业人员返回地面。

4）工作终结

（1）工作负责人组织工作人员清点工器具，并清理施工现场。

（2）工作负责人对完成的工作进行全面检查，符合验收规范要求后，记录在册并召开现场收工会进行工作点评，宣布工作结束。

（3）汇报值班调控人员工作已经结束，恢复线路重合闸，工作班撤离现场。

### 8.2.11　安全措施及注意事项

1）气象条件

不停电作业应在良好天气下进行，风力大于 5 级，或湿度大于 80%时，不宜不停电作业。若遇雷电、雪、雹、雨、雾等不良天气，禁止不停电作业。不停电作业过程中若遇天气突然变化，有可能危及人身及设备安全时，应立即停止工作，撤离人员，恢复设备正常状况，或采取临时安全措施。

2）作业环境

在车辆繁忙地段应与交通管理部门联系以取得配合。

3）安全距离及有效绝缘长度

（1）作业中，绝缘斗臂车绝缘臂的有效绝缘长度应不小于1.0 m，绝缘杆的有效绝缘长度应不小于0.7 m。

（2）作业中，人体应保持对地不小于0.4 m、对邻相导线不小于0.6 m的安全距离，如不能确保该安全距离时，应采用绝缘遮蔽措施，遮蔽用具之间的重叠部分不得小于150 mm。

4）重合闸

本项目需停用架空线路重合闸。

5）关键点

（1）工作前，应与运行部门共同确认电缆负荷侧开关（断路器或隔离开关等）处于断开位置。空载电缆长度应不大于3 km。

（2）斗内电工对电缆引线验电后，应使用绝缘电阻检测仪检查电缆是否空载且无接地。

（3）斗内电工在接触带电导线、进行换相工作转移前应得到监护人的许可。

（4）使用消弧开关前应确认消弧开关在断开位置并闭锁，防止其突然合闸。

（5）合消弧开关前应再次确认接线正确无误，防止相位错误引发短路。

（6）消弧开关的状态，应通过其操作机构位置（或灭弧室动静触头相对位置）以及用电流检测仪测量电流的方式综合判断。

（7）拆除消弧开关和电缆终端间绝缘引流线，应先拆有电端、再拆无电端。

（8）作业时，严禁人体同时接触两个不同的电位体；绝缘斗内双人工作时禁止两人接触不同的电位体。

（9）未接通相的电缆引线应视为带电。

6）其他安全注意事项

（1）作业前应进行现场勘察。

（2）当斗臂车绝缘斗在有电区域转移时，应缓慢移动，动作要平稳，严禁使用快速挡；绝缘斗臂车在作业时，发动机不能熄火（电能驱动型除外），以保证液压系统处于工作状态。

（3）作业线路下层有低压线路同杆并架时，如妨碍作业，应对作业范围内的相关低压线路采取绝缘遮蔽措施。

（4）在同杆架设线路上工作，与上层线路小于安全距离规定且无法采取安全措施时，不得进行该项工作。

（5）上、下传递工具、材料均应使用绝缘传递绳绑扎，严禁抛掷。

（6）作业过程中禁止摘下绝缘防护用具。

### 8.2.12　带负荷直线杆改耐张杆并加装柱上开关或隔离开关

1）人员组合

本项目需 7 人，具体分工见表 8-5。

表 8-5　人员分工

| 人员分工 | 人数 |
|---|---|
| 工作负责人(兼工作监护人) | 1 人 |
| 斗内电工(1、2、3、4 号电工) | 4 人 |
| 杆上电工 | 1 人 |
| 地面电工 | 1 人 |

2）作业方法

绝缘手套作业法。

3）主要工器具配备一览表

主要工器具配备一览表见表 8-6。

表 8-6　主要工器具配备一览表

| 序号 | 工器具名称 | | 规格、型号 | 数量 | 备注 |
|---|---|---|---|---|---|
| 1 | 特种车辆 | 绝缘斗臂车 | 10 kV | 2 辆 | |
| 2 | 绝缘防护用具 | 绝缘手套 | 10 kV | 5 双 | 带防护手套 |
| 3 | | 绝缘安全帽 | 10 kV | 5 顶 | |
| 4 | | 绝缘服 | 10 kV | 4 套 | |
| 5 | | 绝缘安全带 | 10 kV | 5 副 | 登杆应选用双重保护绝缘安全带 |
| 6 | 绝缘遮蔽用具 | 导线遮蔽罩 | 10 kV | 6 根 | |
| 7 | | 绝缘毯 | 10 kV | 若干 | |

（续表）

| 序号 | 工 器 具 名 称 | | 规格、型号 | 数量 | 备　注 |
|---|---|---|---|---|---|
| 8 | 绝缘遮蔽用具 | 耐张横担遮蔽罩 | 10 kV | 2 个 | |
| 9 | | 绝缘子遮蔽罩 | 10 kV | 3 个 | |
| 10 | 绝缘工具 | 绝缘绳索 | 12 mm | 4 根 | 15 m |
| 11 | | 绝缘绳套 | 16 mm | 3 根 | 1.0 m |
| 12 | | 绝缘引流线 | 3 m 以上 | 3 根 | 满足现场导线电流配置 |
| 13 | | 绝缘横担 | 10 kV | 1 套 | |
| 14 | | 绝缘引流线支架 | 10 kV | 1 套 | |
| 15 | 其他 | 绝缘测试仪 | 2 500 V 及以上 | 1 套 | |
| 16 | | 绝缘紧线器 | — | 2 套 | |
| 17 | | 卡线器 | — | 2 个 | |
| 18 | | 电流检测仪 | — | 1 套 | |
| 19 | | 验电器 | 10 kV | 1 套 | |
| 20 | | 耐张线夹 | — | 6 个 | |

### 8.2.13　作业步骤

1）工具储运和检测

(1) 领用绝缘工器具、安全用具及辅助器具，应核对工器具的使用电压等级和试验周期，并检查外观完好无损。

(2) 工器具运输过程中，应装在专用工具袋、工具箱或专用工具车内，以防受潮和损伤。

2）现场操作前的准备

(1) 工作负责人核对线路名称、杆号。

(2) 工作负责人检查作业点及两侧的电杆根部、基础是否牢固、导线绑扎是否牢固；检查作业装置和现场环境符合不停电作业条件。

(3) 工作负责人按配电不停电作业工作票内容与值班调控人员联系，申请停用线路重合闸。

(4) 绝缘斗臂车进入工作现场，定位于最佳工作位置并装好接地线。在作业现场设置安全围栏和警示标志。

(5) 工作负责人召集工作人员交待工作任务，对工作班成员进行危险点告知，交待安全措施和技术措施，确认每一个工作班成员都已知晓，检查工作班成员精神状态是否良好，人员是否合适。

(6) 整理材料，对安全用具、绝缘工具进行检查，对绝缘工具应使用绝缘测试仪进行分段绝缘检测，绝缘电阻值不低于 700 MΩ。查看绝缘臂、绝缘斗良好，调试斗臂车。

(7) 检查调试柱上开关，闭锁开关的跳闸回路。

3) 操作步骤

(1) 车用绝缘横担法。

车用绝缘横担法的操作步骤为：

① 斗内电工分别穿戴好绝缘防护用具，各自进入绝缘斗，挂好安全带保险钩。

② 斗内电工将工作斗调整至带电导线横担下侧适当位置，使用验电器对绝缘子、横担进行验电，确认无漏电现象。

③ 1 号电工按照“从近到远、从下到上、先带电体后接地体”的遮蔽原则对作业范围内的所有带电体和接地体进行绝缘遮蔽。

④ 1 号电工与地面电工配合在绝缘斗臂车上安装绝缘横担后，返回到线下方准备提升导线。

⑤ 1 号电工将绝缘斗移至被提升导线的下方，将两边相导线分别置于绝缘横担固定器内，由 2 号电工拆除两边相绝缘子绑扎线。

⑥ 1 号电工将绝缘横担继续缓慢抬高，提升两边相导线，将中相导线置于绝缘横担固定器内，由 2 号电工拆除中相绝缘子绑扎线。

⑦ 1 号电工将绝缘横担缓慢抬高，提升三相导线，提升高度不小于 0.4 m，1 号电工、2 号电工相互配合拆除绝缘子和横担，安装耐张横担，并装好耐张绝缘子和耐张线夹。

⑧ 1 号电工、2 号电工配合在耐张横担上装好耐张横担遮蔽罩，并对耐张绝缘子和耐张线夹设置绝缘遮蔽。

⑨ 由 1 号电工在 2 号电工配合下将导线缓缓下降，逐一放置耐张横担遮蔽罩上，并固定。

⑩ 斗内电工配合操作小吊使用绝缘吊绳将柱上负荷开关提升至横担处，进行柱上负荷开关与横担的连接组装，确认开关在“分”的位置，并将机构闭锁。安装完成后进行绝缘遮蔽。使用斗臂车起吊柱上负荷开关要注意吊臂角度，防止超载倾翻。

⑪ 1 号电工、2 号电工配合分别在柱上负荷开关两侧进行开关引流线与导线

的接续。接续完毕后,迅速恢复绝缘遮蔽。

⑫ 合上柱上负荷开关,确认在"合"的位置,并将操作机构闭锁。使用电流检测仪检测开关引流线电流,确认通流正常。

⑬ 1 号电工、2 号电工配合开始进行近边相导线的开断工作:

A. 斗内电工分别拆除近边相导线遮蔽罩。

B. 斗内电工分别在两侧的近边相导线安装好绝缘紧线器及后备保护绳,将导线收紧,同时收紧后备保护绳。

C. 1 号电工、2 号电工使用电流检测仪检测电流,确认通流正常,开关引流线每一相分流的负荷电流应不小于原线路负荷电流的 1/3。

D. 1 号电工、2 号电工配合,剪断近边相导线,分别将近边相两侧导线固定在耐张线夹内。

E. 1 号电工、2 号电工分别拆除绝缘紧线器及后备保护绳。

F. 1 号电工、2 号电工分别对两侧近边相导线及绝缘子做好绝缘遮蔽措施。

G. 1 号电工、2 号电工配合,按同样的方法开断远边相和中间相导线。

(2) 杆顶绝缘横担法。

杆顶绝缘横担法的操作步骤为:

① 斗内电工分别穿戴好绝缘防护用具,各自进入绝缘斗内,挂好安全带保险钩。

② 斗内电工将工作斗调整至带电导线横担下侧适当位置,使用验电器对绝缘子、横担进行验电,确认无漏电现象。

③ 斗内电工按照"从近到远、从下到上、先带电体后接地体"的遮蔽原则对作业范围内的所有带电体和接地体进行绝缘遮蔽。

④ 斗内电工使用绝缘小吊吊住中相导线,1 号电工解开中相导线绑扎线,遮蔽罩对接并将开口向上。2 号电工起升小吊将导线缓慢提升至距中间相绝缘子 0.4 m 以外。

⑤ 1 号电工拆除中间相绝缘子及立铁,安装杆顶绝缘横担。

⑥ 2 号电工缓慢下降小吊将导线放至绝缘横担中间相卡槽内,扣好保险环,解开小吊绳。两边相按相同方法进行。拆除直线横担。

⑦ 1 号电工与杆上电工配合将组装好的柱上负荷开关安装到电杆上,并对新装耐张横担、耐张绝缘子串、耐张线夹、柱上负荷开关和电杆设置绝缘遮蔽隔离措施。

⑧ 斗内电工调整绝缘斗位置,分别将绝缘紧线器、卡线器固定于近边相和远边相导线上,进行紧线工作。安装好后备保护绳。

⑨ 1 号电工、2 号电工配合开始进行近边相导线的开断工作:

A. 斗内电工将近边相柱上负荷开关引流线与主导线进行连接,1 号电工合上柱上负荷开关,使用电流检测仪检测电流,确认通流正常,柱上负荷开关引流线每一相分流的负荷电流应不小于原线路负荷电流的 1/3。恢复绝缘遮蔽。若为绝缘线应进行绝缘恢复及密封处理。

B. 斗内电工剪断近边相导线，分别将近边相两侧导线固定在耐张线夹内。

C. 1 号电工、2 号电工分别拆除绝缘紧线器及后备保护绳。

D. 1 号电工、2 号电工分别对两侧近边相导线及绝缘子做好绝缘遮蔽措施。

⑩ 斗内电工配合，按同样的方法开断远边相导线。

⑪ 2 号电工使用绝缘小吊提升中相导线，1 号电工拆除杆顶绝缘横担，按照同样方法开断中间相导线，并恢复绝缘遮蔽。

(3) 安装柱上隔离开关可先安装耐张横担，分别安装三相隔离开关，连接两侧引线后，再行开断导线。

(4) 工作完成后，斗内电工按照“从远到近、从上到下、先接地体后带电体”拆除遮蔽的原则拆除绝缘遮蔽隔离措施。绝缘斗退出带电工作区域，作业人员返回地面。

4) 工作终结

(1) 工作负责人组织工作人员清点工器具，并清理施工现场。

(2) 工作负责人对完成的工作进行全面检查，符合验收规范要求后，记录在册并召开现场收工会进行工作点评，宣布工作结束。

(3) 汇报值班调控人员工作已经结束，恢复该线路重合闸，工作班撤离现场。

### 8.2.14　安全措施及注意事项

1) 气象条件

不停电作业应在良好天气下进行，风力大于 5 级，或湿度大于 80%时，不宜不停电作业。若遇雷电、雪、雹、雨、雾等不良天气，禁止不停电作业。不停电作业过程中若遇天气突然变化，有可能危及人身及设备安全时，应立即停止工作，撤离人员，恢复设备正常状况，或采取临时安全措施。

2) 作业环境

(1) 在车辆繁忙地段还应与交通管理部门联系以取得配合。

(2) 本规范适用于导线三角形排列方式的单回路线路。

3) 安全距离及有效绝缘长度

(1) 作业中，绝缘斗臂车的有效绝缘长度不得小于 1.0 m，绝缘承力工具有效绝缘长度不得小于 0.4 m。

(2) 作业中，人体应保持对地不小于 0.4 m、对邻相导线不小于 0.6 m 的安全距离，如不能确保该安全距离时，应采用绝缘遮蔽措施，遮蔽用具之间的重叠部分不得小于 150 mm。

4）遮蔽措施

作业线路下层有低压线路同杆架设时，如妨碍作业，应对相关低压线路设置绝缘遮蔽措施。

5）重合闸

本项目需停用线路重合闸。

6）关键点

（1）新装柱上负荷开关带有取能用电压互感器时，电源侧应串接带有明显断开点的设备，防止带负荷接引，并应闭锁其自动跳闸的回路，开关操作后应闭锁其操作机构，防止误操作。

（2）使用斗臂车起吊开关要注意吊臂角度，防止超载倾翻。

（3）作业人员在接触带电导线和进行换相作业转移前，应得到监护人的许可。

（4）作业人员在绝缘斗内传递工具时应确认两人同时脱离带电设备，绝缘斗内双人工作时禁止两人同时接触不同电位体。作业时严禁人体同时接触两个不同的电位。

（5）断、接引流线时要保持带电体与人体、相间及对地的安全距离。应注意相位，搭连接点应接触可靠。

（6）组装、拆除绝缘引流线以及紧线、开断导线应同相同步进行。

（7）在开断导线前，应有防导线脱落的后备保护措施。

（8）如使用吊车起吊耐张横担、柱上负荷开关工作，应在吊索起吊范围内对带电体进行双重绝缘遮蔽，吊车车体应良好接地。

7）其他安全注意事项

（1）作业前应进行现场勘察。

（2）当斗臂车绝缘斗在有电区域内转移时，应缓慢移动，动作要平稳，严禁使用快速挡；绝缘斗臂车在作业时，发动机不能熄火（电能驱动型除外），以保证液压系统处于工作状态。

（3）作业线路下层有低压线路同杆并架时，如妨碍作业，应对作业范围内的相关低压线路采取绝缘遮蔽措施。

（4）上、下传递工具、材料均应使用绝缘绳传递，严禁抛、扔掷。

作业过程中禁止摘下绝缘防护用具。

## 8.3 履带式自走式绝缘平台在 10 kV 配网不停电作业中的应用

目前，某供电公司（下称公司）积极响应国网上海市电力公司加快世界一流城市配电网建设的号召，持续优化电力营商环境，将配网不停电作业视为提升供电可靠性和优质服务水平的重要技术手段。2020 年公司工作目标将紧扣“安全第一，标准管理，统筹推进”原则，实现全域不停电作业比例不低于 90%，业扩不停电接火率达到 100%，不断提升不停电作业的深度和广度。因此，通过管理提升和技术应用等方法推动传统不停电作业方式转变势在必行。

1）典型作业案例 1：不停电处理 35 kV 鸟巢缺陷

2020 年 3 月，某供电公司线路运行班在对 35 kV 凤 XX 线进行特殊巡视时，发现 17＃杆塔与横担连接处有鸟类筑巢，虽未完全成形，但鸟巢容易引起线路跳闸，给电网安全运行造成极大隐患，需要紧急处理。接到抢修任务后，工作票签发人和工作负责人迅速赶赴现场进行勘察，当时的现场装置情况是，上层是两回 35 kV 线路呈三角形排列，下层是 10 kV 同杆架设线路呈水平排列，10 kV 架空线路通过用户断路器与电缆连接，由架空引入地下电缆井；现场环境是，电杆位于一块草坪正中，草坪土质松软且周围均密布有行道树，若采用常规绝缘斗臂车作业需破坏大量植被。现场勘察小组全面评估作业环境和地形条件后，决定采用履带式自行式作业平台进行消缺，并结合项目特点编制了作业指导书。下面对作业过程作简要介绍。

**图 8－18　不停电处理 35 kV 线路鸟巢缺陷照片**

(1) 作业平台转运。本次车辆装卸采用叉车叉装的方式，配备两辆平板车分别用于作业平台和叉车的运输。履带式自行式作业平台吊运至临近施工地点的道路旁，通过控制器的操纵使其行驶至作业地点，由于草坪土质松软，在履带车转向处需在履带下方铺上撑垫，避免履带陷入泥土后无法转向。

（2）对带电体进行绝缘遮蔽措施。1＃斗内电工进入不停电作业区域后，采用绝缘套管、绝缘摊布对下层10 kV线路和断路器进行绝缘遮蔽，然后操作工作斗下降到地面以便2＃电工进斗。

（3）挑除鸟窝。为避免鸟巢枝桠大量掉落地面，在一根绝缘操作杆前端固定收纳袋，用于收集掉落的枝桠。两名斗内电工分工明确，顺利完成了缺陷处理工作。

（4）拆除绝缘遮蔽。1＃斗内电工“由远及近”逐相拆除线路和断路器的绝缘遮蔽。

2）典型案例2：不停电断10 kV空载电缆与架空线路连接引线

2020年4月，因XX变电站实施站内设备改造任务，需断开10 kV龙XX线出站开关。该段出站电缆型号为YJV22－8.7/10 kV－3×400，长231.26 m，跨越后于19＃杆塔登杆连接至架空线路。为避免整条线路失电，方案审核小组反复查看电系图，经充分论证后确定采用负荷转移法，合上3648连安小区联络杆刀，拉开10 kV龙XX线出站开关，将整条线路的负荷转移至10 kV珠XX线。不停电拆除19＃杆塔架空线路与电缆连接搭头，待站内检修任务完成后，恢复19＃杆塔架空线路与电缆的连接，并将电源翻正。

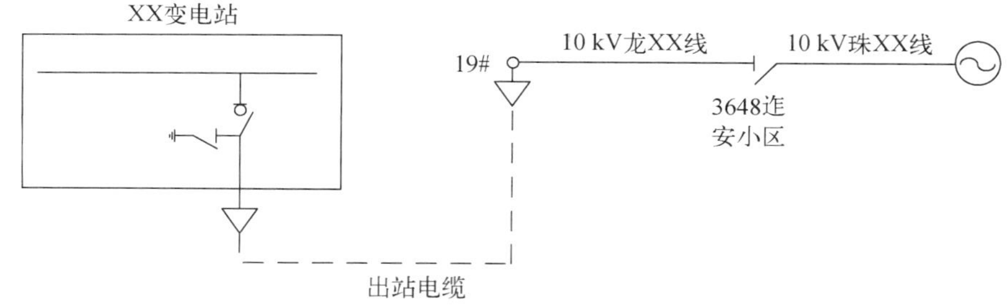


**图8－19　XX变电站出站电缆与架空线路接线示意图**

**表8－7　断、接单位长度10 kV交联聚乙烯绝缘电力电缆引线的单相稳态电容电流参考值**

| 电缆芯线截面($mm^2$) | 50 | 70 | 95 | 120 | 150 | 185 | 240 | 300 | 400 |
|---|---|---|---|---|---|---|---|---|---|
| 单向电容电流(A/km) | 0.363 | 0.399 | 0.453 | 0.489 | 0.557 | 0.645 | 0.781 | 0.929 | 1.171 |

参照表8－7估算该段电缆的空载容性电流为1.171×0.231 26＝0.271(A)，因此拟定采用消弧开关断空载电缆与架空线路连接引线的作业方式。

现场勘查小组依据拟定的不停电作业方案仔细勘查了现场，作业地点四周均有围墙阻挡，且19＃杆塔距临近道路超过20 m，远超常规绝缘斗臂车作业半径，考虑到墙根至作业地点的斜坡宽约 5 m，且坡度不超过 100，具备履带式自行式绝缘作业平台的开展条件，故结合作业环境特点决定采用吊车吊装的方式转移作业平台。

作业过程简单介绍如下：

（1）作业平台转运。工作负责人指挥吊车停靠合适位置，下放吊点固定扁带，确认扁带连接牢固、受力均匀后，由吊车将作业平台缓缓吊起，在起吊过程中应时刻注意 4 根扁带的受力情况，特别是在跨越围墙下放作业平台时，密切注意作业平台主体与围墙的距离，如起吊跨越的距离较长，还应在作业平台上绑扎揽风绳，固定平台移动方向，调整工作斗指向合适的方位后，缓缓下放作业平台，随后依靠控制器操控作业平台至作业地点。

**图 8－20　不停电断 10 kV 空载电缆与架空线路连接引线作业**

（2）不停电拆三相电缆搭头。斗内电工进入作业区域后分别对三相电缆过渡支架做好绝缘遮蔽措施，接着用钳形电流表逐相测量三相出线电缆电流，测量结果电流接近 0.2 A 大小，与估算值基本相符，最后按照“先两侧，后中间”的原则，利用消弧开关依次拆除三相引线。

（3）拆除绝缘遮蔽。三相引线断开后，拆除绝缘套管及绝缘隔离措施，工作斗退出带电区域。

## 8.4　古 21 友谊线跨接并联线路拆除搬迁线路

工程名称：10 kV 古 21 友谊线搬迁代工工程

工程内容：拆除古 21 友谊线 7－59＃～7－59＃乙～7－59＃甲～7－60＃杆间三杆三档及 7－59＃杆～59－1＃杆间一档，于亭耀路东侧新放线路接通 7－58＃乙杆～7－60 杆，7－58＃乙杆～59－2＃杆，并将 7－59＃乙杆 07195 亭耀路灯变移至亭耀路东侧新立杆，将亭耀路低压 1 号分支箱东移至路灯光控箱北侧，亭耀路低压 1 号分支箱进出线低压电缆同步迁移并接通。

**施工方案**

第一阶段：跨接并联线路(新设杆上开关拉开)。

(1) 古21友谊线#7-58杆与#7-61甲杆新建跨接并联线路，新设杆上开关拉开位置。

(2) 古21友谊线#7-58杆带电进行转角搭头的工作，相位保持与#7-59杆相同。

(3) 古21友谊线#7-61甲杆带电进行支接搭头的工作，相位保持与#7-61杆相同。

第二阶段：旁路分流供电，搬迁段线路脱离并退出运行后拆除，完成新旧设备交接。

(1) 古21友谊线1853大居东南杆上开关核相正确后，操作合闸。

(2) 古21友谊线#7-61杆带电进行拆除转角搭头的工作，需要确认分流成功，停用重合闸。

(3) 07124亭耀路二号、50896亭耀西临、06960林安临、50888金山服务临、07195亭耀路灯杆变停役。

(4) 古21友谊线#7-58杆带电进行拆除分段搭头的工作。

(5) 古21友谊线#7-58杆至#7-60杆、#7-59杆至#59-1杆线路及设备装置拆除，新架#7-58杆#59-2线路。

(6) 古21友谊线#7-61杆带电进行转角搭头的工作，相位保持原样。

(7) 古21友谊线#7-58杆带电进行支接搭头的工作，相位保持与#59-2杆相同。

(8) 杆变复役送电。

情况分析如下：

原停电影响户数：20；

原停电时户数：120；

优化后停电户数：5；

优化后总停电时户数：30；

节约时户数：90。

**小结：**古21友谊线搬迁代工工程，通过跨接并联线路、拆除搬迁线路的方法，总计节约90时户数，节省占比75%，极大地提升了供电可靠性。

## 8.5 负荷转供及邻近带电设备采取绝缘隔离进行组立电杆、直线改耐张工作

工程名称：10 kV亭4烟墩线线路搬迁代工工程

工程内容：将亭4烟墩线27＃～30＃杆间三杆四档线路拆除，合杆低压线同步拆除，改由电缆YJV－3＊400接通，原27＃甲杆信用社分段杆刀移至30＃杆东侧；新放00188低1－1＃～3－1＃杆间一档低压线路，原00188低1－4＃杆引接低压用户改由00188低1＃杆新放低压电缆供，原00188低2－2＃杆引接低压用户改由00188低3－1＃杆新放低压电缆供。

00188低2＃～5＃杆间低压线路二头开分段不搭通，00188低5＃杆西侧负荷改由03487影超杆变新放二档低压线供，并于亭4烟墩线33＃杆新设亭林影剧南分段杆刀。

**施工方案**

第一阶段：采用负荷转供方式。

亭4烟墩线33＃杆带负荷直线杆改耐张杆并加装杆上开关，缩小停电范围，将大号侧7户改由古25古新线供电。

第二阶段：邻近带电设备采取绝缘隔离进行组立电杆、直线改耐张工作。

**现场情况**

（1）亭4烟墩线＃26、＃27杆下层合杆亭2群力线有电，同时＃27杆西侧下层亭2群力线穿越，亭2群力线陪停将涉及16户。

（2）施工点地处十字路口，道路开阔，能多辆高架车同时停放，满足带电组立电杆及直线改耐张的要求。

**现场施工**

（1）亭4烟墩线＃27杆西侧组立电杆，直线改耐张装置。

措施：亭4烟墩线施工范围内停电改检修状态，邻近亭2群力线路带电进行绝缘遮蔽。

（2）亭4烟墩线新立电杆配合施工队伍拆除大号侧导线。

措施：下层亭2群力线带电进行绝缘遮蔽，同时安排另一辆高架车配合挡线。该段亭2群力线全程不仅有绝缘遮蔽措施，同时两侧有两辆高架车作高空支撑。

（3）亭4烟墩线27＃～30＃杆三杆四档线路改电缆及其他工作。

情况分析如下：

原停电影响户数：共26户，亭4——10，亭2——16(陪停)；

原停电时户数：156；

优化后停电户数：5；

优化后总停电时户数：30；

节约时户数：126。

**小结：**亭4烟墩线搬迁代工工程，通过负荷转供及邻近带电设备采取绝缘隔离进行组立电杆、直线改耐张的施工方案，总计节约126时户数，节省占比80.8%，极大地提升了供电可靠性。

## 8.6 基于低压快速电缆插头的多台应急发电车直供电的作业方式

配电网作为连接输电网和用户的纽带,是电力系统的关键环节,也是电力系统中较为薄弱的环节。为了提高配电网供电可靠性,更好地为客户提供优质供电服务,提高电力公司社会综合效益,电力公司积极开展应急保障供电,尽量避免或减少因线路停电检修对用户造成影响,保证连续不间断供电。

目前,国内外普遍采用的应急保障供电手段有直接带电操作的方法及采用旁路电源、备用电源、负荷转移等作业方法达到少停电或不停电的目的。某供电公司(下称公司)近年来持续加大配网建设投入,学习和改进国内外先进不停电作业技术,逐步提升供电可靠率。在技术引进的过程中,公司运检部积极吸收和改良引进的技术,固化适合自身的作业方式。譬如,采用应急发电车对杆变用户供电时,低压电缆如何快速、可靠地接入低压架空线路?这是关系到后端用户停电时间的关键环节。

### 8.6.1 低压电缆快速插头的研制

针对上述问题,结合现场使用要求,研制出一套适用于低压电缆与架空线路的快速插头,设计方案如图 8-21 所示。

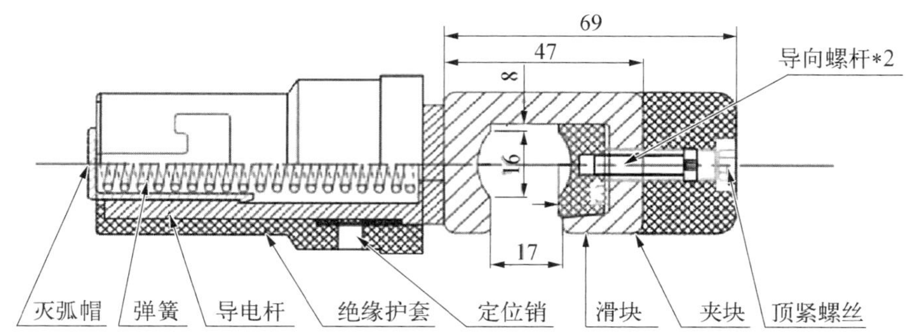


**图 8-21 快速插头设计方案示意图**

连接方式对应低压架空线路连接端为快速插头连接,对应应急发电车低压电缆端为螺栓紧固连接。快速插头装置主要由灭弧帽、弹簧、导电杆、绝缘护套、定位销、滑块、夹块、顶紧螺丝等部件构成,通过耐高温热塑材料封装后用旋紧螺丝连接至线芯卡槽,这样,可快速固定在低压架空线路上,具备轻便、高效、安全等特性,并且防水等级达到 IP67,非常适合现场作业。

电源低压电缆输出侧通过铜质连接端子与发电机母排连接固定。端子头部进行防水处理后缠绕相色带，确保使用过程中相位正确，成品如图 8－22 所示。

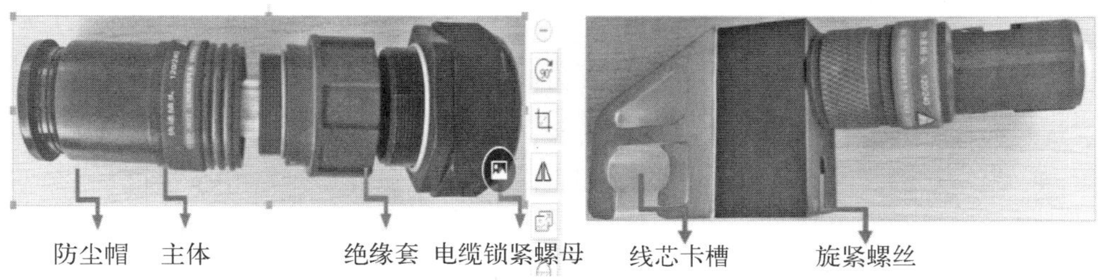


**图 8－22　插头成品实物图**

### 8.6.2　快速插头性能设计

1）电气性能

装置电气性能指标如下表所示：

**表 8－8　装置电气性能指标表**

| 额定电流 | 630 A(240 $mm^2$)，<br>400 A(120 $mm^2$) | 绝缘电阻 | $5\times10^{11}$ Ω |
|---|---|---|---|
| 额定电压 | 1 000 V(AC)，<br>1 500 V(DC) | 接触电阻 | 环境温度 20℃，<br>≤30 μΩ |

2）其他性能指标及试验要求

（1）耐压试验：以 4.5 kV/min 标准进行试验，要求试验过程中快速插头无击穿、无闪络、现场无发热。

（2）短路动稳定试验：通过 55 kA 电流，至少持续 10 ms，进行 1 次试验。

（3）短路热稳定试验：通过 16 kA 电流，持续 1 s，进行 2 次试验。

（4）插拔次数：≥5 000 次。

（5）长寿命随机振动试验：10～150 Hz，纵向 2.83 $m/s^2$，横向 2.09 $m/s^2$ 和垂向 4.25 $m/s^2$，每个方向 5 h，无明显机械损伤。

（6）密封浸水试验：连接好的主插头和主插座浸入 1 m 深水下，将导体温度加热至 90℃，保持 8 h，然后冷却至常温，为此循环 30 次，循环期间施加电压 1 000 V，不击穿为合格。

（7）阻燃等级：UL94 V－0 级。

### 8.6.3 应急发电车的应用

如图 8－23 所示，应急发电车是把柴油发电机组及其正常运行所需要的通风、燃油、排烟、冷却、降噪等设施，全部集成到一台机动车上的移动型油机电源系统中；配备应急发电车后，供电公司可在市电断电期间给供电可靠性要求较高的用户提供短时电能；如果应急供电负载容量不大时，采用单台应急电源车直接供电即可；如果负载超过单台应急电源车装机容量时，则需多台发电车并联供电，同时要求这些发电车具备并联运行功能。

图 8－23　应急发电车照片

### 8.6.4 多台低压发电车在绝缘化改造工程中的应用

1）项目施工背景

2020 年 5 月，公司在松蒸公路附近实施绝缘化改造任务，此次配网检修工程共涉及 4 条 10 kV 架空线路，29 个高压用户，需调换导线约 4.6 km，工程施工量大，作业类型丰富，且参与的施工队伍较多，为保证工程的顺利实施，公司运检部会同施工方多次赴现场进行施工勘察。现场网架结构复杂，大部分线路走廊为 10 kV 同杆架设双回路装置，且线路末端缺少联络电源，无法通过不停电作业或负荷转移的方式避免用户失电。

随着应急发电车在配网故障和计划性检修工程中的纵深推进，为线路末端电源的接入提供了解决方案，但如此大规模应用于多个高压用户对公司来说尚属首次。如何在保证供电可靠性的基础上，兼顾施工作业的安全性与合规性，公司运检部在实施低压应急发电车向杆变用户直接供电的过程中，采取了以下举措：

（1）与发电车合作单位一同勘察现场，根据低压出线电缆不得与 10 kV 待检修线路交叉的原则，剔除 6 个高压用户，避免检修过程中发生带电穿越，同时仔细甄别具备应急电源接入条件的杆变用户，并制定"个性化电源供给方案"。

（2）积极推进低压快速电缆插头在应急发电车接入过程中的应用。

（3）联合安监部、电网调控中心、项目管理中心研讨项目施工中的安全组织措施，填写发电车连接低压导线对杆变发电的工作票、杆变停役申请，明确工作许可顺序，对项目各环节实施全方位、无死角管控。

（4）鉴于使用应急发电车后，用户存在两次短时停电过程，因此与营销部商讨并确定了适用于应急发电车供电的用户停复役告知书，以免用户遭受损失。

（5）充分预测负载容量，确保应急发电车有足够容量调节裕度。

现场设备接线示意图如图 8－24 所示。现场作业情况如图 8－25 所示。

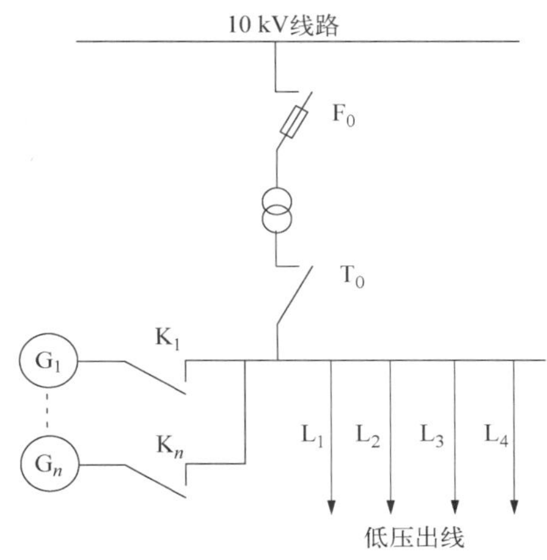


**图 8－24　现场设备接线图**

**图 8－25　应急发电车通过低压快速电缆插头接入架空线路实图**

2）工作内容

本项目作业主要流程如下：

（1）10 kV 熔丝 $F_0$ 退出运行，并在停电侧接地。

（2）户外低压配变熔丝箱（令克箱）$T_0$ 退出运行。

（3）敷设应急发电车低压电缆，并接入电源侧。

（4）杆变低压架空线路侧剥皮，嵌入线芯卡槽后，与低压快速电缆插头可靠连接。

（5）启动应急发电车，确认电能质量合格方可合上开关 $K_1 \sim K_n$，向杆变用户供电。

（6）线路绝缘化改造完成后，低压发电车退出运行，低压导线绝缘恢复，杆变用户恢复市电供电。

**注意：**各个环节必须严格工作票操作规程，履行操作许可制度，工作负责人及专责监护人加强现场监护，确保安全、高效地完成应急发电车临时供电任务。

### 8.6.5 总结

（1）本项目研制了一种低压电缆快速插头，该装置结构设计合理、电气性能和相关技术参数符合国家标准要求，满足作业现场发电车、低压开关柜、箱变、电源箱等低压电缆的快速接入工作，作为一种“电力系统应急装备”的有效补充，有效地提升了应急发电车的接入效率。

（2）本次绝缘化改造工程共采用 7 台发电车对杆变用户供电，总计发电量达 7 040 kW·h，成功地将 29 个停电用户压降至 6 个，减少停电时户数逾 200 时户，产生了良好的经济效益与社会效益。

应急发电车成功应用于绝缘化改造工程，为架空线入地、配电设备计划检修工作提供了借鉴意义，具备一定的推广价值。

## 8.7 旁路不停电更换柱上变压器

### 8.7.1 工程背景

某公司 2018 年台区改造项目中，计划将龚 16 王港/7002 杆容量为 250 kVA 柱上变压器计划更换为 400 kVA 柱上变压器。经初步现场勘察，龚 16 王港/7002 杆调换柱上变压器工作，具备不停电作业检修工作条件。

2018 年 03 月 06 日实测电流，低压为 0.4 kV，龚 16 王港/7002 杆电流分别是 A 相 80A，B 相 125A，C 相 80A、N 相 55A，满足旁路不停电作业条件，可以按照

《10 kV 架空配电线路不停电作业管理规范》要求，进行第四类综合不停电作业项目的不停电更换柱上变压器。

### 8.7.2　设备及用户影响情况

龚16王港线路总长度4.72 km，投运于2006年6月，所带10 kV用户13户，2017年最高负载率为93%。工作位置所在的7002号杆变压器所带企业1户、居民用户26户，一次系统图如下。

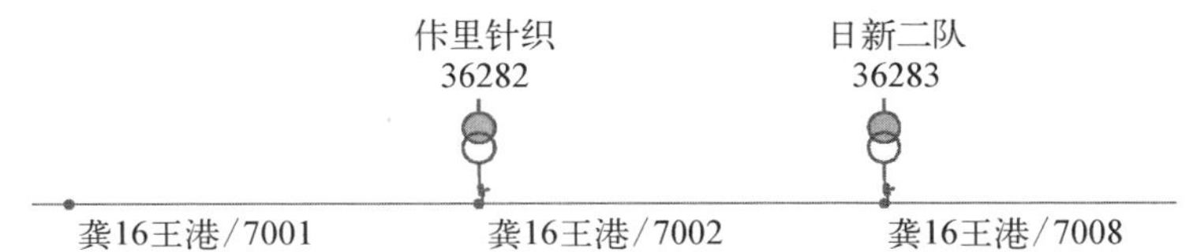


**图8-26　龚16王港/7002施工前一次系统图(施工后相同)**

待调换柱上变压器生产厂家为江苏宏源电气有限责任公司，型号为S9-250/10，投运日期2005年4月9日，待调换柱上变压器型号为SBH15-M-400/10，厂家为上海置信电气非晶有限公司。

根据以往作业经验，调换变压器及杆上熔丝工作如开展停电作业耗时约6小时，龚16王港整条线路需要停电配合。如果开展不停电作业，从避免长线路停电的角度计算，可以节约停电时户数约78时户，多供电量约2 338千瓦时。

### 8.7.3　现场作业基本情况

本次作业现场安排不停电作业班组1组，工作班成员7人，绝缘斗臂车2辆。作业内容为旁路不停电更换柱上变压器，作业类型为四类不停电作业。

作业安全措施包括：停用龚16王港线路重合闸，完成10 kV旁路电缆、电缆连接双通、三通和开关交接试验，移动箱变车试验等。作业前，在近边相、远边相、电杆两侧及绝缘子加绝缘遮蔽；搭头前检查熔断器是否在拉开位置。作业人员身着绝缘披肩，戴绝缘手套，采用绝缘手套作业法。

### 8.7.4　作业流程

第一阶段：准备工作，停放车辆，完成车辆接地，检查工器具和布置现场安措，开站班会，调度许可接令。

第二阶段：倒闸操作负责人进行准备工作，检查各开关、刀闸位置，确认无误后汇报工作完成。

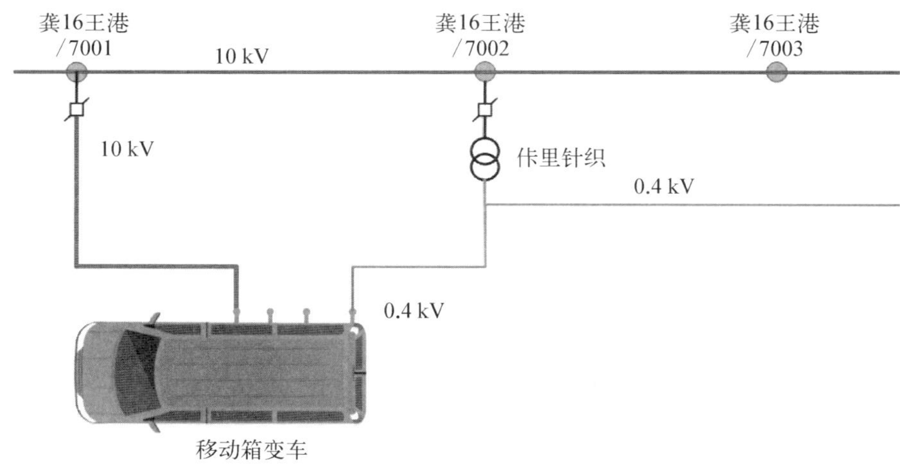


**图 8-27　龚 16 王港/7002 更换变压器施工过程中电系图**

第三阶段：安装临时取电装置，进行核相。

第四阶段：拉开龚 16 王港/7002 杆 10 kV 熔丝具及 0.4 kV 闸刀，柱上变压器退出运行，合上低压开关，移动箱变车投入运行。

第五阶段：调换杆上变压器。

第六阶段：搭接 10 kV 杆上变压器用电缆插拔式引线，合上 10 kV 熔丝具，进行低压核相。

第七阶段：移动箱变车退出运行，合上 0.4 kV 低压熔丝箱。

第八阶段：拆除移动式取电装置。

第九阶段：汇报当值调度，工作结束。

### 8.7.5　不停电作业施工成果

（1）通过在原变压器旁边并联一台移动箱变车，实现电能从移动箱变车不间断供应。施工完毕后，移动箱变车退出运行，电系图恢复原样。整个检修施工过程中，做到完全不停电、不扰民。

（2）本次作业“使用移动箱变车不停电调换柱上变压器”是浦东带电班 2018 年新开展的第四类旁路作业项目，在全国范围内尚属首次。通过移动箱变车从架空线路适当位置取电，并对变压器低压侧供电，可以在不影响低压侧用户的同时将变压器退出运行并进行调换。本作业方式丰富了不停电作业类型，进一步提高了旁路作业适用范围。

（3）在此次作业中使用一种新型绝缘横担和跌落式熔断器装置，可以在绝缘斗内架设并在临时组装的熔断器接地梗处连接取电。这种移动式临时取电作业方式能够有效地解决杆型限制，降低对作业现场的环境要求，从而提高旁路作业适用范围，如图 8－28 所示。

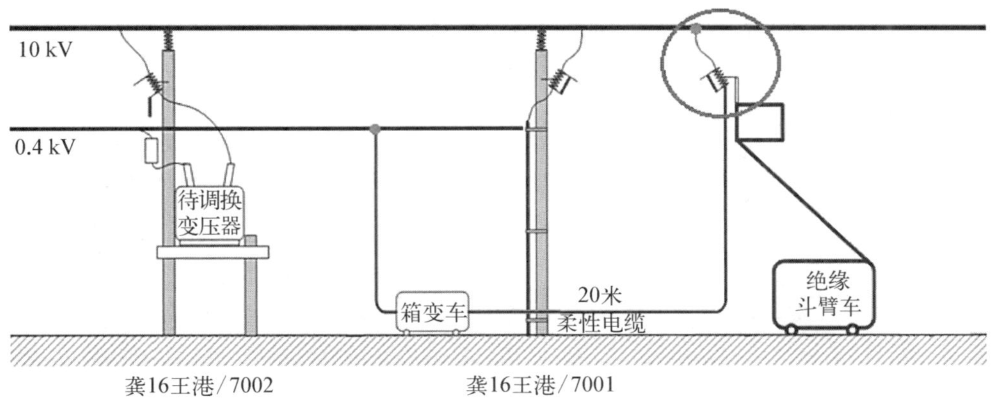


图 8－28　应用临时取电装置开展旁路作业图

## 8.7.6　施工现场照片

此次作业的施工现场如图 8－29 和图 8－30 所示。

图 8－29　龚 16 王港旁路不停电更换柱上变压器施工现场照片

图 8 - 30　龚 16 王港应用临时取电装置作业图

### 8.7.7　作业指导书

作业指导书参见国网 33 类不停电作业指导书第 29 项《不停电更换柱上变压器》(2017 版)。

## 8.8　10 kV 大型线路绝缘化改造工程分段施工

### 8.8.1　工程背景

10 kV 藤 23 金海线路投运于 1996 年 8 月 14 日,为线缆混合线路,全长 5.3 km,其中架空线路长 3.1 km,导线均为型号 LJ - 70 裸导线。整条线路带有杆配变 7 台(杆变 5 台、箱变 2 台,共计送低压用户 431 户),10 kV 中压用户 7 户。该项目的线路图如图 8 - 31 所示。

该条线路目前已纳入 2019 年绝缘化改造项目,改造内容包括:调放 ZS - JKLYJ - 185 中压三相导线 7 200 m、调放 ZS - JKLYJ - 150 中压三相导线 2 100 米、调立 GG13/300 钢杆 9 基、新立 15 m 砼杆 1 基、加装 10 kV 柱上断路器 1 台。

藤 23 金海 2018 年全年线路平均电流为 74 A,最高电流为 153 A(8 月 12 日),

藤23金海/28
杆变
藤23金海/29
藤23金海/30
藤23金海/32甲
藤23金海/32
金穗现代(环网柜高压用户)
藤23金海/301
藤23金海/302
藤23金海/306
佳农食品(高压用户)
藤23金海/33
断路器联络电源
稚42金穗线路
藤23金海/401
藤23金海/401甲
开分段装断路器
藤23金海/5
藤23金海/4
藤23金海/3
藤23金海/2
藤23金海/1
金藤站
藤23金海/402
藤23金海/404
藤23金海/406甲
藤23金海/411
藤23金海/418
藤23金海/419
藤23金海/420
藤23金海/422
藤23金海/423
藤23金海/424
藤23金海/426
藤23金海/3001
藤23金海/3002
藤23金海/3007
藤23金海/3008
临电高压用户
金穗鲁桥(箱变)
金穗川桥临电高压用户
藤23金海/4004(已销户)
藤23金海/501
藤23金海/508
55689金苏鲁桥
藤23金海/510
金桥2#污泵高压用户双电源
藤23金海/517
雨水泵站4#乙高压用户双电源
藤23金海/3014
川桥苏金(箱变)
藤23金海/3022
藤23金海/3016
藤23金海/3016甲
3#雨水泵站乙(高压用户双电源)
藤23金海/3016乙
第一阶段
第二阶段
第三阶段
第四阶段
第五阶段
第六阶段

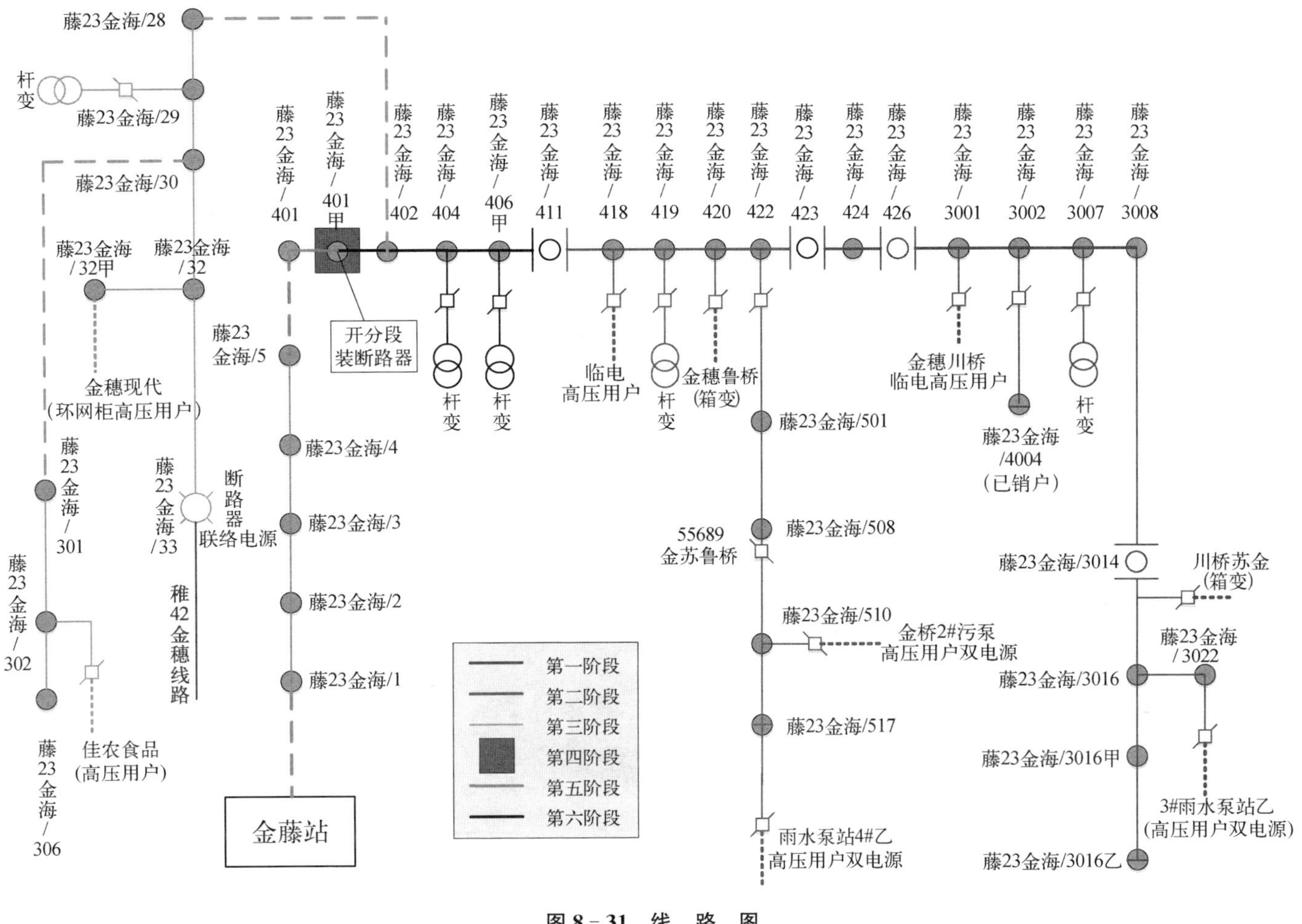

图 8-31　线路图

2019 年最高电流为 82 A，线路负荷满足旁路不停电作业条件（电流≤200 A）。另经现场勘察，藤 23 金海线路沿线地势较为空旷，满足旁路不停电作业环境条件。因此，不停电作业室计划采取旁路不停电作业方式施工。

计划将该工程分为 6 个阶段实施，累计 8 天完成，预计减少停电时户数 336 时户，多供电量 1.7 万 kW·h。

### 8.8.2 六个阶段简介

第一段工作范围：藤 23 金海/423 -藤 23 金海/3016 乙，线路长度 1.2 km。工作段内用户情况如下：10 kV 临电用户 1 户（藤 23 金海/3001）、箱变 1 台（藤 23 金海/3014）、杆变 1 台（藤 23 金海/3007）、10 kV 雨水泵站双电源用户 1 户（藤 23 金海/3022）。本段作业方式是，利用移动环网柜车和旁路开关，从藤 23 金海/423 小号侧临时取电，通过旁路电缆为藤 23 金海/3001 用户、藤 23 金海/3014 箱变供电；利用应急发电车为藤 23 金海/3007 杆变低压用户供电；藤 23 金海/3022 大号侧雨水泵站为双电源用户，由调度发令拉开藤 23 金海/3022 杆上熔丝；用户负荷转移完毕后将藤 23 金海/423 跨接引线断开，然后为藤 23 金海/423 -藤 23 金海/3016 乙停电更换导线及电杆等设备。第一段施工示意图如图 8 - 32 所示。

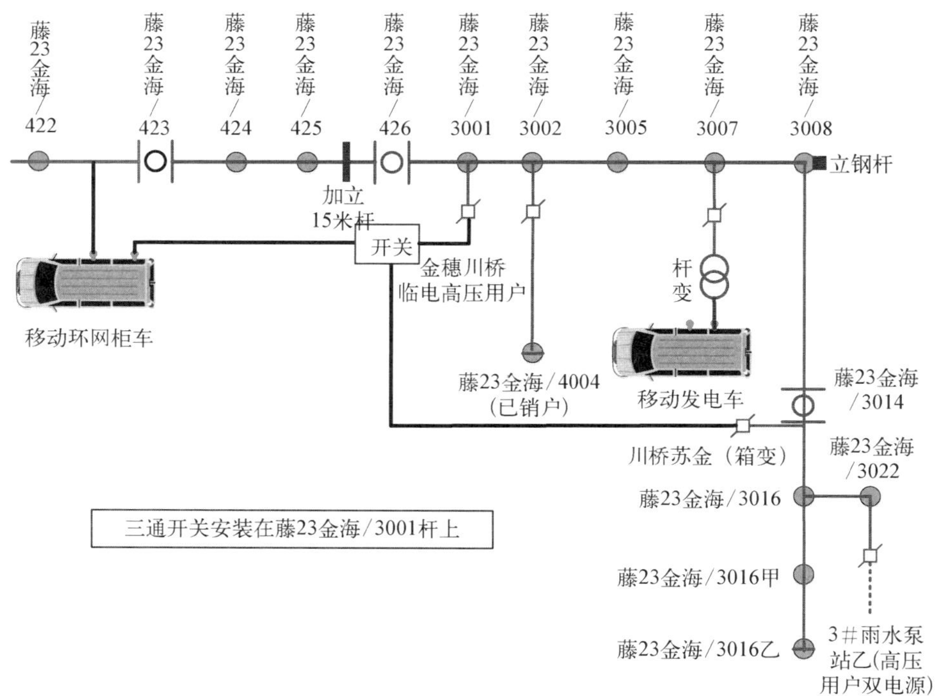


图 8 - 32 第一段施工示意图

第二段工作范围：藤 23 金海/411 -藤 23 金海/423、藤 23 金海/501 -藤 23 金海/517，线路长度 0.7 km。工作段内用户情况如下：10 kV 临时用户 2 户（藤 23 金海/418、藤 23 金海/420）、杆变 1 台（藤 23 金海/419）、10 kV 雨水泵站双电源用户 2 户（藤 23 金海/510、藤 23 金海/517）。第二段施工示意图如图 8 - 33 所示。本段作业方式：利用移动环网柜车和旁路开关，从藤 23 金海/411 小号侧临时取电，通过旁路电缆为藤 23 金海/418、藤 23 金海/420 用户、藤 23 金海/423 后段线路供电；利用应急发电车为藤 23 金海/419 杆变低压用户供电；藤 23 金海/510、藤 23 金海/517 双电源用户负荷转移；用户负荷转移完毕后将藤 23 金海/411、藤 23 金海/423 跨接引线断开，对藤 23 金海/411 -藤 23 金海/423 停电更换导线及电杆等设备。

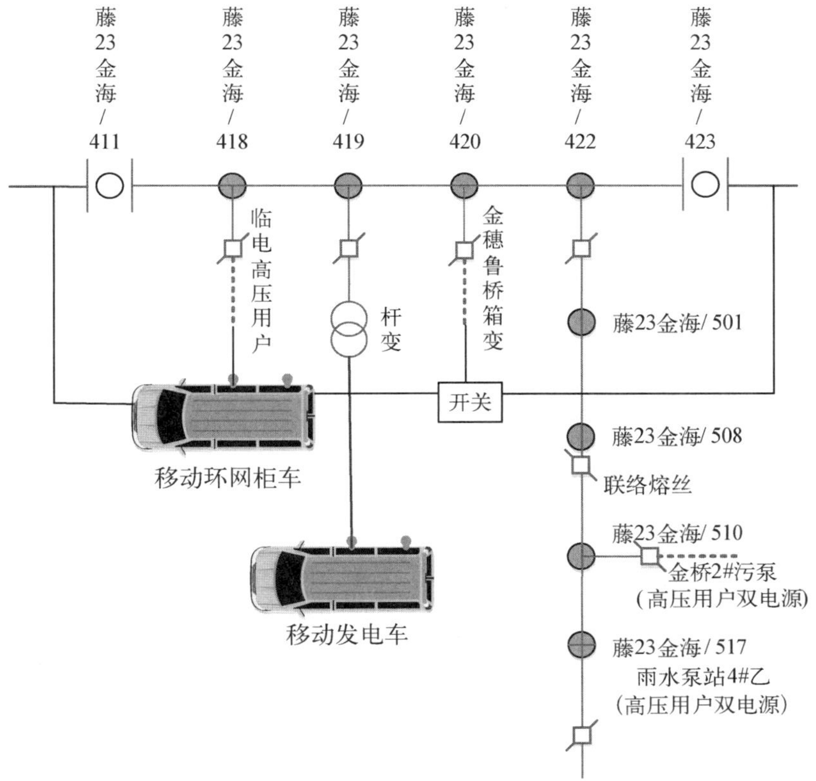


**图 8 - 33　第二段施工示意图**

第三段工作范围：藤 23 金海/28 -藤 23 金海/33、藤 23 金海/301 -藤 23 金海/306，线路长 0.4 km。工作段内用户情况如下：10 kV 临电用户 2 户（藤 23 金海/32 甲、藤 23 金海/302）、杆变 1 台（藤 23 金海/29）。第三段施工示意图如图 8 - 34 所示。本段作业方式：由于作业现场电杆位于绿化带内，绝缘斗臂车、环网柜车等特种车辆无法到达作业位置，本段作业方式为停电施工，仅利用应急发电车为藤23 金海/29 号杆杆变供电，带电断开藤 23 金海/402 电缆跨接线，拉开藤 23 金海/33 断路器后停电调换本段 10 kV 导线。

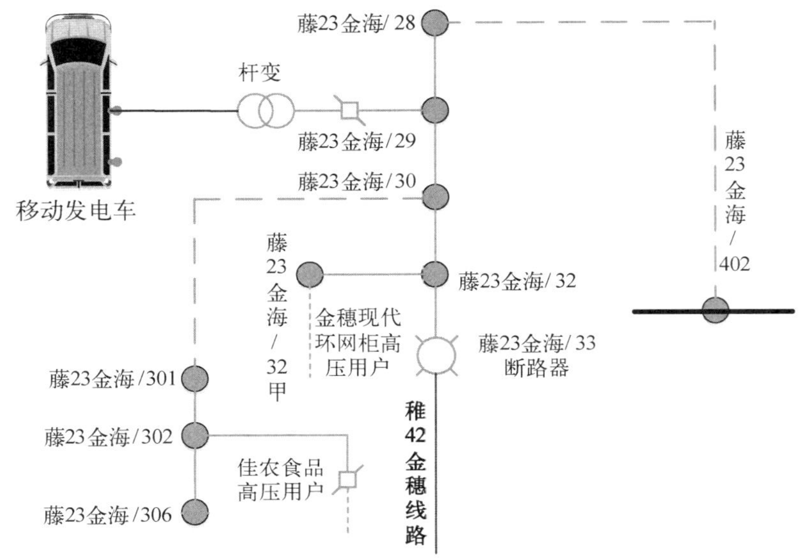


**图 8－34　第三段施工示意图**

第四段工作范围：藤 23 金海/401 甲，工作内容为线路带负荷状态下将藤 23 金海/401 甲直线杆改为分段杆，并加装柱上断路器。该工作段内无用户。该段工作意义：是整个工程关键环节，通过旁路开关及旁路电缆在藤 23 金海/401 -藤 23 金海/402 之间形成小旁路，带电新增线路分段点，解决藤 23 金海/401 -藤 23 金海/402 之间调换绝缘导线问题，同时也优化了网架，方便今后负荷转移及不停电作业的开展。第四段施工示意图如图 8－35 所示。

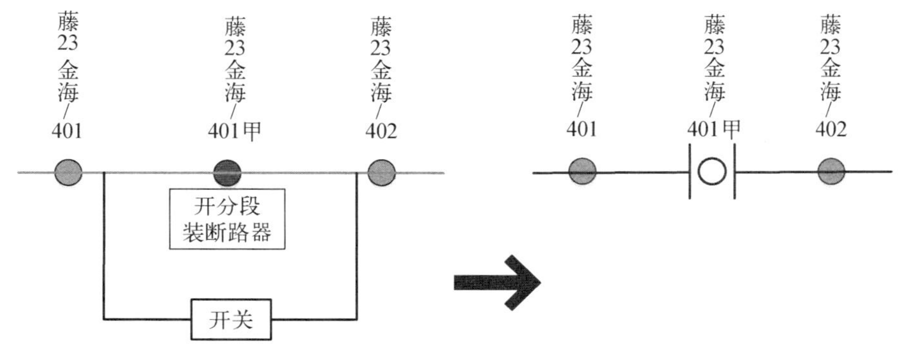


**图 8－35　第四段施工示意图**

第五段工作范围：藤 23 金海/1 -藤 23 金海/5，线路长度 0.4 km。该工作段内无用户，通过运行方式转变停电施工。本段作业方式：由于本段作业范围内无用户，计划停电施工。合上藤 23 金海/33 断路器，由稚 42 金穗线路供藤 23 金海全线负荷，带电断开藤 23 金海/401 甲跨接引线后更换藤 23 金海/1 -藤 23 金海/401 甲之间导线及电杆等设备。第五段施工示意图如图 8 - 36 所示。

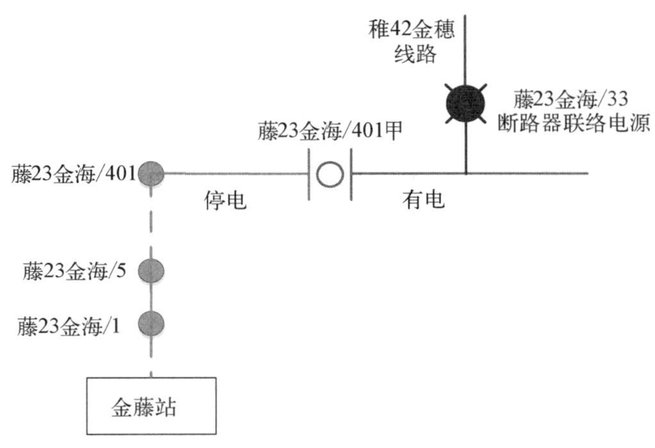


**图 8 - 36　第五段施工示意图**

第六段工作范围：藤 23 金海/401 甲-藤 23 金海/411，线路长度 0.4 km。工作段内用户情况如下：杆变 2 台(藤 23 金海/404、藤 23 金海/406 甲)。第六段施工示意图如图 8 - 37 所示。本段作业方式：利用旁路电缆及旁路开关，从藤 23 金海/

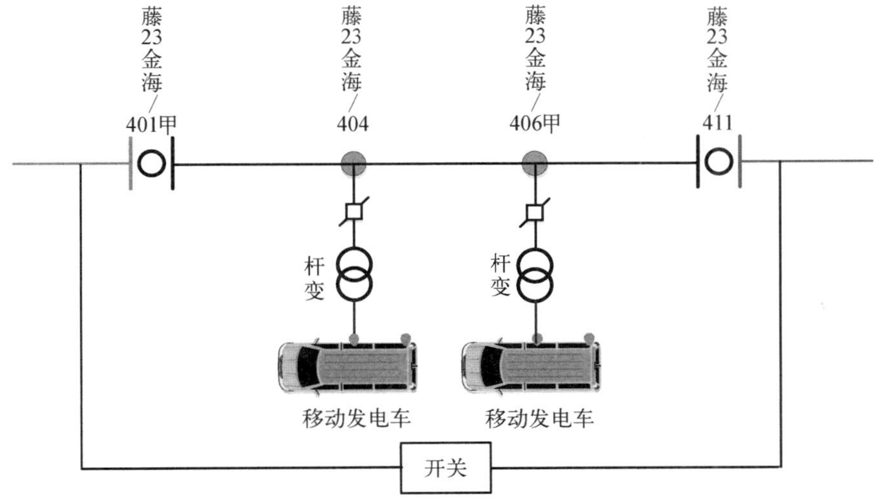


**图 8 - 37　第六段施工示意图**

401 甲小号侧临时取电，为藤 23 金海/411 后段线路供电；利用应急发电车为藤 23 金海/404、藤 23 金海/406 甲杆变所供低压用户供电；用户负荷转移完毕后带电将藤 23 金海/401 甲、藤 23 金海/411 跨接引线断开，藤 23 金海/401 甲-藤 23 金海/411 停电更换导线。

### 8.8.3 作业流程(仅介绍第一阶段)

(1) 准备工作：停放车辆，完成车辆接地，检查工器具和布置现场安全措施，开站班会，调度许可接令，约 30 min。

(2) 旁路电缆准备性试验，试验合格完毕后连接至车辆，检查各开关、刀闸位置，确认无误后汇报工作完成，约 30 min。

(3) 安装用户侧旁路开关、安装临时取电装置、启动发电车，约 50 min。

(4) 合上各开关、刀闸，旁路电缆投入运行。拉开用户熔断器，架空线路退出运行，约 40 min。

(5) 调换绝缘导线及金具、组立钢杆、新立水泥杆，约 6 h。

(6) 线路复核等改造工作完毕后投入运行，合上用户熔断器，旁路电缆退出运行，约 40 min。

(7) 拆除旁路设备，汇报当值调度，工作结束，约 50 min。

相关的作业流程及步骤如表 8-9 所示。

表 8-9 工作流程及步骤(总负责人持有)

| 序号 | 内容 | 负责人 | 开始时间 | 结束时间 | 完成情况 | 备注 |
|---|---|---|---|---|---|---|
| 1 | 工作总负责人经当值调度许可：藤 23 金海/422 杆至 3022 杆旁路作业绝缘化改造。安全措施：金藤站 藤 23 金海重合闸停用、拉开藤 23 金海/3022 杆负荷熔丝具，停电侧接地。3 雨水泵站：拉开 10 kV 乙线进线闸刀 | | | | | |
| 2 | 工作总负责人召开现场站班会，交待安全措施及工作任务并对工作班成员抽问并确认签字 | | | | | |
| 3 | 旁路电缆准备性试验 | | | | | |
| 4 | 藤 23 金海/423 杆测 10 kV 线路电流 | | | | | |
| 5 | 藤 23 金海/3007 杆 柱上变压器 低压令克箱拉开，10 kV 熔丝具拉开。 | | | | | |

（续表）

| 序号 | 内　　容 | 负责人 | 开始时间 | 结束时间 | 完成情况 | 备注 |
|---|---|---|---|---|---|---|
| 6 | 藤 23 金海/3007　用户配电间改发电车供电。用户进线开关拉开，发电车接入“上海金陆物流”低压用户前用户开关两侧验电。发电车运行后用户配电箱挂牌“禁止合闸，有人工作”。 | | | | | |
| 7 | 检查环网柜车接地是否牢固 | | | | | |
| 8 | 检查环网柜车　21 藤 23 金海/422　负荷闸刀在拉开位置 | | | | | |
| 9 | 检查环网柜车　21 藤 23 金海/422　接地闸刀在拉开位置加锁 | | | | | |
| 10 | 检查环网柜车　25 藤 23 金海/3014　负荷闸刀在拉开位置 | | | | | |
| 11 | 检查环网柜车　25 藤 23 金海/3014　接地闸刀在拉开位置加锁 | | | | | |
| 12 | 藤 23 金海/422　移动取电装置搭接熔丝具上引线（拉开位置），搭接旁路电缆抓手 | | | | | |
| 13 | 藤 23 金海/3001 杆　安装旁路开关（拉开位置加锁），检查旁路电缆连接牢固 | | | | | |
| 14 | 藤 23 金海/3014 杆　安装旁路开关（拉开位置加锁），检查旁路电缆连接牢固 | | | | | |
| 15 | 藤 23 金海/3001 杆　旁路开关抓手与熔丝下桩头搭接 | | | | | |
| 16 | 藤 23 金海/3014 杆　旁路开关抓手与熔丝下桩头搭接 | | | | | |
| 17 | 合上藤 23 金海/422　移动取电装置熔丝具 | | | | | |
| 18 | 环网柜车　合上　21 藤 23 金海/422　负荷闸刀 | | | | | |
| 19 | 环网柜车　合上　25 藤 23 金海/3014　负荷闸刀 | | | | | |
| 20 | 藤 23 金海/3001 杆旁路开关核相 | | | | | |
| 21 | 藤 23 金海/3014 杆旁路开关核相 | | | | | |
| 22 | 合上藤 23 金海/3001 杆旁路开关，测电流，拉开熔丝具，取下熔丝管 | | | | | |
| 23 | 合上藤 23 金海/3014 杆旁路开关，测电流，拉开熔丝具，取下熔丝管 | | | | | |

（续表）

| 序号 | 内　容 | 负责人 | 开始时间 | 结束时间 | 完成情况 | 备注 |
|---|---|---|---|---|---|---|
| 24 | 检查　藤 23 金海/3002 杆　10 kV 支接熔丝具在拉开位置 | | | | | |
| 25 | 检查　藤 23 金海/3001 杆、3007 杆、3014 杆、3022 杆　熔丝具拉开位置 | | | | | |
| 26 | 带电拆除　藤 23 金海/423 杆　10 kV 分段跨接搭头 | | | | | |
| 27 | 藤 23 金海/3001 杆　拆除熔丝具上引线 | | | | | |
| 28 | 藤 23 金海/3014 杆　拆除熔丝具上引线 | | | | | |
| 29 | 工作总负责人检查　藤 23 金海/3001 杆 10 kV 熔丝具拉开，上引线拆除。有电部位已绝缘包裹 | | | | | |
| 30 | 工作总负责人检查　藤 23 金海/3007 杆 10 kV 熔丝具拉开，低压令克箱拉开位置 | | | | | |
| 31 | 工作总负责人检查　藤 23 金海/3014 杆　10 kV 熔丝具拉开，上引线拆除。有电部位已绝缘包裹 | | | | | |
| 32 | 工作总负责人检查　藤 23 金海/423 杆　10 kV 分段跨接搭头已拆开 | | | | | |
| 33 | 工作总负责人向新区线路施工班召开站班会交待工作范围，工作任务，安全措施：藤 23 金海/3001、3007、3014 杆 10 kV 熔丝具拉开。3001 杆，3014 杆熔丝具上引线拆除，藤 23 金海/3007 杆　低压令克箱拉开，藤 23 金海/423 杆　10 kV 分段跨接搭头已拆开，藤 23 金海/3022 杆 10 kV 熔丝具拉开停电侧接地，3 雨水泵站乙进线闸刀拉开。发布开始检修命令，令其在藤 23 金海/3002 杆、3007 杆　低压线路验电挂接地线，藤 23 金海/424 杆、3022 杆　10 kV 线路验电挂接地线 | | | | | |
| 34 | 藤 23 金海/423 杆　大号侧配合拆挂线（线路施工班人员严禁登杆） | | | | | |
| 35 | 藤 23 金海/3001 杆　带电班配合施工（线路施工班人员严禁登杆） | | | | | |
| 36 | 藤 23 金海/3014 杆　带电班配合施工（线路施工班人员严禁登杆） | | | | | |
| 37 | 藤 23 金海/423 杆　大号侧配合拆挂线工作结束人员已撤离 | | | | | |

（续表）

| 序号 | 内　　容 | 负责人 | 开始时间 | 结束时间 | 完成情况 | 备注 |
|---|---|---|---|---|---|---|
| 38 | 藤23金海/3001杆　小组负责人汇报配合工作结束人员已撤离 | | | | | |
| 39 | 藤23金海/3014杆　小组负责人汇报配合工作结束人员已撤离 | | | | | |
| 40 | 新区一班向工作总负责人汇报：拆除藤23金海/3002至4004、藤23金海/425至426之间插立15米砼杆、中压直线装置、杆号为藤23金海/425甲，藤23金海/3008调立13米钢管杆1基。藤23金海/423至426至3001至3008调换JKLYJ－185导线及装置。工作结束。藤23金海/424杆，3008杆10 kV工作接地已拆除，藤23金海/3002杆，3007杆0.4 kV工作接地已拆除。人员已撤离。可以送电。 | | | | | |
| 41 | 新区二班向工作总负责人汇报：拆除藤23金海/3016至3016乙导线、电杆拔除。藤23金海/　3008至3016调换JKLYJ－185导线及装置、3016至3022调换JKLYJ－150导线及装置。工作结束。藤23金海/3008杆、3022杆10 kV工作接地已拆除。人员已撤离。可以送电。 | | | | | |
| 42 | 工作总负责人检查藤23金海/423杆至3022杆线路状况符合线路送电要求 | | | | | |
| 43 | 藤23金海/3001杆　搭接熔丝具上引线（拉开位置） | | | | | |
| 44 | 藤23金海/3014杆　搭接熔丝具上引线（拉开位置） | | | | | |
| 45 | 检查　藤23金海/3007杆　熔丝具在拉开位置 | | | | | |
| 46 | 检查　藤23金海/3001杆、3007杆、3014杆、3022杆　10 kV熔丝具拉开位置 | | | | | |
| 47 | 带电搭接　藤23金海/423杆　10 kV分段跨接搭头 | | | | | |
| 48 | 检查　藤23金海/423杆　10 kV分段跨接搭头搭通 | | | | | |
| 49 | 藤23金海/3001杆　熔丝具上下桩头核相 | | | | | |
| 50 | 合上藤23金海/3001杆熔丝具，测电流，拉开旁路开关，旁路电缆抓手拆除 | | | | | |
| 51 | 检查　藤23金海/3001杆　熔丝具合上位置，旁路开关拉开，旁路电缆抓手拆除 | | | | | |

（续表）

| 序号 | 内　　容 | 负责人 | 开始时间 | 结束时间 | 完成情况 | 备注 |
|---|---|---|---|---|---|---|
| 52 | 藤 23 金海/3014 杆　熔丝具上下桩头核相 | | | | | |
| 53 | 合上藤 23 金海/3014 杆熔丝具，测电流，拉开旁路开关，旁路电缆抓手拆除 | | | | | |
| 54 | 检查　藤 23 金海/3014 杆　熔丝具合上位置，旁路开关拉开，旁路电缆抓手拆除。 | | | | | |
| 55 | 环网柜车　拉开　25 藤 23 金海/3014　负荷闸刀 | | | | | |
| 56 | 环网柜车　拉开　21 藤 23 金海/422　负荷闸刀 | | | | | |
| 57 | 拉开　藤 23 金海/422　移动取电装置熔丝具，上引线拆除。 | | | | | |
| 58 | 检查　藤 23 金海/422　移动取电装置拉开，上引线已拆除 | | | | | |
| 59 | 环网柜车　合上　25 藤 23 金海/3014　接地闸刀 | | | | | |
| 60 | 环网柜车　合上　21 藤 23 金海/422　接地闸刀 | | | | | |
| 61 | 藤 23 金海/3007　用户配电间发电车退出运行，合上用户进线开关 | | | | | |
| 62 | 合上　藤 23 金海/3007 杆　10 kV 熔丝具，合上低压令克箱 | | | | | |
| 63 | 检查　藤 23 金海/3007 杆　10 kV 熔丝具合上位置，令克箱合上 | | | | | |
| 64 | 工作总负责人向当值调度汇报：藤 23 金海/422 杆至 3022 杆旁路作业绝缘化改造工作已结束，所有人员已撤离。金藤站　藤 23 金海　重合闸可以用上。 | | | | | |
| 65 | 回收旁路电缆及开关，做到“工完，料尽，场地清” | | | | | |

### 8.8.4　作业亮点

（1）本工程综合应用环网车、箱变车、发电车作业，是大型工程不停电作业规模化、集团化开展的一次尝试，对今后大型工程分步实施、提升供电可靠性具有探索意义。

(2) 本工程第一阶段共计展放旁路电缆 800 m×3，是迄今为止国内开展的单次调换导线长度最长的旁路不停电作业。

(3) 工程综合应用了智能红白带、防电弧服、不停电作业现场多维监控等一批有效保障不停电作业现场安全的创新成果及个人安全用具。

### 8.8.5　现场作业照片

本工程作业的现场情况如图 8-38 和图 8-39 所示。

图 8-38　现 场 图 1

图 8-39　现 场 图 2

### 8.8.6 作业指导书

作业指导书参见国网33类不停电作业指导书第30项《旁路作业检修架空线路》(2017版)内容。

## 8.9 轨道交通江浦路站(控江路—本溪路)电力管线搬迁代工工程

### 8.9.1 工程背景及意义

因上海市轨道交通工程浦西段长江南路—丹阳路站范围内的车站、区间等主体工程建设影响到各电压等级的电力管道、电力电缆、电力架空线、路灯、电力通信线路、变电设备等电力设施,因此公司需配合进行大范围线路管道搬迁工作。

此次轨交18号线江浦路站(控江路—本溪路)电力管线搬迁代工工程架空线部分主要任务包括:将江浦90#杆至江浦95#杆及杆上高低压导线、自落熔丝等全套设备、电缆均向西搬迁至适当位置,江浦93#杆、江浦93#甲杆、江浦94#杆均调换成钢杆。

此次搬迁任务较为繁琐艰巨,涉及线路设备数量庞大,因此需带电作业室、基建、发策、调度、营销等部门紧密配合,在充分勘查现场状况后共同商讨施工方案,力争保质保量完成配合任务。

### 8.9.2 现状及作业范围

本次搬迁工程范围为以江浦路、控江路北侧人行道以北至江浦路本溪路,该区域范围内电系图如图8-40所示。由于该区域内涉及大量居民台区,若长时间停电施工将严重影响居民的用电体验,因此公司决定采用不停电作业法完成本次工程。

在尽可能利用环网的优势将居民用户的负荷转移后,公司将利用多辆发电车同时投运对剩余无法负荷转移的台区用户进行供电,力争工程期间最大限度不影响居民用电,减少停电时间。

经过前期现场勘查后,带电作业室联合基建、发策、调度等部门进行方案制定讨论,在确定负荷转移方案后,对无法转移的台区用户进行发电车接入位置确定。基本方案确定后,同时明确了工程时间节点,争取提前完成配合任务。

经勘查及对电系图分析后,知所有线路设备均可可靠运行,可以实施后续负荷转移方案,而且发电车接入位置停车方便,不影响交通状况,十分有利于作业,现场详情如图8-41所示。

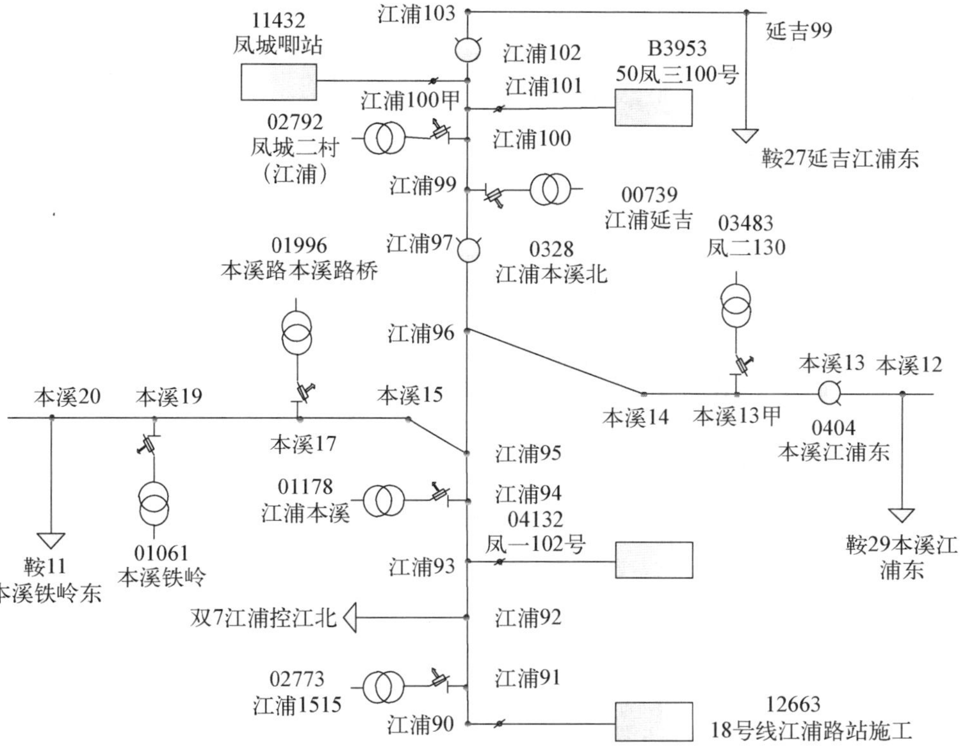

11432
凤城唧站
江浦103
江浦102
延吉99
B3953
50凤三100号
江浦101
江浦100甲
02792
凤城二村
（江浦）
江浦100
鞍27延吉江浦东
江浦99
00739
江浦延吉
01996
本溪路本溪路桥
江浦97
0328
江浦本溪北
03483
凤二130
江浦96
本溪13
本溪12
本溪20
本溪19
本溪15
本溪14
本溪13甲
0404
本溪江浦东
本溪17
江浦95
01178
江浦本溪
江浦94
04132
凤一102号
鞍11
本溪铁岭东
01061
本溪铁岭
江浦93
鞍29本溪江
浦东
双7江浦控江北
江浦92
02773
江浦1515
江浦91
江浦90
12663
18号线江浦路站施工

**图 8－40　工程前电系图**

(a)　　(b)

(c) (d)

(e) (f) (g)

**图 8-41 现场勘查图**

(a) 江浦路 96#杆支接引线；(b) 江浦路 97#杆杆刀位置；(c) 本溪路 13#杆杆刀位置；(d) 江浦路本溪路路口情况；(e) 江浦路 94#杆杆变；(f) 用户 2；(g) 江浦 91#杆用户

## 8.9.3 不停电作业施工方案

1）方案制定

在确定施工方案前，带电作业技术人员介入前期施工方案制定环节，会同相关人员一同确定施工方案，优先采用不停电作业方式，提升供电服务水平。现场勘察包括但不局限于以下内容：现场施工作业需要停电的范围、保留的带电部位和作业现场的条件、环境及其他危险点等。根据现场勘察结果，对危险性、复杂性和困难程度较大的作业项目，编制组织措施、技术措施、安全措施，经单位批准后执行。

根据现场勘察结果，该线路江浦 90＃杆向北至江浦 102＃杆，本溪 13＃杆向西至本溪 21＃杆由“双 7 江浦控江北”馈线出线电缆供电。现为了避免该范围内 10 个台区用户停电，决定采取负荷转移、割接以及接入发电车的形式来完成该项工程。

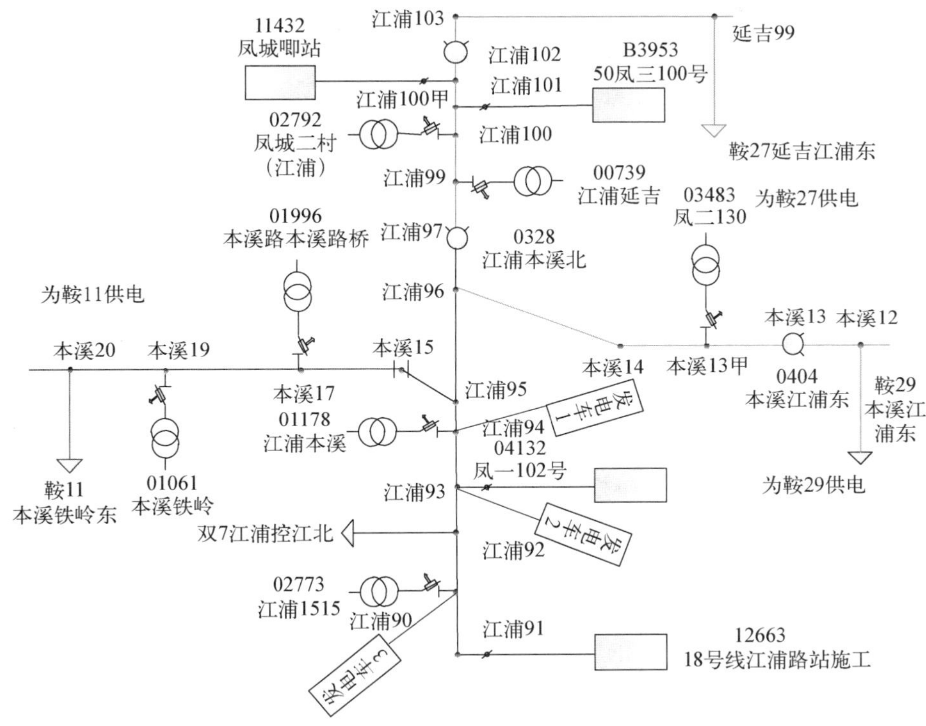


**图 8－42　负荷转移及发电车位置示意图**

2）施工方案

（1）负荷转移。

① 合上江浦 102＃杆上柱上断路器（0205 江浦延吉南），拉开江浦 97＃杆上柱上断路器（0328 江浦本溪北），使江浦 99＃杆至江浦 102＃杆线路上的负荷（江浦延吉、50 凤三 100 号、凤城二村、凤城唧站）转移到鞍 27 线路上。注意，在合上柱上断路器前需核相，调整两侧电压差使之处在一定范围内。

② 合上本溪路 13 号杆上断路器（0404 本溪江浦东），拆开江浦路 96＃杆支接引线（参考作业指导书），实现江浦 96＃杆至本溪 13＃杆线路上的负荷（凤二 130）转移至鞍 29 线路上。注意，合上柱上断路器前需核相，调整两侧电压差在一定范围内。

③ 利用旁路开关对本溪路 15 号杆直线杆带负荷改耐张段。此时本溪路 15＃

杆西侧由鞍 11 供电、本溪路 15＃杆由双 7 供电，从而实现本溪 15＃杆至本溪 21＃杆线路上的负荷（本溪铁岭、本溪路本溪路桥）全部转移至鞍 11 线路上。

④ 在江浦路原电杆位置西侧新立 9 根电杆并完成相关配套工程，提前完成线路搬迁准备工作，如不满足安全距离时，带电班提前配合采取绝缘防护措施（套绝缘管）。

⑤ 对 3 个台区用户（江浦本溪、凤一 102 号、江浦 1515）进行短时停电，同时启用应急电源车对用户进行应急供电，最大限度地降低停电时间（具体方法参标准作业指导书）。

⑥ 停电线路上进行施工。站内拉开双 7 江浦控江北开关，使江浦 90＃杆至江浦 97＃杆线路停电，停电完成本溪 15＃杆至新江浦 95＃杆、新江浦 95＃杆至江浦 96＃杆新放导线工作。江浦路 96＃杆因下层支接引线有电，因此由带电班施工采取绝缘遮蔽措施。

⑦ 电杆搬迁工作完成后，拔除原有旧电杆，拆除旁路开关，连接分段引线，恢复原有网架供电结构。

（2）不停电作业施工成果。

① 如图 8－43 所示，经调整后的电系图与原来保持一致，未发生太大变化，不

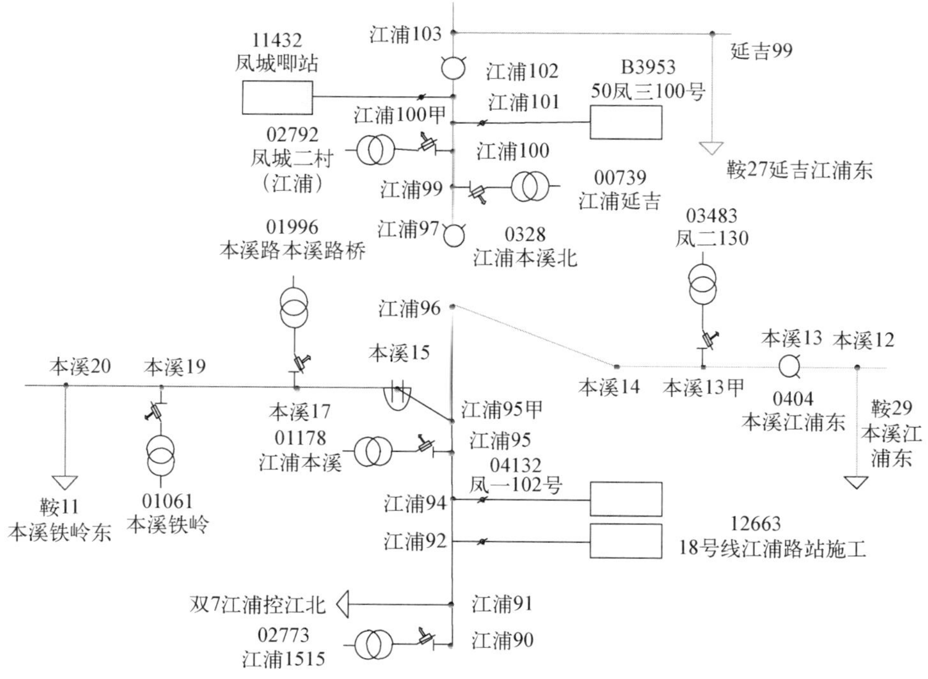


**图 8－43　搬迁工程完成后的电系图**

影响电网的稳定运行。搬迁后的电力线路管道不影响轨交 18 号线建设工程，且搬迁过程中居民用户停电时间降至最低，做到不扰民。

② 在搬迁过程中成功运用了旁路技术进行带电开分段，此次开展的旁路技术属于日常工作中较为罕见的第四类旁路作业项目，所需要的技术功底和耗费的精力前所未见，可谓是近年来市区公司所开展的带电作业中最为艰巨的项目之一。

③ 经过此次工程，本溪路 15 号杆被分割成两个独立网架的连接点，可在未来工程中起到负荷转移的作用，对该区域内的不停电作业开展奠定了基础。

## 8.10　天宝路(天镇路—新港路)10 kV 电杆拆除及电缆搬迁迁改工程方案

### 8.10.1　工程背景及意义

配网不停电作业是加快公司世界一流城市配电网建设，提升供电可靠性和优质服务水平的重要技术手段。某区不停电作业按照“目标导向、示范引领、全面覆盖、能带不停”的原则，全面对标东京，供电可靠率达到“5 个九”。

今年电力公司为某公司采购了绝缘短杆桥接工具，桥接工具的定义是在旁路作业项目中使用桥接法开断导线创造一个可见的断点，形成区域内安全不带电的作业环境，还可有效减少旁路敷设距离，缩减旁路系统作业半径，颠覆了过去传统带电作业的理念，“带电作业停电化”，直接接触变为间接接触等，绝缘短杆桥接工具特别适用于高低压环网结构，形成电源点多的网架特点。因此，某公司在今年决定大力开展绝缘短杆作业法，在天宝路(天镇路—新港路)10 kV 电杆拆除及电缆搬迁迁改工程方案中，需要新立钢杆，因为不能带电作业，为了减少停电范围，决定在此次工程中采用绝缘短杆桥接法来施工。其任务包括：将天宝 33＃杆至天宝 28＃杆及杆上高低压导线、自落熔丝等全套设备拆除，新立新港 15＃甲杆调换成钢杆与天宝 33＃杆接通。此次搬迁任务较为繁琐艰巨，因此需带电作业室、基建、发策、调度、营销等部门紧密配合，在充分勘查现场状况后共同商讨施工方案，力争保质保量完成配合任务。

### 8.10.2　不停电作业施工方案

调度提前拉开天宝路 31 杆 0054 天宝新港西、天宝 34 杆天宝新港东杆刀，施工区域处于空载状态。停用 12 天后瑞虹天镇东重合闸。

新港路 13—14 杆之间施工步骤：

(1) 斗内电工在合适的位置，使用绝缘杆式导线剥皮器剥除主导线的绝缘层。

(2) 斗内电工在合适的位置安装绝缘中间作业紧固装置，使用绝缘旋转式扭力传动杆收紧导线。

(3) 斗内电工使用绝缘杆遥控切刀将主导线剪断。

(4) 斗内电工用验电器，确认电源侧导线有电，负荷侧导线已停电。

(5) 斗内电工使用自锁式绝缘万能夹钳对剪断的导线安装绝缘尾线套管。

(6) 其余两相导线按相同的方法进行。

(7) 工作斗退出有电工作区域，作业人员返回地面。

作业现场施工情况如图 8-44 所示。

图 8-44 施工现场图

三相导线剪断后施工区域 10 kV 负荷线处于停电状态，施工队伍开始工作。

停电施工结束后，施工班组拆除区域内接地线，带电班进行导线高空压接恢复送电。

(1) 斗内电工使用自锁式绝缘万能夹钳取下绝缘尾线套管。

(2) 斗内两电工配合使用自锁式绝缘万能夹钳和导线锁杆将负荷侧、电源侧导线与压接管连接，连接后使用绝缘杆遥控压接钳进行压接。

(3) 斗内电工用电流检测仪检测电流，确认通流正常。

(4) 斗内电工使用自锁式绝缘万能夹钳恢复导线绝缘。

(5) 斗内电工使用绝缘旋转式扭力传动杆拆除绝缘中间作业紧固装置。

(6) 其余两相导线连接按相同的方法进行。

(7) 工作斗退出有电工作区域,作业人员返回地面。

施工区域恢复送电。恢复天 12 瑞虹天镇东重合闸。

### 8.10.3　施工前后电系图变化

(1) 使用绝缘短杆对导线进行桥接,如图 8-45 所示。

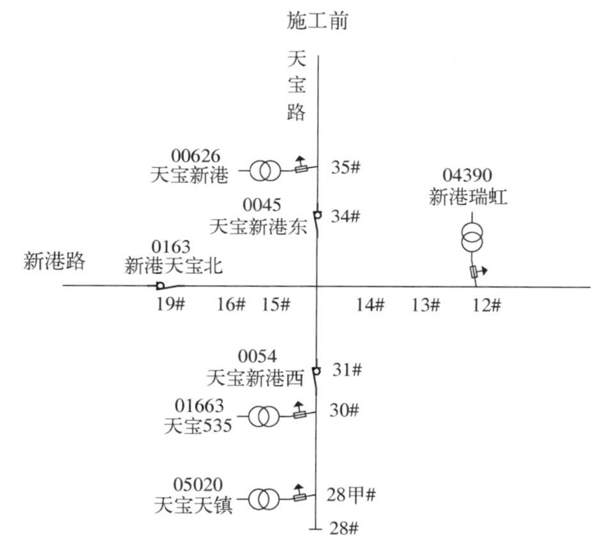


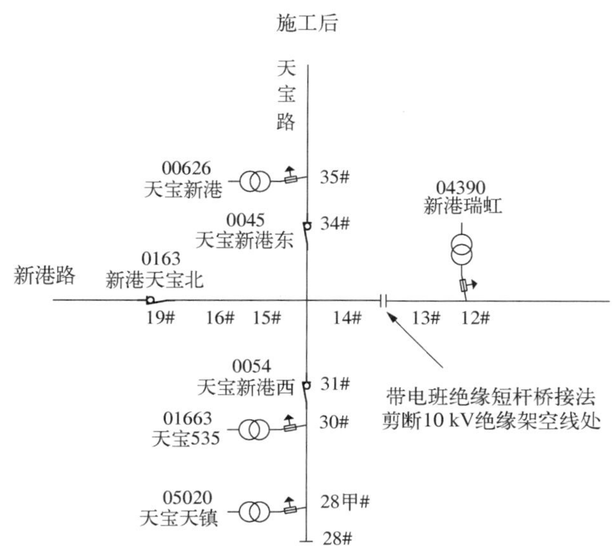


**图 8-45　使用绝缘短杆对导线进行桥接示意图**

(2) 桥接完成后对线路进行施工,结束后恢复导线连接,如图 8-46 所示。

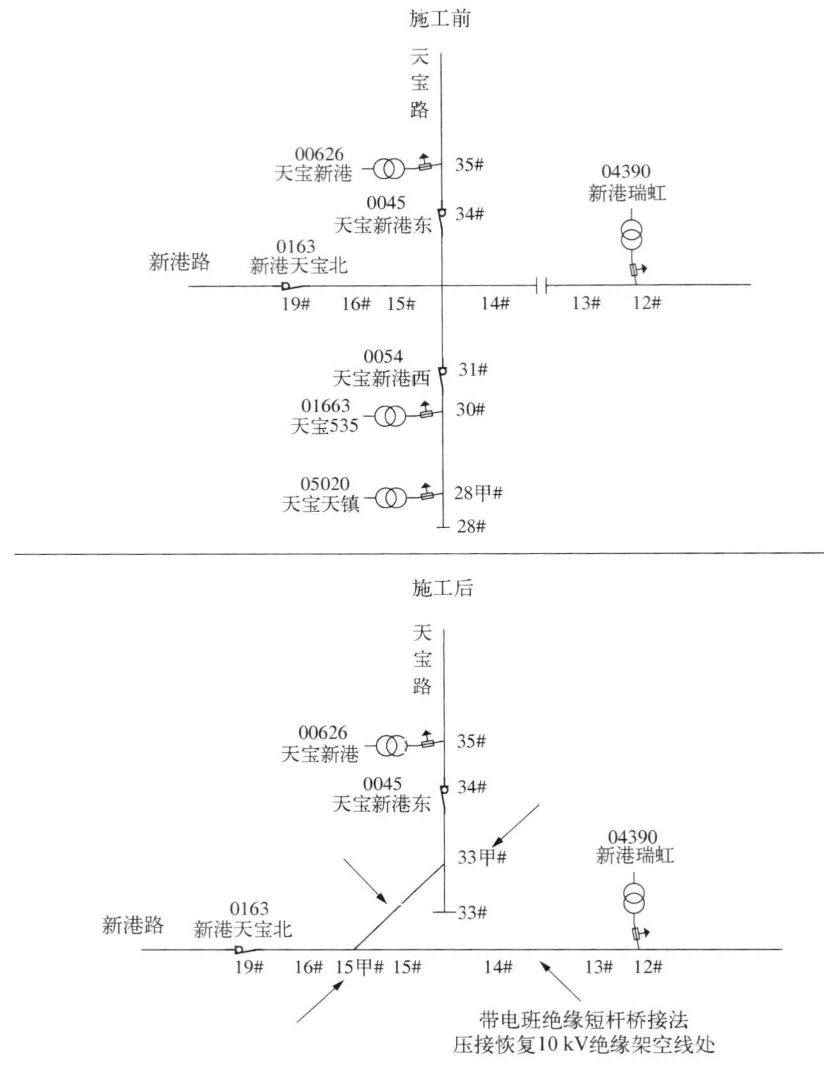


**图 8-46 使用桥接法连接导线示意图**

## 8.10.4 不停电作业施工成果

在搬迁过程中成功运用了绝缘短杆桥接法,此次开展的绝缘短杆桥接法属于日常工作中较为罕见的第三类作业项目,可谓是近年来市区公司所开展的带电作业中最为前沿的新项目之一。桥接法可在未来工程中配合旁路设备起到负荷转移的作用,对绝缘短杆不停电作业的开展打下了坚实的基础。